高强高延性钢筋混凝土结构力学特性

王培军　王　琦　著

科　学　出　版　社

北　京

内 容 简 介

本书以 NPR735 钢筋为例，对配置高强高延性钢筋的混凝土结构进行了较为系统的试验研究、理论分析和数值模拟，研究内容包括 NPR735 钢筋材料性能、NPR735 钢筋黏结锚固性能、NPR735 钢筋混凝土梁抗弯受力性能、NPR735 钢筋混凝土柱偏心受压性能、NPR735 钢筋混凝土柱和框架节点抗震性能等。

本书可供土木工程领域的科技人员使用，也可作为高等院校相关专业师生的参考用书。

图书在版编目（CIP）数据

高强高延性钢筋混凝土结构力学特性 / 王培军，王琦著. -- 北京 : 科学出版社, 2025. 6. -- ISBN 978-7-03-081985-7

Ⅰ. TU375

中国国家版本馆CIP数据核字第20250MB687号

责任编辑：牛宇锋　乔丽维 / 责任校对：任苗苗
责任印制：肖　兴 / 封面设计：蓝正设计

科学出版社 出版
北京东黄城根北街 16 号
邮政编码: 100717
http://www.sciencep.com
三河市春园印刷有限公司印刷
科学出版社发行　各地新华书店经销
*
2025 年 6 月第　一　版　开本：720 × 1000　1/16
2025 年 6 月第一次印刷　印张：16 3/4
字数：338 000

定价：150.00 元

（如有印装质量问题，我社负责调换）

前　言

大力推广和使用高性能钢筋，提高钢筋强度和延性，降低钢筋用量，是我国建筑业绿色可持续发展的方向。NPR(negative Poisson ratio)材料是在冶炼过程中添加稀土等元素形成的一种奥氏体金属材料，通过冷加工，其屈服强度在 500～1100MPa 内可调，延伸率在 10%～80%内可调，兼顾高强度和高延伸率等优点，且具有耐腐蚀性能好、无磁且抗磁化等特点。NPR735 钢筋是将 NPR 棒材经冷拉扭加工，形成名义屈服强度 735MPa、延伸率 20%以上、表面带有螺旋槽的钢筋。

本书以 NPR735 钢筋为例，对高强高延性混凝土构件的受力性能进行试验研究、理论分析和数值模拟，提出高强高延性钢筋混凝土构件分析设计方法，为高性能钢筋的工程应用提供理论基础与试验数据。

全书共 7 章。第 1 章为概论，介绍了高强钢筋混凝土结构的研究现状及存在的问题；第 2 章为 NPR735 钢筋黏结锚固性能研究；第 3 章为 NPR735 钢筋混凝土梁受力性能研究，重点论述 NPR735 钢筋混凝土梁的抗弯承载力、挠度、裂缝计算，并进行考虑 NPR735 钢筋混凝土梁破坏后粘钢再利用梁的相关研究；第 4 章为 NPR735 钢筋混凝土柱受力性能研究，论述 NPR735 钢筋混凝土柱轴心与偏心受压性能试验和有限元分析结果，提出对应的承载力计算方法；第 5 章为 NPR735 钢筋混凝土柱抗震性能研究，分析构件的延性、耗能能力、滞回特性，建立相应的恢复力模型；第 6 章为 NPR735 钢筋混凝土框架节点抗震性能研究，分析框架节点的滞回性能、刚度退化、耗能能力及抗剪承载力；第 7 章为结论与展望。

本书由王培军和王琦共同完成。作者的研究生对本书研究内容做出了重要贡献，武磊研究了 NPR735 钢筋材性及钢筋与混凝土黏结性能，杨晓霞研究了 NPR735 钢筋混凝土梁受弯性能及受损 NPR735 钢筋混凝土梁粘钢加固后的受弯性能，丁一婧研究了 NPR735 钢筋混凝土柱偏心受压性能，袁昊天研究了 NPR735 钢筋混凝土柱抗震性能，韩飞研究了 NPR735 钢筋混凝土框架节点抗震性能，蔡敏对全书进行了排版与校对工作。

由于作者水平有限，书中难免存在不足之处，敬请读者批评指正。

目录

第1章 概 论

1.1 研 究 背 景

随着城市化建设加速，重载、高层、大跨结构日益增多[1]。采用高强钢筋和高性能混凝土，不仅能够减少材料用量和资源消耗，还能改善钢筋拥挤现象，并提高施工质量。

我国《混凝土结构设计标准》(GB/T 50010—2010)[2]规定了300MPa、400MPa、500MPa 强度等级的钢筋混凝土结构设计方法，与欧美日等国家相比，我国钢筋强度等级仍偏低[3,4]。加强对高强钢筋在混凝土结构中的应用研究，对建筑行业的可持续发展和节能减排具有重要意义。

当钢筋的屈服强度大于500MPa时，其屈服应变大于发生破坏时混凝土的峰值应变，导致结构受力状态发生变化。因此，通常定义屈服强度超过500MPa的钢筋为高强钢筋。NPR735钢筋名义屈服强度为735MPa，最大力总延伸率达20%，可兼顾高强度和高延伸率，属于高强高延性钢筋。然而采用NPR735钢筋后，混凝土结构的承载力和延性缺乏相关的基础试验与完善的理论体系，尚缺乏NPR735钢筋的设计方法。

1.2 高强钢筋混凝土结构研究现状

国内外已有对屈服强度高于500MPa的钢筋的应用，中国有HRB600钢筋(f_y=600MPa)，日本有USD685钢筋(f_y=690MPa)，韩国有SD600钢筋(f_y=600MPa)，美国有Grade80钢筋(f_y=550MPa)和Grade100钢筋(f_y=690MPa)[3,4]。图1-1中列出了各国高强钢筋的应力-应变曲线。从图中可以看出，现有高强钢筋虽然屈服平台明显，但最大力总延伸率在10%左右，低于普通钢筋[5]。

各国规范对高强钢筋的最大屈服强度均有规定，我国《混凝土结构设计标准》(GB/T 50010—2010)[2]规定钢筋等级最高为HRB500，欧洲规范EN 1992-1-1[6]规定钢筋最高屈服强度为600MPa，美国规范ACI 318-14[7]规定钢筋最高屈服强度为690MPa，新西兰规范NZS 3101-2006[8]规定钢筋最高屈服强度为800MPa。

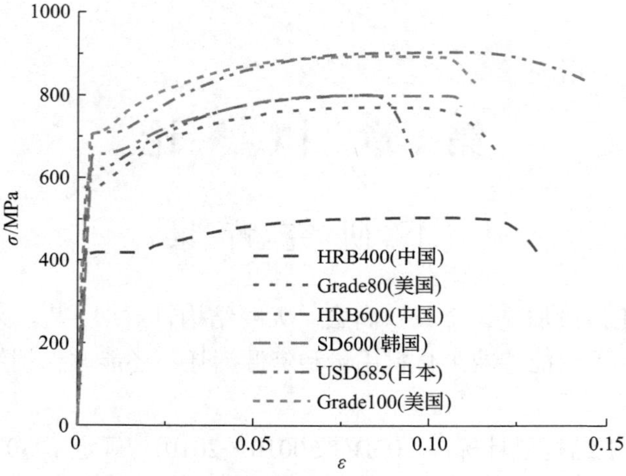

图 1-1　各国高强钢筋应力-应变曲线

1.2.1　高强钢筋性能

1. 高强钢筋与混凝土黏结性能

钢筋与混凝土的黏结性能是确保钢筋与混凝土协同工作的基础，对混凝土梁的承载力有显著影响。

El-Hacha 等[9]研究了高强钢筋(420～550MPa)的黏结特性，发现 ACI 318-02 公式和 Zuo-Darwin 公式在钢筋应力水平较低时，低估了钢筋与混凝土的黏结强度，但当钢筋拉应力超过 520MPa 时，钢筋与混凝土的黏结强度显著降低，因此当钢筋应力水平超过 550MPa 时，公式计算结果与试验结果差异较大，在试验研究的基础上，提出了钢筋与混凝土黏结强度的修正公式。Seliem 等[10]对高强钢筋与混凝土的黏结性能进行了试验研究，发现混凝土保护层厚度、箍筋约束、钢筋直径是影响高强钢筋强度发挥的重要因素；使用箍筋约束混凝土，钢筋可以产生高达 1035MPa 的应力；采用 ACI 318-02 公式，计算强度比远低于 1.0，不适用于目前形式的高强钢筋的开发和拼接设计。刘璐等[11]进行了受侧压混凝土中心置筋的钢筋拉拔试验，锚筋采用 HRB500 高强钢筋，研究了侧压比对 HRB500 高强钢筋锚固性能的影响，提出了受侧压情况下钢筋锚固长度设计建议。

2. 高强钢筋力学性能

通常随着钢筋强度的增加，其延性和疲劳性能降低。Ghannoum 和 Slavin[12]对高强钢筋和普通钢筋进行了低周循环疲劳性能试验对比研究，揭示了高强钢筋疲劳寿命与几何变形、化学成分等各项参数之间的相关性，为制定高强钢筋抗震等级材料规范提供了重要数据。Elices 等[13]通过对短梁剪切试件进行修正，即在断裂试验前对试件进行疲劳预裂，从而在较大的应力强度因子下测量裂纹扩展速率，分析其断裂韧性性能及断裂过程发展。陈昉健和易伟建[14]对直径为20mm 的HRB500 和 HRB600 高强钢筋进行了一系列拉伸和压缩往复荷载试验，研究了两种不同延伸率的高强钢筋在不同荷载振幅下的性能，发现 HRB500 和 HRB600 高强钢筋破坏前的最大应力和最大应变幅值随试件长度的增加而减小。张少华等[15]研究了直径为 16mm 的 HRB500 和 HRBF500 高强钢筋的疲劳性能，拟合了直径为16mm 的 HRB500 和 HRBF500 高强钢筋的 *S-N* 曲线，得到了 HRB500 和 HRBF500 钢筋分别在循环 200 万、500 万、1000 万次时的疲劳强度，发现 HRBF500 钢筋的疲劳性能略优于 HRB500 钢筋。陈昉健和易伟建[16]对直径为 16mm 和 20mm 的HRB400、HRB500、HRB600 热轧带肋钢筋进行了一系列单轴加载试验，总结了不同直径和屈服强度的钢筋在不同长细比下的抗压强度变化规律，并建议将HRB600 钢筋的抗压强度设计值取为 500MPa。乔燕等[17]进行了 HRB600 高强钢筋拉伸力学性能试验，得到了不同应变率下的 HRB600 高强钢筋力学性能数据，发现随着应变率的增大，钢筋的屈服强度和极限强度均得到提高；在相同应变率条件下，钢筋屈服强度动力提高系数大于极限强度动力提高系数。

1.2.2 高强钢筋混凝土梁受力性能

1. 高强钢筋混凝土梁抗弯性能

国内外专家对配置 500MPa 和 600MPa 高强钢筋的混凝土梁的抗弯性能进行了大量理论与试验研究。张鹏[18]通过试验对 500MPa 钢筋混凝土梁进行了抗弯性能研究，发现 500MPa 钢筋混凝土梁的承载特性与普通钢筋混凝土梁基本相同，其抗弯承载力、挠度和垂直裂缝宽度可根据现有规范公式进行计算，但应适当修正裂缝宽度计算值。Anggraini 等[19]通过抗弯性能试验发现，在相同配筋面积下，550MPa 钢筋混凝土梁的承载力比 420MPa 钢筋混凝土梁高 16%～18%，且未发生脆性破坏。张建伟等[20]对 HRB600 钢筋混凝土梁的抗弯性能展开研究，发现HRB600 钢筋混凝土梁的抗弯承载力试验值与规范公式的计算值吻合较好，短期荷载下最大裂缝宽度试验值也较符合规范公式计算值，但按照规范公式计算的挠度小于实测值，建议 HRB600 钢筋应用于 C80 以上强度的混凝土结构，可充分发挥其高强优势。熊浩等[21]进行了 600MPa 钢筋混凝土梁的抗弯性能试验，发现配置 600MPa 钢筋的混凝土梁仍符合平截面假定，延性较好。孙传智等[22]进行了600MPa 钢筋混凝土梁的抗弯性能试验，试验结果表明，600MPa 钢筋混凝土梁的开裂弯矩和极限弯矩仍可按规范公式计算，试验所得短期荷载下的最大裂缝宽度和平均裂缝间距与规范公式计算值有一定的差别，最大裂缝宽度计算值偏小，平均裂缝间距计算值偏大。顾杨明[23]对 635MPa 热轧高强钢筋混凝土梁进行了抗弯性能试验，提出了 635MPa 高强钢筋混凝土梁的抗弯承载力公式。Mast 等[24]提出了一种高强钢筋与混凝土梁抗弯强度设计方法，该设计方法满足平衡协调条件，且计算由截面受拉应变控制和截面受压应变控制的弯矩承载力时，与美国规范 ACI 318-02 的计算方法一致。

针对高强钢筋混凝土梁的挠度和裂缝，已有较系统的研究成果。王新玲等[25]通过试验研究了 600MPa 钢筋在混凝土受弯构件中的适用性，结果表明，600MPa 钢筋混凝土梁的裂缝及挠度变形与普通钢筋混凝土梁基本相同，短期挠度满足《混凝土结构设计标准》(GB/T 50010—2010)[2]限值要求，通过减小钢筋直径和施加预应力能有效减小裂缝宽度。Yao 等[26]对 600MPa 高强钢筋混凝土梁裂缝分布和宽度的变化规律展开研究，提出了裂缝截面有效受拉高度、最大裂缝宽度和平均裂缝间距的计算公式。Huang 等[27]通过构建 1309 组裂缝宽度数据的试验数据库，从模型误差的角度对裂缝宽度预测模型进行了评估，结果表明，与低强度钢筋相比，具有等效承载力和裂缝宽度安全水平的高强钢筋混凝土梁所需配筋率相对较小。高瑞平等[28]对 HRB500 钢筋混凝土梁进行裂缝宽度试验，分析了裂缝宽度计算方法，发现裂缝间距及裂缝宽度试验值均小于《混凝土结构设计标准》(GB/T 50010—2010)计算值，调整钢筋黏结特征系数为 1.2，可提高规范公式的计算精度。

通过提高混凝土强度、施加预应力等方式，可提高高强钢筋与混凝土的适配性。胡丹丹[29]对配置 500MPa 钢筋的先张法预应力构件进行了试验研究，发现其混凝土应变分布仍符合平截面假定，其正截面承载力、裂缝宽度及挠度可按照规范进行计算。杜毛毛和苏小卒[30]对 8 根配置 500MPa 高强钢筋的有黏结预应力混凝土梁进行了抗弯性能试验研究，结果表明，构件裂缝与非预应力筋直径和预应力筋根数有关，配置纵向非预应力筋可限制裂缝发展。李艳艳和李晓清[31]对 12 根配置部分预应力高强钢筋的混凝土梁进行了试验研究，发现增加预应力筋和非预应力筋配筋率可明显提高梁的抗弯承载力，使梁的刚度退化减慢；部分预应力高强钢筋混凝土梁的抗弯承载力可根据《公路钢筋混凝土及预应力混凝土桥涵设计规范》(JTG 3362—2018)进行计算，当该钢筋的强度设计值取 500MPa 时，根据规范对梁抗弯承载力进行计算，安全储备充足。熊学玉等[32]运用大量试验数据分析了静荷载下 HRB500 钢筋预应力混凝土梁的变形及刚度，提出了相应的计算公式，分析了延性的特点及其影响因素。叶献国等[33]通过试验研究了高强钢筋-高强混凝土预应力梁的抗弯性能，发现换算配筋率越大、混凝土强度等级越高，梁的短期刚度也越大，规范中的刚度计算公式仍然适用。赵文忠等[34]分析了混凝土强度对 600MPa 钢筋无黏结部分预应力混凝土梁抗弯承载力的影响，得出提高混凝土强度可以提高梁的极限承载力。皮凤梅和杨洪渭[35]对600MPa钢筋的有黏结部分预应力混凝土梁进行试验，研究了非预应力纵向受拉钢筋配筋率、非预应力纵向受拉钢筋强度等级对预应力混凝土梁抗弯承载力、短期最大裂缝宽度和跨中挠度等的影响，发现抗弯承载力和短期最大裂缝宽度仍可采用《公路钢筋混凝土及预应力混凝土桥涵设计规范》(JTG 3362—2018)中的相关公式计算；600MPa钢筋在预应力混凝土中抗拉强度取500MPa具有足够的安全储备。

管俊峰等[36]对配置600MPa高强钢筋及C60高强混凝土的受弯梁刚度进行试验，600MPa高强钢筋混凝土梁变形性能良好，荷载-挠度曲线为典型的三折线；在其他因素相同的条件下，相比400MPa钢筋混凝土梁，600MPa高强钢筋混凝土梁的极限弯矩提高41.6%。张建伟等[37]通过试验研究HRB600钢筋应用于钢纤维高强混凝土梁中的受弯性能，结果表明，钢纤维有利于提高开裂荷载，减小裂缝宽度，提高梁的延性。姜立伟等[38]研究了HRB600钢筋应用于高强混凝土梁中的抗弯性能，结果表明，构件承载力随着混凝土强度的提高而增大。Aldabagh等[39]研究了高强混凝土、纤维混凝土和受压钢筋对提高高强混凝土梁抗弯性能的影响，发现提高混凝土抗压强度对钢筋混凝土试件抗弯承载力的贡献最大，采用轴心抗压强度为80MPa的混凝土合成纤维混凝土梁具有最高的曲率延性。

NPR735钢筋比国内的HRB400和HRB600钢筋具有更高的强度和延伸率，它们的应力-应变曲线如图1-2所示。目前，针对NPR735钢筋混凝土梁的研究较少，试验资料匮乏。与普通钢筋混凝土梁的承载机理是否相同，高强钢筋是否能充分发挥作用，裂缝及挠度是否满足现有规范要求，以上问题亟待研究。

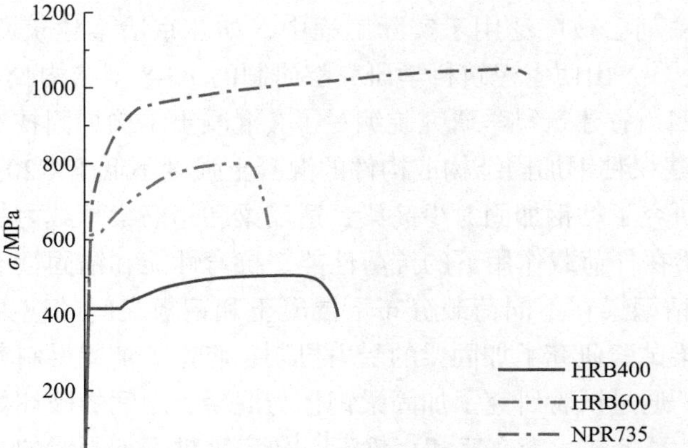

图1-2 NPR735、HRB400和HRB600钢筋的应力-应变曲线

2. 钢筋混凝土梁修复技术研究现状

针对受损钢筋混凝土梁的修复加固，Fleming 和 King[40]提出了利用环氧树脂将钢板粘贴在混凝土梁的受拉区，以提高其抗弯承载能力。在此基础上，众多研究者通过试验研究粘钢加固梁的力学性能。Jones 等[41]对少筋梁和超筋梁的受压区进行了粘钢加固，得到粘钢加固后的破坏模式。Swamy 等[42]研究了钢板加固钢筋混凝土梁受拉区的力学性能，结果表明，在梁的受拉面粘贴钢板可使其抗剪承载力提高 9%～15%，然而钢板超过一定厚度，黏结面会过早发生剪切破坏。Oehlers 和 Moran[43]在理论研究的基础上，提出了黏结失效过程中的起始弯矩和完全失效弯矩计算方法。Arslan 等[44]运用试验和有限元模拟研究钢板长度对加固梁承载力的影响，结果表明，粘钢加固可以恢复受损钢筋混凝土梁的抗弯承载力。Alam 等[45]对不同受损程度的钢筋混凝土梁进行了粘钢修复，研究修复后承载力的恢复情况，结果表明，采用粘贴钢板并用锚栓固定的修复方式可完全恢复梁的抗剪承载力。Venkatachalam[46]通过试验方法研究外粘冷轧钢板的加固方法对钢筋混凝土梁抗弯性能的影响，并与普通钢筋混凝土梁对比，证明了该加固方式的可行性。Muralitharan 等[47]研究了钢板厚度对粘贴镀锌钢板钢筋混凝土梁抗弯性能的影响，得到镀锌钢板外黏结加固不易发生抗剪破坏，能有效提高梁的抗弯承载力和刚度。

我国早在 1978 年就对受损混凝土梁的粘钢加固方法开展了研究，同年首次采用 STADUR-31 型结构胶对辽阳化工厂不满足使用要求的钢筋混凝土梁进行加固改造。1989 年，JGN 型结构胶粘剂[48]的问世促进了我国粘钢加固技术的发展，目前各种结构胶粘剂已被广泛用于实际工程中，如北京冶金建筑研究总院研制的 YJS-1 型结构胶[49]、山西省建筑科学研究院研制的 JG-8 型结构胶。

1990 年，四川省建筑科学研究院编写了《混凝土结构加固技术规范》(CECS 25—1990)[50]，建议粘钢加固结构或构件的混凝土强度不低于 C20。罗竟宁和顾慧娟[51]通过试验研究了粘钢加固对少筋梁、适筋梁和超筋梁承载力的影响，详细分析了粘钢加固梁在外荷载作用下的抗剪性能、抗弯性能和锚固性能。刘祖华和朱伯龙[52]推导出粘钢梁在不同荷载分布下混凝土和钢板之间的应力解析解。黄勤等[53]通过加固梁试验研究了加固梁的受力机制，修正了加固梁斜截面强度的计算公式。吴耀辉[54]通过试验研究了加固梁钢板与混凝土之间的破坏机理，推导出钢板锚固长度的计算公式。李文盛和卢哲安[55]研究了粘钢加固梁的一次加载破坏机理和二次加载破坏机理，结果表明，粘钢加固技术能够有效减缓梁的开裂，并提高钢筋混凝土梁的刚度和延性，从而提高梁的承载能力和变形能力。彭德喜等[56]通过试验研究了粘钢加固预应力钢筋混凝土梁的力学性能，分析了预应力加固梁的承载机理以及正常使用状态下的挠度和裂缝。王琳鸽和张耀庭[57]利用有限元建模对压区粘钢增强钢筋混凝土梁的受力进行模拟，计算结果与试验结果吻合良好。刘廷滨等[58]通过计算不同粘钢量、不同混凝土强度等级及不同跨度粘钢梁的承载能力，得出了影响非线性分析方法精度的主要因素，并研究了钢板刚度、荷载作用形式和钢板端部的锚固条件。吴振丽等[59]通过有限元分析研究了具有 4 根梁侧粘贴钢板的钢筋混凝土梁的剪切性能，并得出钢板尺寸及屈服强度对梁力学性能的影响。程宁[60]通过试验研究了粘钢加固钢筋混凝土梁在高温下的抗弯性能，并对比分析了高温环境对加固梁抗弯性能的影响参数。卢亦焱等[61]通过研究碳纤维布与钢板复合加固梁的力学性能，推导出混凝土和复合加固层之间的应力计算公式。

高强钢筋混凝土梁的破坏通常为受压区的混凝土破坏，而钢筋由于强度高，通常在塑性变形下仍具有重复利用价值，但对受损高强钢筋混凝土梁粘钢修复后的性能研究较少。

1.2.3 高强钢筋混凝土柱受力性能

Han 等[62]通过 HRB400 钢筋混凝土柱在低周往复荷载作用下的试验研究，分析了纵向高强钢筋配筋率对梁的滞回特性、延性和耗能能力的影响。研究发现，随着纵向高强钢筋配筋率的增加，柱能承受更大的地震荷载和位移，合理布置高强钢筋可以有效地提高整个钢筋混凝土柱的抗震性能。

Yoon 等[63]收集了 37 根高强钢筋和高强混凝土柱的试验结果，发现柱等效塑性铰长度公式在计算高强配筋桥墩塑性铰长度时存在较大的离散性，存在安全隐患。Ding 等[64]通过试验研究和数值分析，对高强钢筋混凝土桥墩的力学性能和抗震性能进行了研究，试验表明，HTRB600 钢筋具有较低的均匀延伸率和断口伸长率，但其低周疲劳性能较差。结合试验研究和有限元分析，详细揭示了不同因素对钢筋混凝土桥墩抗震性能的影响机理。

刘立新等[65]对配置 500MPa 钢筋的混凝土偏心受压柱进行了受力性能试验，提出了500MPa 钢筋在混凝土柱中的强度设计取值和受压承载力计算公式的建议。龚永智和张继文[66]对 CFRP 筋增强混凝土柱构件进行了试验，研究不同偏心距、配筋率和混凝土强度对其破坏特征、柱中截面应变分布和侧向挠度的影响，提出了具有较高精度的偏心受压构件承载力计算方法。王全凤等[67-69]对 HRB400、HRB500 高强钢筋混凝土柱进行了系统的试验研究，验证了《混凝土结构设计标准》(GB/T 50010—2010)[2]对 HRB500 钢筋混凝土构件的适用性，但指出高强混凝土可能影响规范承载力的准确性。史庆轩等[70]开展了高强箍筋约束高强钢筋混凝土柱偏心受压试验及数值模拟分析，发现高强箍筋可以提高约束混凝土的极限压应变，进而增强约束混凝土构件的延性性能。徐颖浩等[71]通过 HRBF500 钢筋混凝土大偏心受压柱承载力的试验研究，验证了《混凝土结构设计标准》(GB/T 50010—2010)[2]对 HRBF500 钢筋混凝土构件的适用性，并给出了 HRBF500 钢筋强度设计取值建议。

赵少伟等[72]对配置高强箍筋的混凝土短柱进行了拟静力试验，研究发现在高轴压比下，大部分构件高强箍筋在位移控制阶段发生屈服，表明配置高强箍筋的混凝土短柱具有良好的延性和耗能能力。张建伟等[73-76]和张健新等[77]对 HRB600 钢筋混凝土结构进行系统试验研究，验证了《混凝土结构设计标准》(GB/T 50010—2010)[2]对 HRB600 钢筋混凝土结构的适用性，并提出了 HRB600 钢筋强度设计取值建议。戎贤等[78-80]对 HRB600E 钢筋混凝土结构受力性能进行了研究，证明了 HRB600E 钢筋混凝土构件的受力性能与普通钢筋混凝土构件相似，并给出相关设计建议。李义柱等[81]对配置 600MPa 钢筋的混凝土柱进行了低周往复荷载试验，发现提高钢筋强度可显著增加试件的承载力和能量耗散，但降低了延性和耗能能力。崔玉博等[82]对配置 635MPa 热轧带肋高强钢筋的混凝土短柱进行了轴压性能分析和偏压性能分析，揭示了相关参数对混凝土柱性能的影响规律并提出相应的计算方法。李艳艳等[83]对 HRB500、HRB600E 钢筋混凝土梁、柱进行了受力性能试验，发现所有试件的破坏模式均为弯曲破坏，而 HRB600E 钢筋可以充分发挥其强度优势。

1.2.4 高强钢筋混凝土柱抗震性能

1994 年，Azizinamini 等[84]对 9 根配置 500MPa 高强钢筋的钢筋混凝土柱进行了低周往复荷载试验。试验结果表明，高强钢筋混凝土柱轴压比低于 0.2 时，试件有足够的延性，但是 ACI 318 规范高估了试件在拟静力试验条件下的抗弯承载力。在研究的基础上，对 ACI 318 规范中配置高强钢筋混凝土柱的抗弯承载力计算公式进行了修正。

Ousalem 等[85]对 3 根配置 SD980 高强钢筋(屈服强度为 1200MPa)和 SD685 钢筋(屈服强度为 740MPa)的混凝土柱进行了低周往复加载试验。试验结果表明，与配置 SD685 钢筋的混凝土柱相比，配置 SD980 高强钢筋的混凝土柱的变形能力有所降低，能量耗散能力也略微下降。Rautenberg 等[86]通过试验研究和理论分析等方式对配置 550MPa 钢筋的混凝土柱进行了研究。研究结果表明，试件承载力和极限曲率与纵筋总屈服力有关，而与钢筋面积无关，在保证纵筋总屈服力相同的情况下，使用高强钢筋替代普通钢筋可以减少配筋面积，进而有效地解决钢筋拥挤问题。之后，Rautenberg 等[87]又对 8 根配置高强钢筋(钢筋强度为 550～825MPa)的混凝土柱进行了低周往复荷载试验。试验结果表明，配置高强钢筋的混凝土柱的位移角为 4%～8%，与使用普通钢筋(410MPa)的混凝土柱的位移角相当，但是前者的耗能能力有所下降。Pham 和 Li[88]对 9 根配置 500MPa 高强钢筋的混凝土柱进行低周往复加载试验，研究了轴压比、截面形状、长细比等对钢筋混凝土柱破坏模式、滞回性能、初始刚度、抗剪承载力、能量耗散能力和延性等抗震性能的影响。试验结果表明，ASCE/SEI 41-06[89]得到的试件初始刚度是试验数据的 3 倍以上，试验所得的抗剪强度比计算值低大约 30%，试验所得侧移值大约是计算值的 2 倍。Lepage 等[90]对 8 根分别配置 550MPa 和 830MPa 高强纵筋的混凝土柱的抗震性能进行研究，试件中的箍筋强度为 410MPa。研究结果表明，配置高强钢筋的混凝土柱的耗能能力比配置普通钢筋的混凝土柱低。El-Attar 等[91]对 9 根配置高强钢筋(屈服强度 630MPa)的混凝土柱进行低周往复加载试验，试验结果表明，提高试件的混凝土强度等级可以提升试件的承载力，但会降低试件的延性；在不超过最大配筋率的条件下，提升配筋率可以略微提高试件的延性和耗能性能。Barbosa 等[92]对 4 根分别配置 550MPa 高强钢筋和 420MPa 钢筋的混凝土柱进行低周往复加载试验，试验结果表明，所有试件的破坏模式相似，不同对照组试件的承载能力和变形能力结果近似，但是配置 550MPa 高强钢筋的混凝土柱的能量耗散能力低于配置 420MPa 钢筋的混凝土柱。Aboukifa 和 Moustafa[93]对 4 根分别配置 690MPa 高强钢筋和 420MPa 钢筋的混凝土圆柱进行低周往复加载试验，试验结果表明，提升纵筋的钢筋等级可以提高试件的承载能力，但会降低试件的变形能力。

与国外学者的研究相比，我国高强钢筋混凝土柱的抗震性能研究起步较晚。徐伟栋[94]在低周往复加载条件下，对 6 根配置 HRB400 高强钢筋的混凝土柱的抗震性能进行研究。结果显示，所有构件均为弯曲破坏，配有 HRB400 高强钢筋的混凝土柱展现出了良好的延性，其可用于建筑的抗震设计。刘承文[95]对 5 根以 HRB500 高强钢筋为纵筋的钢筋混凝土柱进行低周往复水平荷载试验，分析柱端箍筋直径、箍筋强度、箍筋间距对钢筋混凝土柱抗震性能的影响。研究表明，这些箍筋参数虽然对试件的抗弯承载力影响较小，但对试件的变形能力、耗能性能以及刚度退化特性有显著影响，可以通过改变箍筋的配置来提高 HBR500 高强钢筋混凝土柱的抗震性能。傅剑平等[96]进一步通过低周往复荷载试验研究了复合箍筋对 HRB500 高强纵筋混凝土柱抗震性能的影响，研究参数包括箍筋形式、箍筋强度、体积配箍率等。研究结果表明，在配箍特征值相同的条件下，复合箍筋的使用能明显提升试件的延性，当柱端箍筋符合构造要求时，HRB500 作为钢筋混凝土柱的纵筋能够满足抗震结构对柱变形能力的要求。苏俊省等[97]对 10 根分别配置 HRB335、HRB500E 和 HRB600 钢筋的矩形截面混凝土柱进行了低周往复荷载试验，研究纵筋强度、箍筋强度、混凝土强度等级等参数对混凝土柱破坏形态、滞回曲线、骨架曲线、抗弯承载力以及延性性能的影响。试验结果显示，配有不同强度等级钢筋的混凝土柱均发生弯曲破坏。这表明试件均有良好的延性和变形能力，通过钢筋等体积代换，配有高强钢筋的混凝土柱抗弯承载力得到加强；而钢筋等强代换对试件的抗震性能影响较小，提升构件所用的混凝土等级则会导致试件的屈服位移减小。丁红岩等[98]对 3 根配置 HTB650 纵筋和 HTHB900 箍筋的高强钢筋混凝土柱进行水平低周往复荷载试验，研究配置高强钢筋的混凝土柱的抗震性能。试验结果表明，与配置传统钢筋的混凝土柱相比，高强钢筋混凝土柱有相似的力学特性和规律，使用高强纵筋和箍筋能够发挥其良好的力学性能。张萍等[99]对 6 根配置 HRB600 钢筋的混凝土柱进行低周往复加载试验，研究轴压比、加载方向和体积配箍率三个参数对试验试件破坏形态、滞回曲线、抗弯承载力和骨架曲线的影响。试验结果表明，所有试件均为典型正截面破坏，柱底部形成塑性铰，塑性铰区的混凝土脱落，塑性铰区的纵向钢筋出现屈曲；试件的抗震性能随着轴压比的增加而显著降低，在高轴压比条件下，配有更多箍筋的混凝土柱展现出更好的抗震性能，其加载后期曲线下降段更加平缓，试件所能达到的极限位移更大；改变试验的加载方向会显著影响试件的抗弯承载力和变形能力，但对钢筋混凝土柱的初始刚度影响不大。刘彬等[100]对 11 根配置 HRB600 高强钢筋的混凝土柱进行低周往复加载试验，试验参数包括轴压比、箍筋强度、箍筋间距、箍筋直径、箍筋形式等。试验结果表明，所有试件均在底部产生塑性铰，破坏模式为弯曲破坏，使用 600MPa 高强箍筋可以增强钢筋对核心区混凝土的约束作用，提升试件的抗震性能。配置八角箍和井字箍的钢筋混凝土柱滞回曲线基本相同，说明二者的抗震性能差别不大，但均优于配有普通矩形箍筋的钢筋混凝土柱。戎贤等[101]对 6 根配置 HRB600E 高强钢筋的混凝土柱进行低周往复水平加载试验，研究轴压比、钢筋强度和纵筋配筋率三个参数对混凝土柱破坏形态、滞回性能、刚度退化特性、骨架曲线等的影响。试验结果表明，配有高强钢筋的混凝土柱在低周往复加载条件下的破坏形态与普通钢筋混凝土柱类似，降低试件的轴压比能提升混凝土柱的抗震性能。姚方宝[102]利用有限元方法对 12 根配有 HRB600 高强钢筋的混凝土柱进行模拟，研究低周往复荷载条件下钢筋强度、轴压比、箍筋形式等因素对钢筋混凝土柱抗震性能的影响。模拟结果表明，配有高强钢筋的混凝土柱的承载能力优于普通钢筋混凝土柱，且具有良好的耗能性能，增大试件的轴压比则会削弱混凝土柱的抗震性能。史若凡等[103]对 3 根配有 HTRB630 高强钢筋的方形截面混凝土柱进行低周往复荷载试验，试件轴压比高达 1.0，所有试件均为 45°斜向加载。试验结果表明，试件端部外包钢板网约束能增强对核心区混凝土的约束作用，从而提升柱的抗弯承载力、耗能性能，进而提高钢筋混凝土柱的抗震性能。纵向钢筋向角部偏移对试件抗弯承载力影响较小，但能提高柱的延性和耗能能力，这两种方式均可用于加固高轴压比钢筋混凝土柱。刘春阳等[104]对 5 根配置 HTRB630 高强钢筋的方形截面混凝土柱进行不同方向的低周往复加载试验，研究轴压比、加载角度以及端部有无钢板网约束对高强钢筋混凝土柱滞回曲线、抗弯承载力、延性以及耗能性能的影响。试验结果表明，斜向加载时试件的抗震性能降低明显，且这一现象随着加载角度的增大更加明显，高强钢筋混凝土柱的抗弯承载力明显降低，但变形能力和耗能性能均得到加强；端部使用钢板网约束能加强对柱内部混凝土的约束作用，降低试件端部混凝土脱落压碎程度，增强高强钢筋混凝土柱端塑性铰区的耗能性能，从而提高试件抗弯承载力、变形能力和耗能能力等抗震性能。王凯军和关群[105]利用有限元方法研究了15根配置600MPa热轧带肋高强钢筋的混凝土柱的抗震性能。研究表明，增大混凝土强度等级和轴压比会降低混凝土试件的延性，从而降低试件的抗震性能；提升钢筋的配筋率和体积配箍率则能明显提升试件的延性。

韩飞[5]对6个配置NPR735钢筋的混凝土梁柱节点以及1个配置HRB400普通钢筋的混凝土梁柱节点进行了低周往复加载试验以及有限元数值模拟，研究轴压比、节点核心区体积配箍率、混凝土强度、钢筋强度等因素对节点抗震性能的影响。试验结果表明，增大轴压比可改善高强钢筋节点的耗能特性，提升节点核心区体积配箍率可以提高节点的抗剪能力，并且提高节点的极限位移，提高材料强度即提高混凝土强度与钢筋强度可提高节点的极限抗剪能力，但会降低试件延性，同时也会加快节点峰值荷载后的强度下降速度。丁一婧[106]对6根配置NPR735钢筋的混凝土柱进行偏心受压试验，分析高强混凝土试件的破坏模态和受力性能，提出了NPR735钢筋混凝土柱大、小偏心受压判断原则和承载力计算方法，为NPR735钢筋的应用提供了理论依据。

与普通钢筋混凝土柱相比，配置高强钢筋的混凝土柱耗能性能有所下降；提高混凝土强度等级可以提升试件的承载力但会降低试件的延性；增大轴压比可以提升混凝土柱的承载能力但会降低其抗震性能；提高配筋率可以提升混凝土柱的延性；在不超过最大配筋率的条件下，提升配筋率可以略微提高试件的延性和耗能性能。

对于普通的钢筋，钢筋的强度与延性是矛盾的，随着钢筋强度的提升，钢筋的延性通常会降低[107]。商怀帅等[108]对HRB400钢筋进行拉伸试验，其最大力总延伸率介于9.57%～15.79%。我国现有的500MPa以上高强钢筋的延性一般都低于HRB400普通钢筋，即目前对于高强钢筋混凝土柱的研究中所使用的高强钢筋的延性一般都低于HRB400普通钢筋。NPR735钢筋的延伸率超过23%，即满足高强度指标的同时也具有高延性的特点。采用高强高延性钢筋，高强钢筋混凝土柱的延性和耗能能力是否有所改善，需要进一步研究。

1.2.5 高强钢筋混凝土框架节点抗震性能

日本在20世纪80年代末开展了为期五年的全国性研究项目，推广屈服强度为400～1200MPa的高强钢筋与高强混凝土在工程中的应用[109]。针对节点部分，根据理论分析以及试验验证[110-118]，发现节点耗能差是由贯穿节点的梁筋黏结退化导致的，但是通过合理的节点设计可有效解决黏结滑移问题。

Brooke 等[119]进行了 4 组梁柱节点试验，旨在评估新西兰规范中有关梁柱节点黏结强度的设计条件在应用于大直径、高强钢筋时的准确性。试验结果表明，新西兰规范要求过于保守，建议放宽规范中防止梁柱节点黏结破坏的条件。另外，研究表明，大量竖向节点抗剪配筋可有效改善节点区域的黏结特性，但水平抗剪钢筋对黏结特性影响甚微。

白绍良团队完成了配置 HRB500 钢筋的各类节点的抗震试验，发现配置高强钢筋的节点延性普遍偏低，且梁柱纵筋黏结退化速度比普通节点更快，但构件失效位移明显提高[120-125]。刘璐等[126]对 4 个配置 HRB500 高强钢筋的足尺装配式混凝土梁柱节点(包括两个中节点和两个边节点)进行抗震试验，发现在梁端先行屈服的情况下，高强钢筋节点仍有较好的变形和耗能能力，但采用大直径大间距的配筋形式并不能明显改善节点的抗震性能。Alaee 和 Li[127]根据 ACI 318-14 规范设计了 5 个采用 700MPa 高强钢筋的足尺梁柱节点，通过拟静力试验探索混凝土强度、钢筋强度及轴压比等因素对节点抗震性能的影响。结果表明，节点梁采用较高等级的钢筋会使节点区域的黏结强度略有下降；但提高混凝土强度和轴压比可以改善核心区内梁筋的黏结状态，使构件发生延性破坏。张健新等[128,129]通过低周往复荷载试验，研究了配置 600MPa 高强钢筋的高韧性混凝土框架节点的抗震性能，重点分析了轴压比、剪压比、配箍特征值及混凝土类型(高韧性混凝土与普通混凝土)等参数对节点性能的影响。研究表明，在相同配筋条件下，采用高韧性混凝土可显著改善节点核心区的裂缝分布，减少混凝土剥落，提升耗能能力；同时，适当降低轴压比和剪压比、提高配箍特征值，可有效延缓刚度退化并增强节点延性，但对峰值承载力影响较小。

戎贤等[130-133]对配置高强钢筋的混凝土梁柱节点进行了系列试验。结果表明，与普通钢筋混凝土节点相比，配置高强钢筋可提高节点的抗剪承载力，减缓构件刚度退化速度，改善节点滞回特性；而减小节点轴压比和剪压比或增加节点配箍特征值均可改善高强钢筋节点的梁端塑性转动能力；研究还发现，高强钢筋与高韧性混凝土的搭配使用不仅能够提高构件承载力，还可改善构件破坏形态。

1.3　研究中存在的问题

国内外学者对采用高强钢筋的混凝土构件受力性能进行了大量研究，取得了许多成果，但是仍然存在以下问题：

(1) 相关研究较少。对于高强钢筋的研究主要集中在 650MPa 以下和 900MPa 以上，其中针对 600MPa 钢筋受压、抗弯、抗震性能研究较多，而对于 650～900MPa

钢筋研究较少，针对高延性钢筋的研究更是匮乏。

(2)规范设计问题。我国规范尚未纳入 600MPa 及以上强度的高强钢筋，600MPa 钢筋相关研究较多，具有一定的理论依据，而 700MPa 钢筋缺乏相应的试验研究，对工程设计造成困难。

(3)钢筋混凝土匹配问题。我国《混凝土结构设计标准》(GB/T 50010—2010)规定素混凝土峰值压应变为 0.002，而此时所需钢筋强度仅为 400MPa，远小于高强钢筋的实际强度，因此受压柱高强钢筋无法充分发挥强度，适合高强钢筋的高强混凝土或配箍形式有待进一步研究。

1.4 主要内容

NPR735 钢筋具有高强度、高延伸率的优点，在提高建筑结构安全性和可靠性的同时，可以大幅降低钢筋用量，使施工布筋更加合理。目前，NPR735 钢筋还没有纳入我国《混凝土结构设计标准》(GB/T 50010—2010)中，为了进一步推广高强钢筋在混凝土结构中的应用，本书采用试验研究、模拟研究和理论分析相结合的方法进行研究。第 1 章对高强钢筋混凝土结构研究现状进行介绍；第 2～6 章分别对 NPR735 钢筋黏结锚固性能、NPR735 钢筋混凝土梁柱受力性能、NPR735 钢筋混凝土柱及框架节点抗震性能进行研究；第 7 章对本书进行总结。

第 2 章　NPR735 钢筋黏结锚固性能

2.1　NPR735 钢筋力学性能

2.1.1　NPR735 钢筋拉伸试验

对直径为 8mm 和 18mm 的 NPR735 钢筋进行了拉伸试验，其应力-应变曲线如图 2-1 所示，拉伸后钢筋破坏现象如图 2-2～图 2-4 所示。可以看出，NPR735 钢筋没有明显的屈服平台，极限应变超过 0.2，破坏前均匀变形，破坏时断口没有明显的颈缩现象。

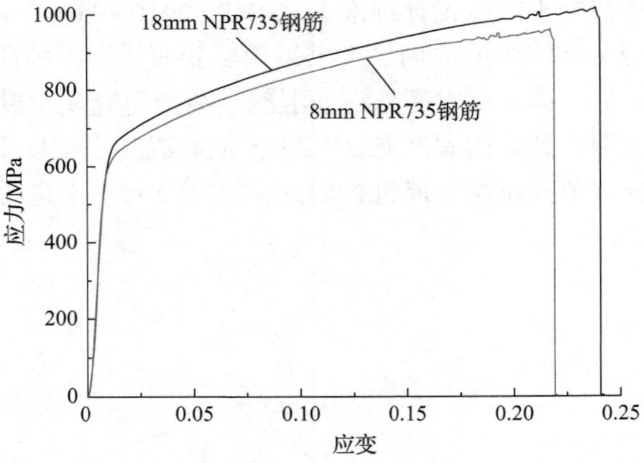

图 2-1　8mm 和 18mm NPR735 钢筋应力-应变曲线

图 2-2　18mm NPR735 钢筋拉伸前后对比

NPR735 钢筋的材料性能统计数据来自 79 根钢筋的拉伸试验结果，如表 2-1 所示。表中 NPR735 钢筋屈服强度取总应变为 0.0035 对应的应力，HRB400 钢筋屈服强度取屈服平台下屈服点的应力。NPR735 钢筋极限强度和延伸率如表 2-2

所示。

图 2-3　18mm NPR735 钢筋标准试件拉伸前后对比

图 2-4　18mm NPR735 钢筋拉伸后断口破坏情况

表 2-1　试验材料力学性能参数

参数	NPR735 钢筋屈服强度		HRB400 钢筋屈服强度	
	8mm	18mm	8mm	18mm
平均值/MPa	634.5	651.9	522.67	478.67
标准差/MPa	6.444	16.428	12.0443	8.8694
变异系数	0.010156	0.0252	0.02304	0.01853
标准值/MPa	623.9	625	502.86	464.08
设计值/MPa	520	520	419.05	386.73

表 2-2　NPR735 钢筋极限强度和延伸率

NPR735 钢筋直径/mm	极限强度/MPa	延伸率/%
18	1165.7	24.1
8	975.2	22.5

直径 18mm 的 NPR735 钢筋受压应力-应变曲线如图 2-5 所示，受压破坏情况如图 2-6 所示，钢筋受压后产生较大横向变形。不考虑钢筋受压变形的工程应变无法反映 NPR735 钢筋受压时的应力状态。直径 18mm 的 NPR735 钢筋受压力学性能试验结果如表 2-3 所示，试验数据来自 9 根钢筋标准压缩试验。

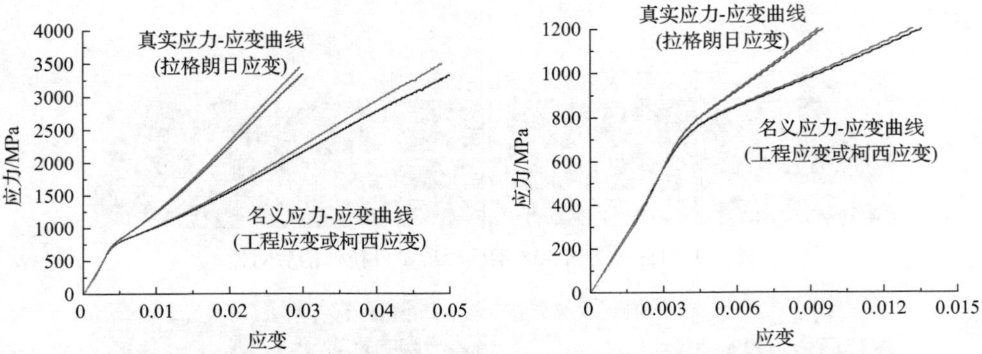

(a) 全过程应力-应变曲线　　(b) 局部放大图

图 2-5　18mm NPR735 钢筋受压应力-应变曲线

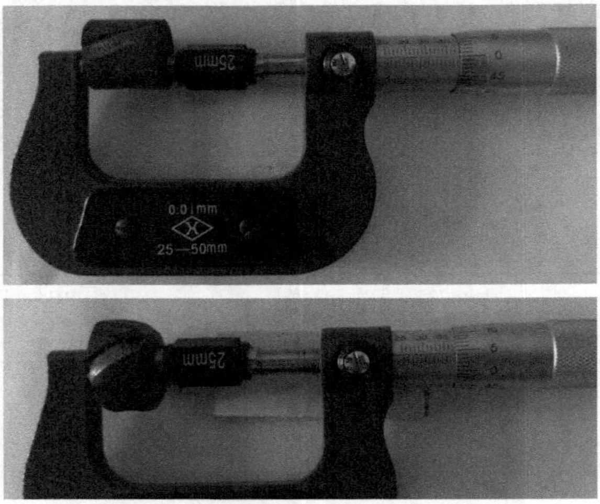

(a) 钢筋受压方向变形情况

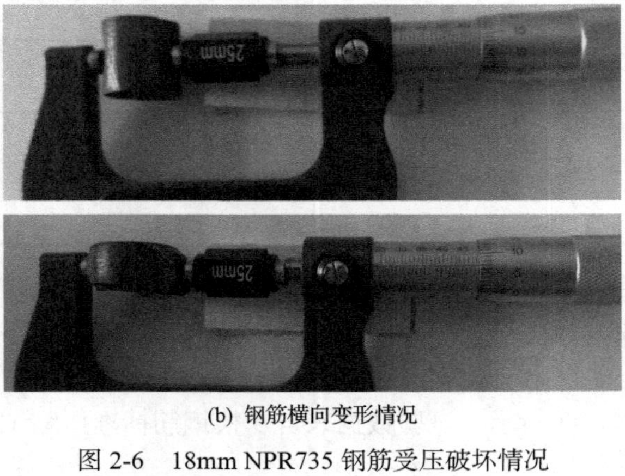

(b) 钢筋横向变形情况

图 2-6　18mm NPR735 钢筋受压破坏情况

表 2-3　18mm NPR735 钢筋受压力学性能试验结果

参数	18mm NPR735 钢筋抗压强度
平均值/MPa	721.9
标准差/MPa	8.759
变异系数	0.01213

试件长度 18mm，直径 18.13mm，压缩后长度 12.54mm，压缩量为 5.46mm，压缩后直径 23.57mm，变化量为 5.44mm。

2.1.2　NPR735 钢筋本构关系

参照 ACI 318-14 规范，NPR735 钢筋屈服强度平均值取总应变为 0.0035 对应的应力，即 650MPa，变异系数为 0.0252，标准值为 625MPa，设计值为 520MPa，如图 2-7 所示。参照 ACI 439.6R-19 规范对高强钢筋屈服强度的规定，NPR735 钢筋用作纵向钢筋时，极限拉应变取 0.02。

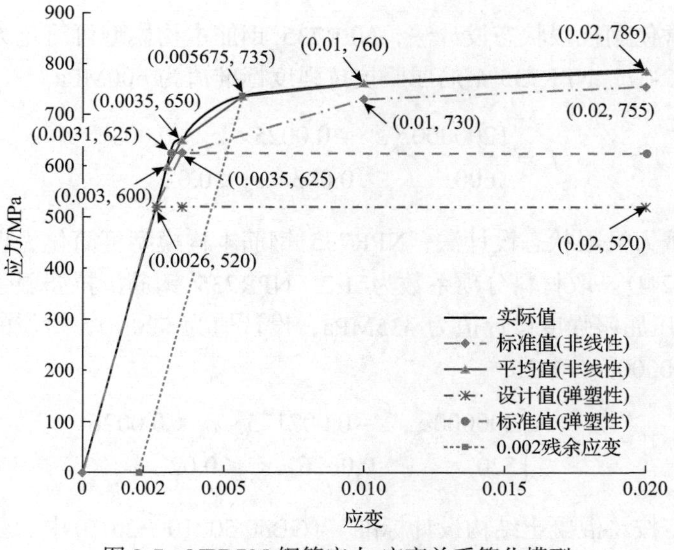

图 2-7　NPR735 钢筋应力-应变关系简化模型

对于非线性分析，NPR735 钢筋平均值本构模型取六折线模型，见式(2-1)。比例极限取 600MPa；残余应变 0.002 对应的应力取 735MPa(总应变 0.005675)，极限应变 0.02 对应的极限强度为 786MPa。

$$f_{\mathrm{s}}=\begin{cases}200000\varepsilon_{\mathrm{s}}, & -0.0025\leqslant\varepsilon_{\mathrm{s}}\leqslant0.003\\600+250000\varepsilon_{\mathrm{s}}, & 0.003<\varepsilon_{\mathrm{s}}\leqslant0.0031\\625+67500\varepsilon_{\mathrm{s}}, & 0.0031<\varepsilon_{\mathrm{s}}\leqslant0.0035\\652+38160.92\varepsilon_{\mathrm{s}}, & 0.0035<\varepsilon_{\mathrm{s}}\leqslant0.005675\\735+5780.347\varepsilon_{\mathrm{s}}, & 0.005675<\varepsilon_{\mathrm{s}}\leqslant0.01\\760+2600\varepsilon_{\mathrm{s}}, & 0.01<\varepsilon_{\mathrm{s}}\leqslant0.02\end{cases}\tag{2-1}$$

NPR735 钢筋标准值本构模型取四折线模型，见式(2-2)。屈服抗压强度标准值取 500MPa；比例极限拉应力标准值取 520MPa；名义屈服应变为 0.0035，名义屈服应力为 625MPa；应变 0.01 对应的应力为 730MPa；极限应变 0.02 对应的极限强度为 755MPa。

$$f_{\mathrm{s}}=\begin{cases}200000\varepsilon_{\mathrm{s}}, & -0.0025\leqslant\varepsilon_{\mathrm{s}}\leqslant0.0026\\520+116666.7\varepsilon_{\mathrm{s}}, & 0.0026<\varepsilon_{\mathrm{s}}\leqslant0.0035\\625+16153.85\varepsilon_{\mathrm{s}}, & 0.0035<\varepsilon_{\mathrm{s}}\leqslant0.01\\730+2500\varepsilon_{\mathrm{s}}, & 0.01<\varepsilon_{\mathrm{s}}\leqslant0.02\end{cases}\tag{2-2}$$

采用正常使用极限状态设计法，NPR735 钢筋本构模型可简化为理想弹塑性关系，见式(2-3)，NPR735 钢筋屈服抗拉强度标准值为 600MPa。

$$f_{\mathrm{s}}=\begin{cases}200000\varepsilon_{\mathrm{s}}, & -0.0025\leqslant\varepsilon_{\mathrm{s}}\leqslant0.003\\600, & 0.003<\varepsilon_{\mathrm{s}}\leqslant0.02\end{cases}\tag{2-3}$$

采用承载力极限状态设计法，NPR735 钢筋本构模型可简化为理想的弹塑性关系，见式(2-4)。取材料分项系数为 1.2，NPR735 钢筋抗拉屈服强度设计值为 520MPa，抗压屈服强度设计值为 435MPa，设计值为 520MPa 对应的条件屈服点应变为 520/200000=0.0026。

$$f_{\mathrm{s}}=\begin{cases}200000\varepsilon_{\mathrm{s}}, & -0.002175\leqslant\varepsilon_{\mathrm{s}}\leqslant0.0026\\520, & 0.0026<\varepsilon_{\mathrm{s}}\leqslant0.02\end{cases}\tag{2-4}$$

钢筋应变按《混凝土结构设计标准》(GB/T 50010—2010)中的公式(6.2.8)计算，相对界限受压区高度按照该标准中无屈服点普通钢筋公式(6.2.7-2)计算。

《混凝土结构设计标准》(GB/T 50010—2010)中无明显屈服点纵向受拉钢筋屈服与受压区混凝土破坏同时发生时的相对界限受压区高度公式为

$$\xi_{\mathrm{b}}=\frac{\beta_1}{1+\dfrac{0.00025}{\varepsilon_{\mathrm{cu}}}+\dfrac{f_{\mathrm{y}}}{E_{\mathrm{s}}\varepsilon_{\mathrm{cu}}}}\tag{2-5}$$

式中，ε_{cu} 为非均匀受压时的混凝土极限压应变，按标准公式(6.2.1-5)计算；β_1 为系数，按标准第 6.2.6 条的规定计算。

当 ε_{cu}=0.0033，β_1=0.8，NPR735 钢筋强度设计值取 520MPa 时，ξ_b =0.429。

当 ε_{cu}=0.0033，β_1=0.8，NPR735 钢筋强度平均值取 650MPa 时，ξ_b =0.388。

2.2　NPR735 钢筋黏结锚固性能试验

通过拉拔试验研究 NPR735 钢筋与混凝土的黏结性能，建立 NPR735 钢筋黏结锚固极限强度公式。混凝土采用 C35 混凝土，其力学性能参数如表 2-4 所示。

表 2-4　C35 混凝土力学性能参数

参数	立方体抗压强度	轴心抗压强度	轴心抗拉强度
平均值/MPa	43.95	33.40	2.78
标准差/MPa	4.3399	—	—
变异系数	0.09875	—	—
标准值/MPa	36.81	27.97	2.59
设计值/MPa	26.29	19.98	1.85

2.2.1　试验概况

1. 试验设计

混凝土与钢筋的黏结性能试验参考《混凝土结构试验方法标准》(GB/T 50152—2012)[134]。为防止试件加载端混凝土三向受力对钢筋黏结性能产生影响，加载端采用内径比受力钢筋大 2mm、长度为 40mm 的 PVC 管将钢筋与混凝土隔开。试验采用棱柱体试件，如图 2-8 所示。

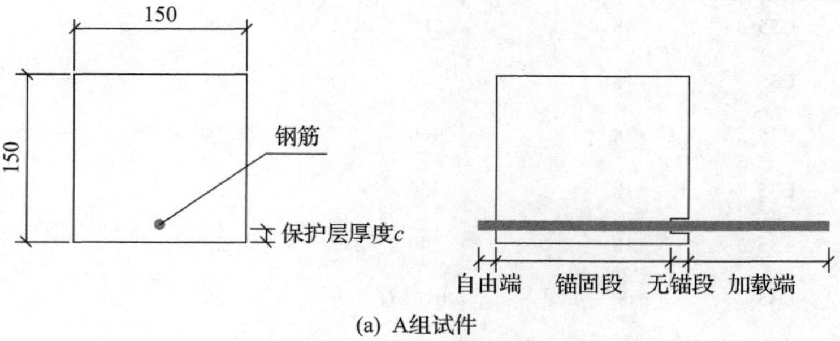

(a) A组试件

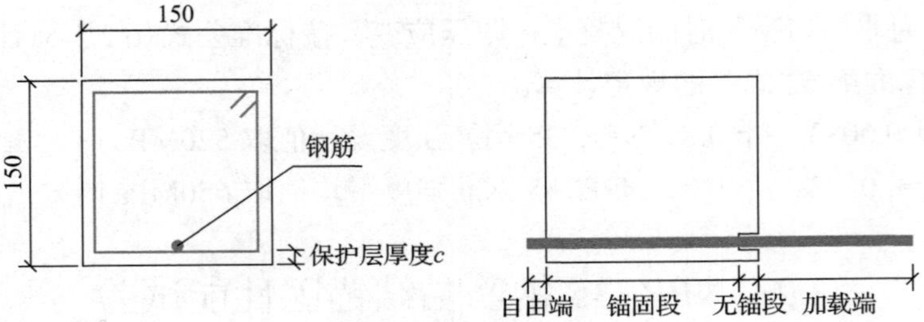

(b) B组试件

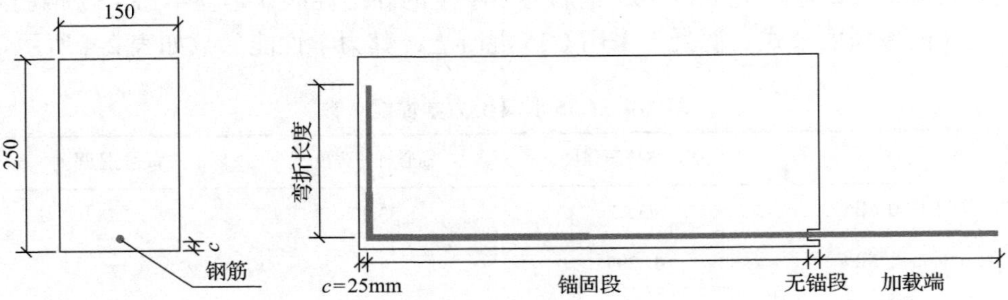

(c) C组试件

图 2-8　试件形式(单位：mm)

主要试验参数为锚固长度、体积配箍率及钢筋的黏结锚固连接方式等，如表 2-5 所示。试件共分为 A、B、C 三组，A 组试件研究锚固长度对黏结性能的影响，B 组试件研究体积配箍率对黏结性能的影响(体积配箍率分别为 5.03%、3.35%、2.51%、2.01%、1.68%)，C 组试件研究采用弯锚锚固形式时弯锚长度对黏结性能的影响。其中，试件 A-Ⅶ、A-Ⅷ用于验证按《混凝土结构设计标准》(GB/T 50010—2010)确定的 NPR735 钢筋锚固长度的适用情况。

表 2-5　试件参数

组别	试件编号	混凝土等级	钢筋直径 d/mm	锚固/搭接长度 l_a/mm	保护层厚度 c/mm	配置箍筋	c/d	l_a/d
A	A-Ⅰ	C35	18	180	25	—	1.39	10
	A-Ⅱ	C35	18	270	25	—	1.39	15
	A-Ⅲ	C35	18	360	25	—	1.39	20
	A-Ⅳ	C35	18	450	25	—	1.39	25
	A-Ⅴ	C35	18	540	25	—	1.39	30
	A-Ⅶ	C35	8	440($55d$)	25	—	3.125	55
	A-Ⅷ	C35	18	940($55d$)	25	—	1.39	52.22

续表

组别	试件编号	混凝土等级	钢筋直径 d/mm	锚固/搭接长度 l_a/mm	保护层厚度 c/mm	配置箍筋	c/d	l_a/d
B	B-Ⅰ	C35	18	270	25	D8@40	1.39	15
	B-Ⅱ	C35	18	270	25	D8@60	1.39	15
	B-Ⅲ	C35	18	270	25	D8@80	1.39	15
	B-Ⅳ	C35	18	270	25	D8@100	1.39	15
	B-Ⅴ	C35	18	270	25	D8@120	1.39	15
C	C-Ⅰ	C35	18	270（弯折长度 5d）	25	—	1.39	15
	C-Ⅱ	C35	18	270（弯折长度 10d）	25	—	1.39	15

我国《混凝土结构设计标准》（GB/T 50010—2010）中给出了受拉钢筋锚固长度 l_a 的计算公式：

$$l_a = \zeta_a l_{ab} \tag{2-6}$$

$$l_{ab} = \alpha \frac{f_y}{f_t} d \tag{2-7}$$

式中，ζ_a 为锚固长度修正系数；l_{ab} 为受拉钢筋的基本锚固长度；f_y 为钢筋抗拉强度设计值，试验设计时取 540MPa，抗拉强度试验平均值为 650MPa，设计值为 520MPa；f_t 为混凝土抗拉强度设计值，试验设计时取 1.57MPa（C35 混凝土），抗拉强度试验平均值为 2.78MPa，设计值为 1.85MPa；d 为钢筋直径，分别取 8mm 和 18mm；α 为锚固钢筋的外形系数，光圆钢筋取 0.16，带肋钢筋取 0.14，螺旋肋钢筋取 0.13，此处按 0.16 计算。

在钢筋长度方向上开槽并在槽内粘贴应变片，研究黏结应力沿 NPR735 钢筋黏结锚固长度方向的分布规律。应变片间距为 30mm，如图 2-9 所示。

2. 试验方法

试验加载装置包括反力架拉拔和直接拉拔两种，如图 2-10 所示。反力架拉拔采用 500kN 微机控制电液伺服万能试验机加载，直接拉拔采用 1000kN 穿心千斤顶加载。

试验采用单调连续加载制度，加载速率取 100N/s，加载至破坏。将特制夹具分别固定在混凝土和钢筋加载端，在试件的两端安装位移计，通过静态应变仪记录加载端和自由端位移计量测的滑移值，试件所受的拉拔力由试验机记录，测得各荷载下的拉拔力后，除以钢筋表面面积，就可计算出各荷载下的黏结强度。

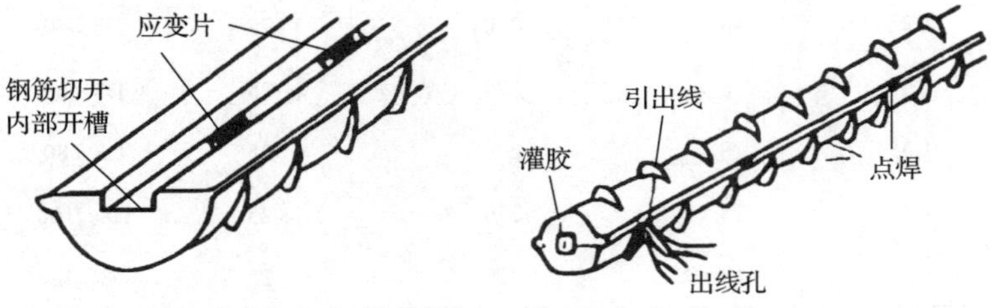

(a) 半钢筋　　(b) 黏结合并

图 2-9　NPR735 钢筋长度方向粘贴应变片

(a) A组、B组和C组加载装置　　(b) A-Ⅶ、A-Ⅷ加载装置

图 2-10　拔出试验加载装置

A-Ⅶ和 A-Ⅷ试验采用 1000kN 穿心千斤顶穿过钢筋，上部放置力传感器，如图 2-10(b)所示。对 8mm 钢筋每级加载 0.4kN，18mm 钢筋每级加载 20kN。位移通过用游标卡尺测量千斤顶行程获得，荷载由荷载传感器获得。

试验步骤如下：

(1)安装试件，准备相关测试和采集设备，并检查试验装置是否安装正确、安全措施是否到位。

(2)打开计算机及试验机电源和油泵开关，试验机预热不低于 5min，同时将位移计、钢筋应变片引线与应变采集仪连接，并检查是否正常工作。

(3)根据试验加载方案，同时打开数据采集设备，开始加载。

(4)观察记录试件裂缝开展、加载状况及采集数据发展情况，如果发现异常情况，随时停机，分析数据异常原因。

(5)当试件出现黏结锚固破坏且荷载-位移曲线进入较为稳定的残余阶段或者钢筋被拉断后，停止加载。

(6)松开夹具，卸下试件并清理残余物；保存试验数据并检查是否异常，如果存在问题，待问题解决后进行下一个构件的试验。

2.2.2　试验结果及分析

1. NPR735 钢筋锚固长度

A-Ⅶ和 A-Ⅷ两组试验为验证试验，用于验证按光圆钢筋形状系数确定 NPR735 钢筋基本锚固长度的设计方法是否适用。两组试验的破坏模式均为钢筋屈服，即按目前的锚固长度设计，可以确保不发生黏结破坏。

试验设计时，钢筋强度取 540MPa，C35 混凝土抗拉强度取 1.57MPa，钢筋外形系数取 0.16，则基本锚固长度为

$$l_{ab} = 0.16 \times (540/1.57)d = 55d$$

按 NPR735 钢筋抗拉强度试验平均值 650MPa 和混凝土抗拉强度试验平均值 2.78MPa，反算的钢筋形状系数实际取值为

$$\alpha = 55/(f_y/f_t) = 55 \times 2.78/650 = 0.24$$

按 NPR735 钢筋抗拉强度试验设计值 520MPa 和混凝土抗拉强度试验设计值 1.85MPa，反算的钢筋形状系数实际取值为

$$\alpha = 55/(f_y/f_t) = 55 \times 1.85/520 = 0.20$$

2. NPR735 钢筋锚固试验现象及破坏形态

1) A-Ⅶ和 A-Ⅷ试验现象

试件 A-Ⅶ锚固长度为 440mm，试件 A-Ⅷ锚固长度为 940mm，其破坏形态如图 2-11 所示。钢筋未拔出，但钢筋与混凝土之间出现了明显的滑移，如图 2-12 所示。其中 A-Ⅷ试验后，钢筋的残余拔出变形约 18mm，如图 2-13 所示。

2) A 组、B 组和 C 组试件试验现象

(1)劈裂破坏。

当钢筋的锚固长度小于其临界锚固长度时，由于钢筋表面螺旋槽对混凝土产

生了环向压力，没有配置箍筋且混凝土保护层厚度较小的试件，裂缝会首先发展到混凝土表面，导致混凝土劈裂破坏，伴有声响，试件劈成 2～3 份，如图 2-14 所示。

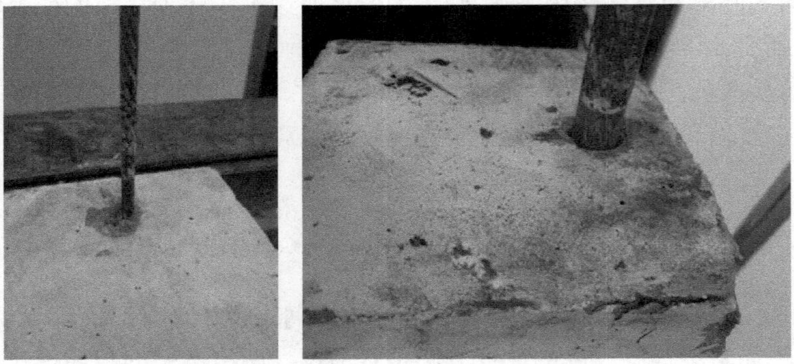

(a) A-Ⅶ　　(b) A-Ⅷ

图 2-11　试件破坏形态

图 2-12　试件 A-Ⅷ切开前

图 2-13　试件 A-Ⅷ切开后内部黏结状况

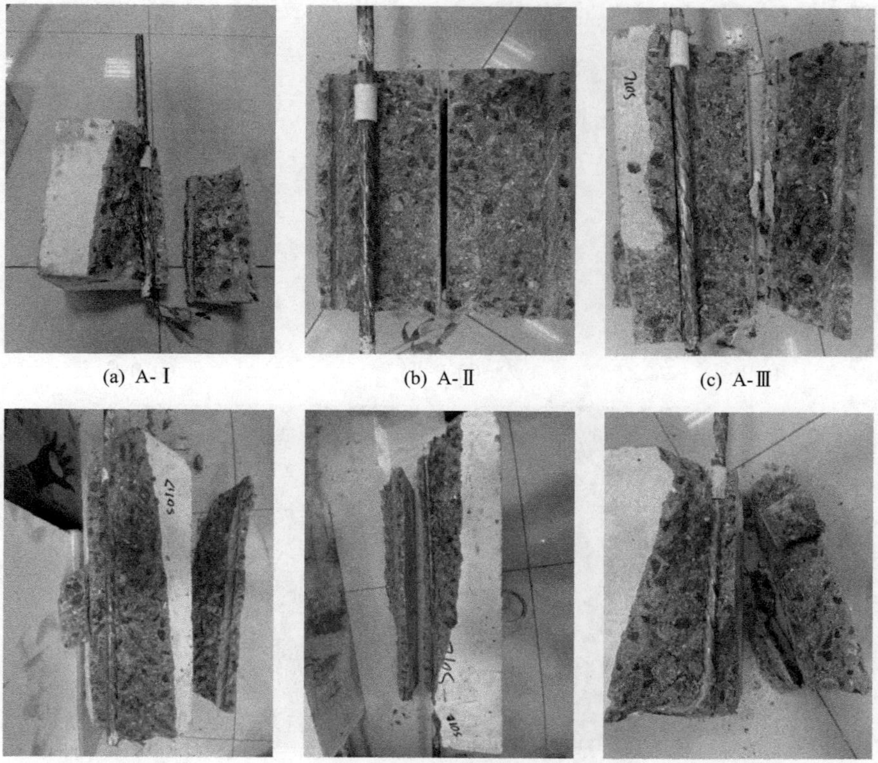

(a) A-Ⅰ　(b) A-Ⅱ　(c) A-Ⅲ

(d) A-Ⅳ　(e) A-Ⅴ　(f) C-Ⅰ

图 2-14　A 组、C-Ⅰ试件劈裂破坏

(2) 拔出破坏。

该类试件配有不同间距的箍筋，主要发生拔出破坏。试验过程中，首先混凝土开裂，随后钢筋缓慢拔出。加载过程中，加载端混凝土首先出现细微裂缝，随着加载荷载的不断增大，裂缝向下延伸，直至贯通，且裂缝宽度不断增大，此时由于箍筋的约束作用，试件可以继续承受荷载，最终因为混凝土约束不足导致锚筋拔出而破坏，如图 2-15 所示。

(3) 压碎破坏。

当钢筋形式采用弯锚且弯折部分较长，混凝土保护层厚度较小时，试件的破坏形式为混凝土局部压碎破坏，如图 2-16 所示。

3. 试验结果

1) 拉拔力-位移关系及黏结应力-滑移关系

(1) 试件 A-Ⅶ和 A-Ⅷ。

(a) B-Ⅰ

(b) B-Ⅱ

(c) B-Ⅲ

(d) B-Ⅳ

(e) B-Ⅴ

图 2-15　B 组试件拔出破坏

图 2-16　C-Ⅱ试件压碎破坏

试件 A-Ⅶ和 A-Ⅷ的破坏类型均为钢筋屈服破坏，黏结锚固试验的拉拔力-位移曲线如图 2-17 所示。破坏时对应的钢筋拉拔力分别为 39.1kN 和 184.8kN，对应的钢筋应力分别为 778MPa 和 769MPa，均已超过钢筋的设计屈服强度。

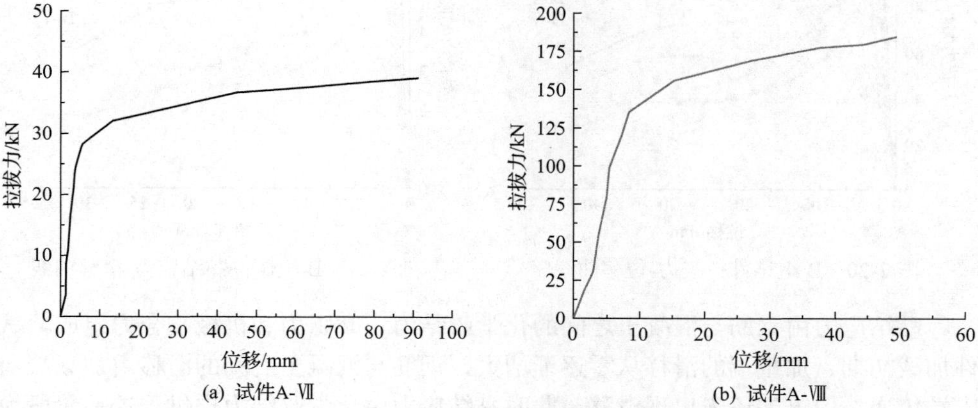

图 2-17　试件 A-Ⅶ和 A-Ⅷ拉拔力-位移曲线

(2) A 组试件。

A 组试件的破坏类型为混凝土劈裂破坏，劈裂破坏后黏结力突然下降，黏结锚固试验的拉拔力-位移曲线如图 2-18 所示，黏结应力-滑移曲线如图 2-19 所示。

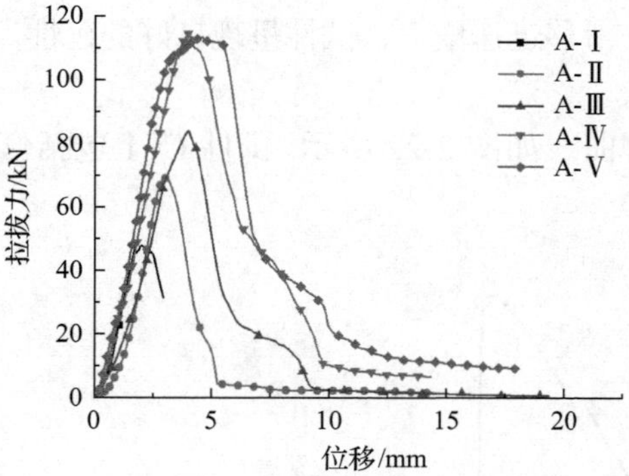

图 2-18　A 组试件拉拔力-位移曲线

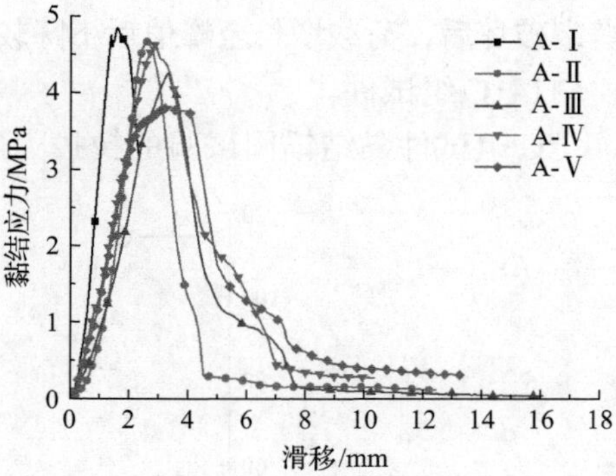

图 2-19　A 组试件黏结应力-滑移曲线

(3) B 组试件。

B 组试件的破坏类型为钢筋拔出破坏，黏结锚固试验的拉拔力-位移曲线如图 2-20 所示，黏结应力-滑移曲线如图 2-21 所示。配置箍筋后，试件极限承载力随体积配箍率的增大而增大，试件破坏时两端有较大的滑移。这是因为混凝土横、纵向裂缝的出现和发展都受到了箍筋的约束，试件的破坏形态由劈裂破坏转为锚筋被拔出破坏，黏结强度提高。

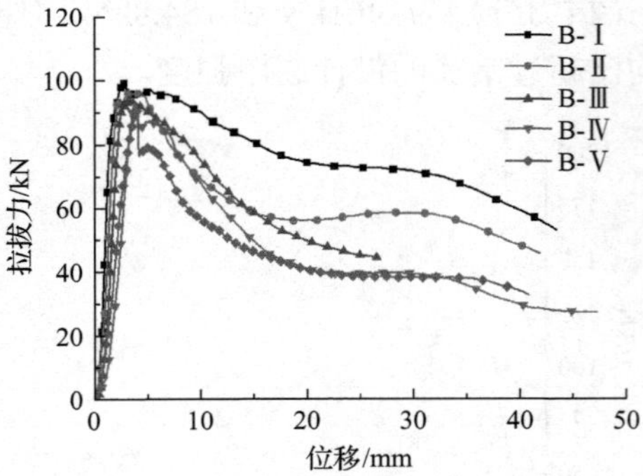

图 2-20　B 组试件拉拔力-位移曲线

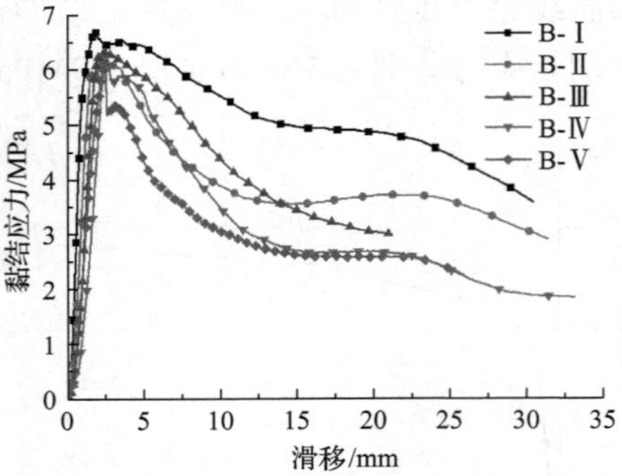

图 2-21　B 组试件黏结应力-滑移曲线

黏结应力由钢筋与混凝土之间的化学胶结力、摩阻力和机械咬合力组成。试件加载初期，加载端的滑移从零逐渐增大，钢筋与混凝土之间的滑移由加载端向末端传递，但末端还未出现滑移，此时黏结应力由化学胶结力提供，这一阶段为微滑移段。在滑移段，末端开始出现滑移，随着荷载逐渐增大，加载端和末端滑移逐渐增大并且数值接近，这一阶段黏结应力主要由摩阻力和机械咬合力提供，化学胶结力被完全破坏。劈裂段是试件接近破坏时的阶段，黏结应力-滑移曲线出现转折，斜率明显减小，滑移增大，呈非线性状态，此时试件首先沿最薄弱的保护层发生劈裂破坏，裂缝由加载端向末端延伸。在下降段，配有箍筋的 B 组试件劈裂破坏后，荷载增长至峰值后下降较缓，滑移迅速增大，试件呈现良好的延性。

(4) C 组试件。

C 组试件黏结锚固试验的拉拔力-位移曲线如图 2-22 所示。试件 C- Ⅰ包括弯

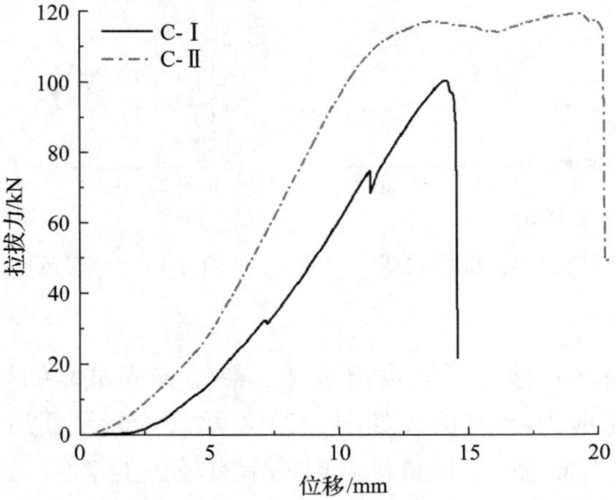

图 2-22　C 组试件拉拔力-位移曲线

钩在内的锚固段长度=270mm+弯折段长度 $5d$=$20d$<$0.6l_a$=$33d$，试件 C-Ⅱ包括弯钩在内的锚固段长度=270mm+弯折段长度 $10d$=$25d$<$0.6l_a$=$33d$，均小于规范规定的弯钩锚固长度要求，破坏时钢筋未屈服。由于试件 C-Ⅱ弯折段长度($10d$)大于试件 C-Ⅰ弯折段长度($5d$)，破坏时试件 C-Ⅱ拉拔力(119.13kN)高于试件 C-Ⅰ(100.37kN)。试件 C-Ⅰ发生混凝土劈裂破坏，达到极限拉拔力之后承载力突然下降；而试件 C-Ⅱ为混凝土压碎破坏，曲线中出现的水平段是由混凝土压碎前产生的塑性压缩变形导致的。

2)黏结应力沿钢筋分布

通过在钢筋内粘贴应变片的方法得到钢筋应变沿锚固长度的分布情况，进而得到黏结应力沿锚固长度的分布情况，各组试件黏结应力沿钢筋分布如图 2-23 和图 2-24 所示，N_u为极限承载力。随钢筋所受拉力的增大，钢筋与混凝土之间的黏结应力增大，同时黏结应力沿钢筋表面呈抛物线分布。

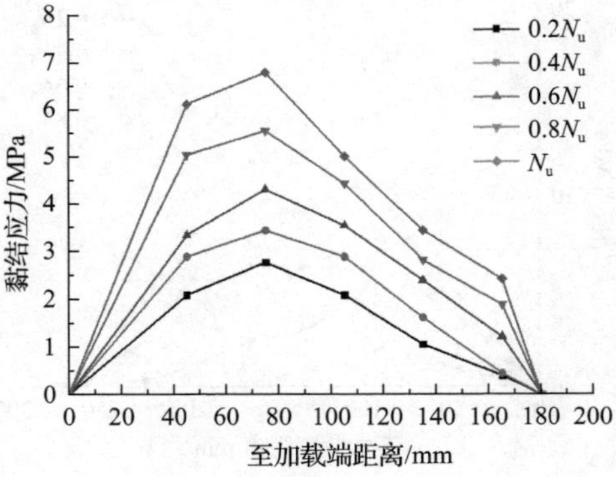

(a) A-Ⅰ

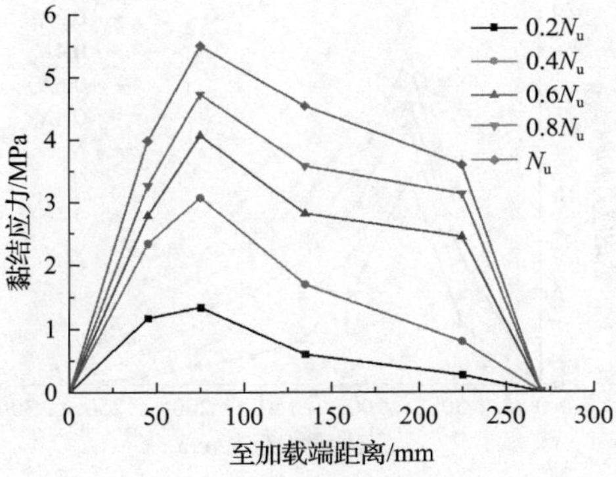

(b) A-Ⅱ

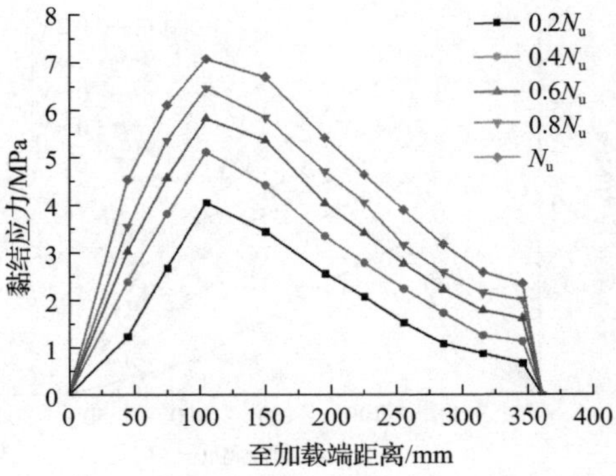

(c) A-Ⅲ

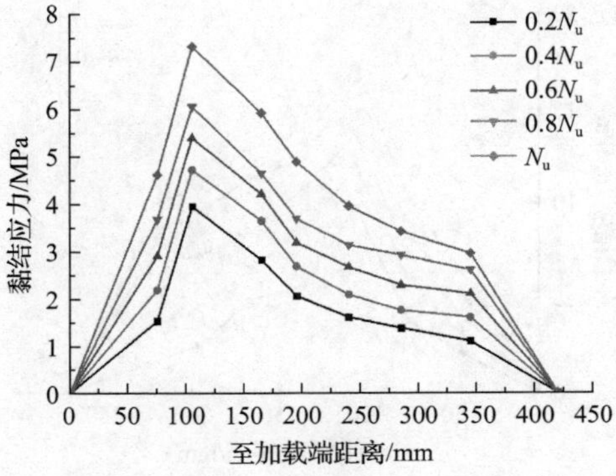

(d) A-Ⅳ

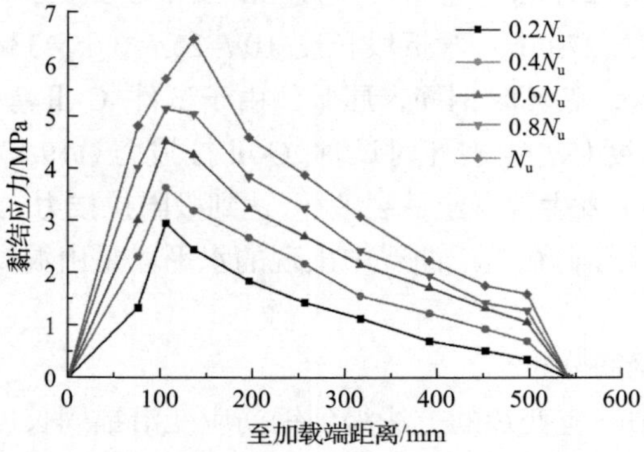

(e) A-Ⅴ

图 2-23　A 组试件黏结应力沿钢筋分布

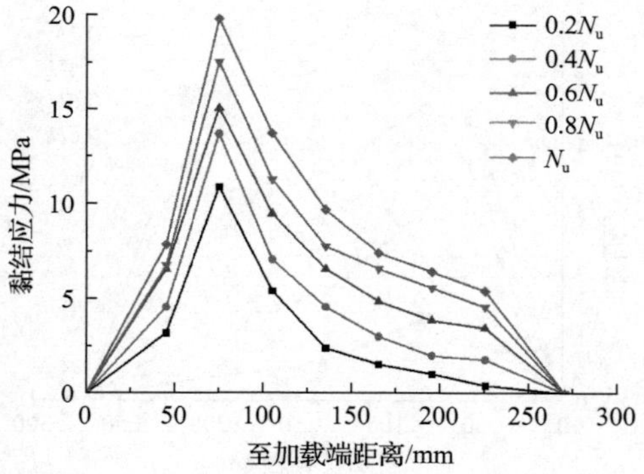

(a) B-Ⅰ

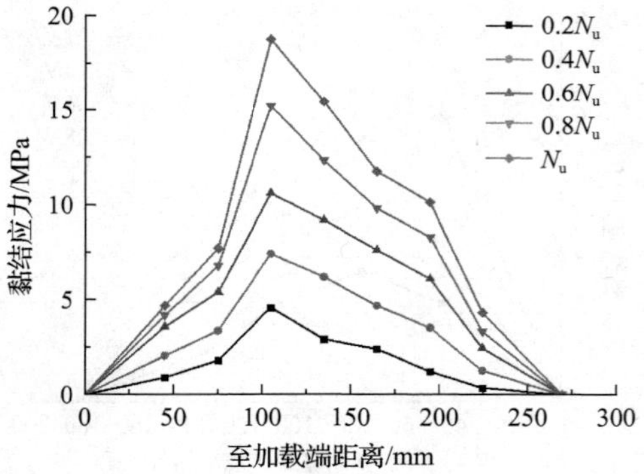

(b) B-Ⅱ

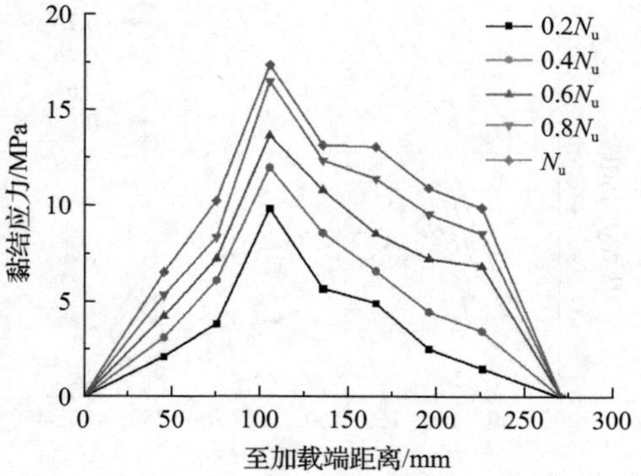

(c) B-Ⅲ

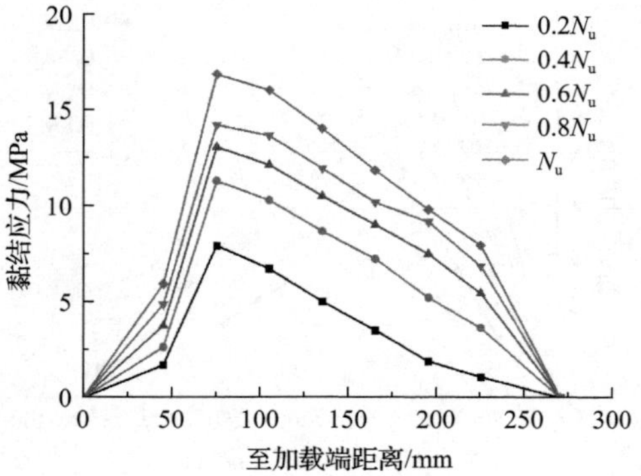

(d) B-Ⅳ

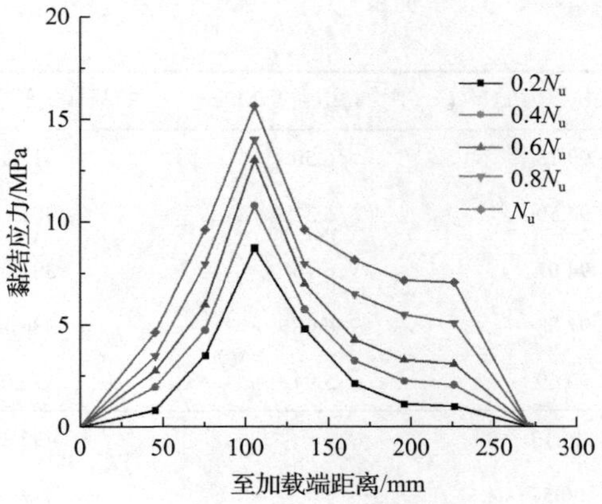

(e) B-Ⅴ

图 2-24　B 组试件黏结应力沿钢筋分布

观察界面黏结应力分布曲线特点，其分布规律为：

(1)试件加载端黏结应力很小，沿着加载端向自由端，黏结应力迅速增加，达到峰值后，黏结应力迅速降低，曲线斜率减小，到达自由端时黏结应力为零。

(2)各级荷载下黏结应力的分布规律基本相似，不同的试件也有极为相似的规律。锚固长度较小的试件的黏结应力分布较均匀，高应力区域较大；相对于锚固长度较小的试件，锚固长度较大的试件的黏结应力分布不够均匀，高应力区域较小，并且靠近加载端。

2.2.3　NPR735 钢筋黏结锚固强度计算公式

1. 平均黏结强度

各试件最大拉拔力、平均黏结强度、拉拔端钢筋应力和破坏形态如表 2-6 所示。

表 2-6　各试件破坏参数

组别	试件编号	最大拉拔力/kN	平均黏结强度/MPa	拉拔端钢筋应力/MPa	破坏形态
A	A-Ⅰ	47.97	4.71	199.45	混凝土劈裂
	A-Ⅱ	69.31	4.54	288.15	混凝土劈裂
	A-Ⅲ	88.16	4.13	349.91	混凝土劈裂
	A-Ⅳ	108.72	4.51	476.96	混凝土劈裂
	A-Ⅴ	113.41	3.71	471.51	混凝土劈裂
	A-Ⅶ	39.1	3.54	778	钢筋屈服
	A-Ⅷ	184.8	3.48	769	钢筋屈服

续表

组别	试件编号	最大拉拔力/kN	平均黏结强度/MPa	拉拔端钢筋应力/MPa	破坏形态
B	B-Ⅰ	99.18	6.50	412.35	钢筋拔出
	B-Ⅱ	96.50	6.32	401.18	钢筋拔出
	B-Ⅲ	94.07	6.16	391.09	钢筋拔出
	B-Ⅳ	92.88	6.08	386.13	钢筋拔出
	B-Ⅴ	90.69	5.94	377.04	钢筋拔出
C	C-Ⅰ	119.13	—	495.29	混凝土劈裂
	C-Ⅱ	100.37	—	417.30	混凝土压碎

A 组试件黏结强度与钢筋锚固长度的关系如图 2-25 所示。可以看出，相对极限黏结强度随着锚固长度的增大而降低，基本呈线性关系。当锚固长度较小时，高应力区域较大，黏结强度分布相对较丰满，相对极限黏结强度较大；当锚固长度较大时，高应力区域相对较小，相对极限黏结强度较低。

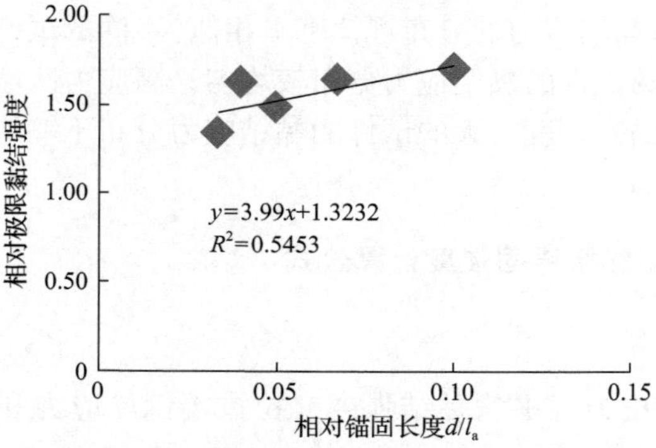

图 2-25　A 组试件黏结强度与钢筋锚固长度的关系 (f_t=2.78MPa)

统计分析试验数据，得到相对锚固长度与相对极限黏结强度的关系为

$$\frac{\tau_u}{f_t}=3.99\frac{d}{l_a}+1.3232 \tag{2-8}$$

B 组试件黏结强度与体积配箍率的关系如图 2-26 所示。在钢筋锚固长度相同时，随着体积配箍率增加，试件拔出破坏时的黏结强度增大。

统计分析试验数据，得到体积配箍率与相对极限黏结强度的关系为

$$\frac{\tau_u}{f_t}=8.161\rho_{sv}+1.8144 \tag{2-9}$$

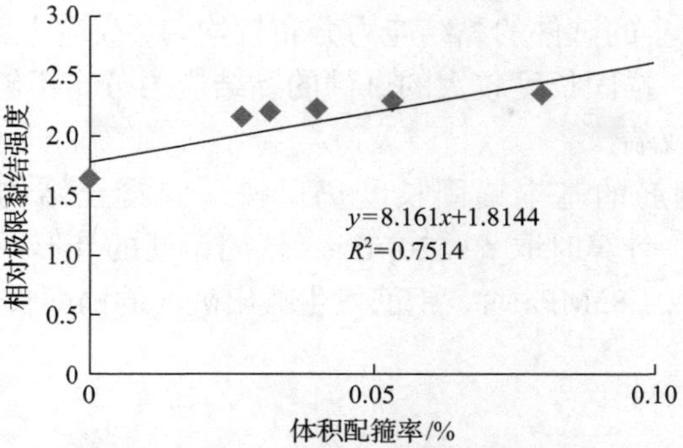

图 2-26　B 组试件黏结强度与体积配箍率的关系（f_t=2.78MPa）

2. 锚固承载力极限状态方程

在最大荷载作用下，直锚钢筋试件的钢筋不发生拔出破坏的最小锚固长度为临界锚固长度，即

$$f_y = 4\tau_u \frac{l_a}{d} \tag{2-10}$$

将式(2-8)代入式(2-10)可得钢筋锚固长度计算公式为

$$\frac{f_y}{f_t} = 15.96 + 5.2938\frac{l_a}{d} \tag{2-11}$$

当 f_y=650MPa、f_t=2.78MPa 时，l_a=41d。

取 $\zeta_a = 1.0$，可得 l_{ab}=41d，代入式(2-7)，取 f_y=520MPa，f_t=1.85MPa，可得 α=0.15。

NPR735 钢筋的外形系数可取 0.15，介于带肋钢筋和光圆钢筋之间，则 l_{ab}=41d。

2.3　本 章 小 结

本章对 NPR735 钢筋黏结锚固性能进行了试验研究，主要结论如下：

(1) 混凝土抗拉强度设计值取 1.85MPa 时，按 55d 确定钢筋的锚固长度，对于直径 8mm 和 18mm 的 NPR735 钢筋，均可保证钢筋屈服前不发生锚固破坏。

(2) 拉拔试验后，直径 18mm 的 NPR735 钢筋的残余变形约 18mm；切开试件后，除端部 50mm 有黏结破坏外，其余部分 NPR735 钢筋与混凝土黏结完好。

(3) NPR735 钢筋拉拔试件，未配箍筋的试件多发生瞬间劈裂破坏，破坏更加突然，延性较差；一定量的箍筋配置提高了试件的黏结强度，改善了试件性能。

(4)锚固长度较小的试件的黏结应力分布较均匀，高应力区域较大；相对于锚固长度较小的试件，锚固长度较大的试件的黏结应力分布不够均匀，高应力区域较小，并且靠近加载端。

(5)NPR735 钢筋的基本锚固长度仍可按《混凝土结构设计标准》(GB/T 50010—2010)计算，计算时取 f_y=520MPa，锚固钢筋的外形系数 α 取 0.15。混凝土抗拉强度设计值取 1.85MPa 时，钢筋发生拔出破坏的锚固长度临界值为 41d。

第 3 章　NPR735 钢筋混凝土梁受力性能

3.1　NPR735 钢筋混凝土梁抗弯性能试验

3.1.1　试验方案

1. 试件设计及制作

对 8 根配置 NPR735 钢筋的混凝土梁进行抗弯性能试验，首先对新制作的钢筋混凝土梁进行抗弯试验，构件名称后缀“-O”表示，研究高强钢筋混凝土梁受弯性能和承载机理；除发生少筋破坏的 2 根梁外，对其余 6 根破坏后的钢筋混凝土梁受压区进行修复加固所形成的再利用梁再次进行抗弯试验，构件名称后缀“-R”表示，研究高强钢筋混凝土梁破坏后固废从构件层面进行资源化利用的可能性。

试验构件详图如图 3-1 所示，具体参数如表 3-1 所示。其中，NPR735-3D8-O 和 HRB400-3D8-O 研究在少筋情况下钢筋混凝土梁的抗弯性能，NPR735-2D18A-O 和 NPR735-2D18B-O 研究钢筋混凝土适筋梁的抗弯性能，NPR735-4D18-O 和 HRB400-6D18-O 研究等强度配筋下钢筋混凝土梁的抗弯性能，NPR735-5D18-O 和 NPR735-6D18-O 研究较高配筋强度下钢筋混凝土梁的抗弯性能。NPR735 钢筋、HRB400 钢筋以及 C35 混凝土与混凝土黏结性能试验构件为同一批次。

表 3-1　钢筋混凝土梁尺寸及配筋参数

试件编号	横截面尺寸/mm		配筋		ρ/%	ρ_b/%	$A_sf_y/(bh_0)$/MPa	配筋类型
	b	h	受拉区	受压区				
NPR735-3D8-O	250	450	3D8	2D8	1.0	1.3	748.3	少筋
HRB400-3D8-O	250	450	3D8	2D8	1.0	1.3	748.3	少筋
NPR735-4D18-O	250	450	4D18	2D8	1.0	1.3	748.3	适筋
NPR735-5D18-O	250	450	5D18	2D8	1.2	1.3	935.3	超筋
NPR735-6D18-O	250	450	6D18	2D8	1.5	1.3	1122.4	超筋
HRB400-6D18-O	250	450	6D18	2D8	1.5	3.1	716.1	适筋
NPR735-2D18A-O	150	380	2D18	2D8	1.0	1.3	752.7	适筋
NPR735-2D18B-O	150	420	2D18	2D8	0.9	1.3	673.0	适筋

注：b 为截面宽度；h 为截面高度；ρ 表示配筋率；ρ_b 表示界限配筋率；A_s 表示受拉区配筋面积；f_y 表示受拉区纵筋屈服强度；h_0 表示截面有效高度；$A_sf_y/(bh_0)$ 表示配筋强度。

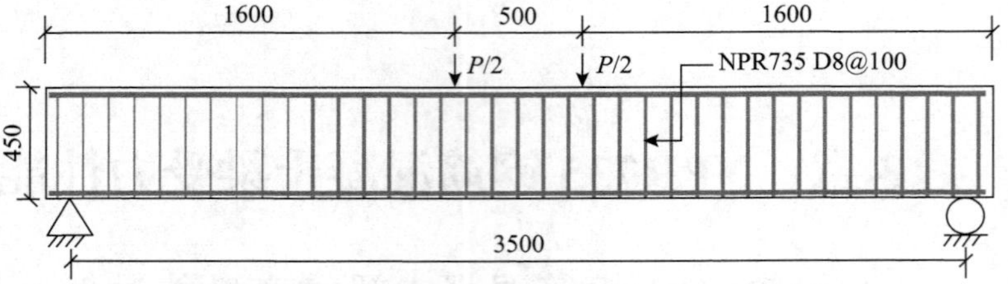

(a) NPR735-4D18-O、NPR735-5D18-O及 NPR735-6D18-O立面图

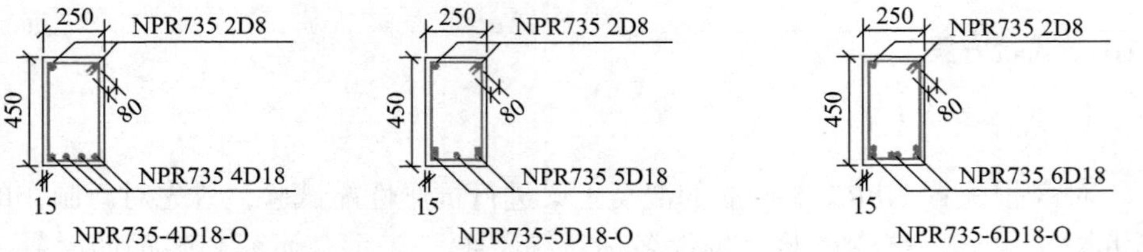

(b) NPR735-4D18-O、NPR735-5D18-O及NPR735-6D18-O截面图

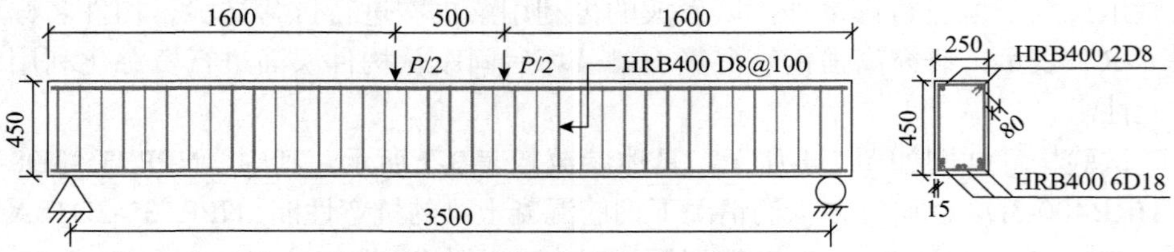

(c) HRB400-6D18-O立面及截面图

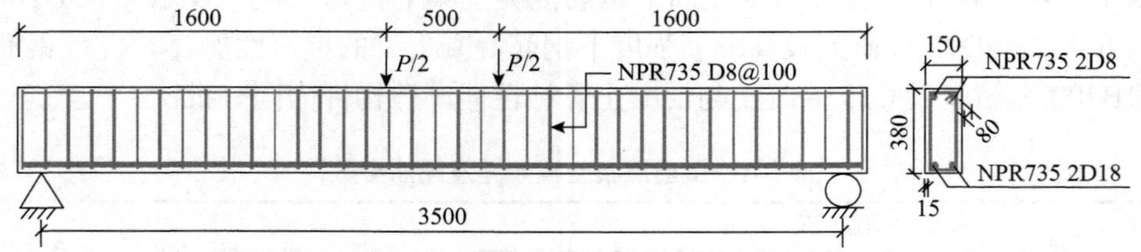

(d) NPR735-2D18A-O立面及截面图

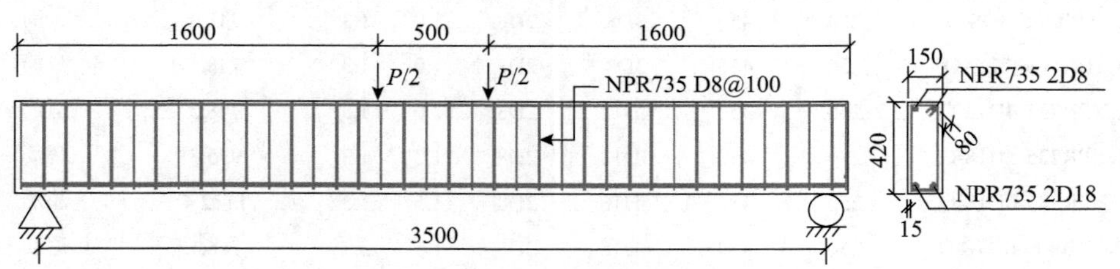

(e) NPR735-2D18B-O立面及截面图

图 3-1　试验构件详图(单位：mm)

在工厂根据图纸绑扎钢筋笼，在加载点位置处预埋钢筋网片，以防止在加载

过程中发生局部压碎。在跨中钢筋表面粘贴应变片，并用防水胶将应变片进行保护，如图 3-2 所示。浇筑后在标准条件下养护 28 天[135]，试验前，为了试验过程中方便观察裂缝，在梁表面刷乳白漆，并用黑色记号笔在梁表面画 50mm×50mm 的网格。

(c) 应变片保护

(a) 钢筋笼　(b) 钢筋网片示意图　(d) 浇筑　(e) 养护

图 3-2　钢筋混凝土梁加工过程

2. 试验装置及加载方案

1) 试验装置

试验采用四点弯曲试验，加载装置如图 3-3 所示。荷载由液压千斤顶施加，并由力传感器记录，位移计分别放置在加载点、跨中和支座处。

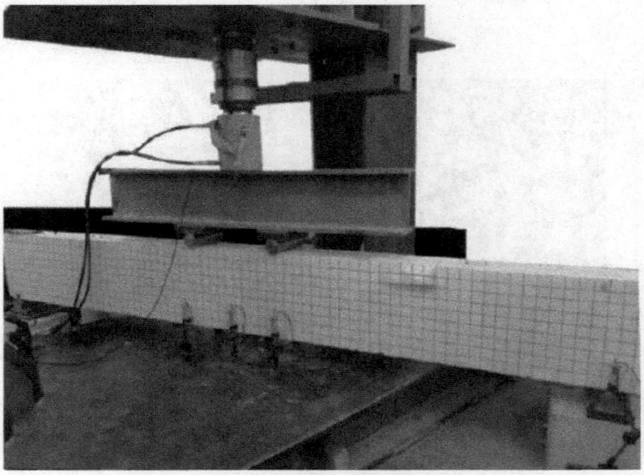

(a) 加载装置实物图

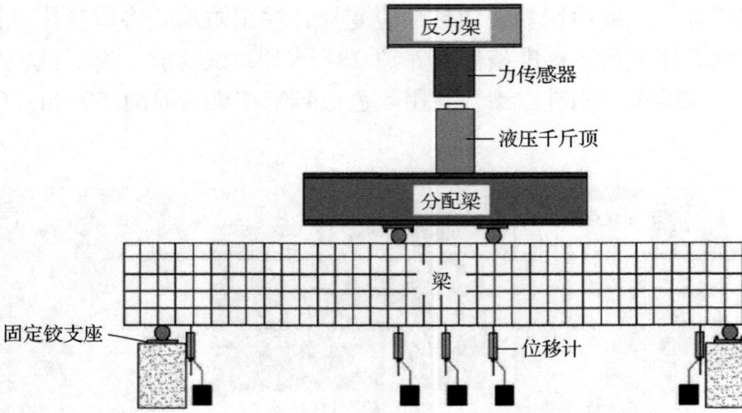

(b) 加载装置示意图

图 3-3　加载装置图

试验采集数据包括荷载、裂缝间距和宽度、挠度、钢筋应变和混凝土应变。在试验过程中，通过放大镜和手电筒观察裂缝的发展状态，利用裂缝对比卡测量裂缝宽度，用卷尺测量裂缝的长度和间距。应变片布置图如图 3-4 所示，在梁跨中和加载点处对应位置粘贴钢筋应变片用于测量钢筋应变，在跨中沿截面高度等间距粘贴 5 个混凝土应变片用于测量混凝土应变。

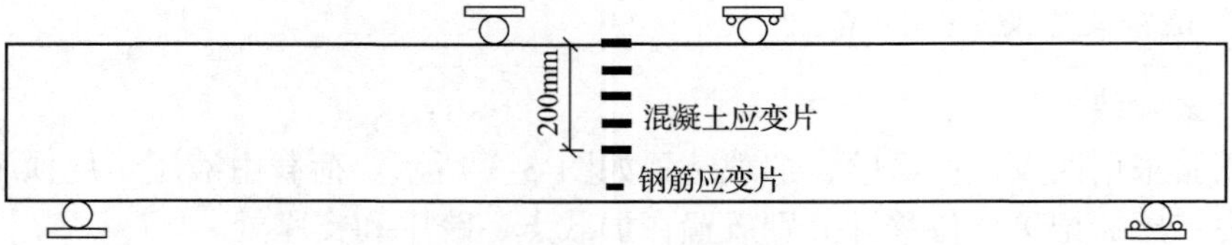

(a) 混凝土及钢筋应变片粘贴位置示意图

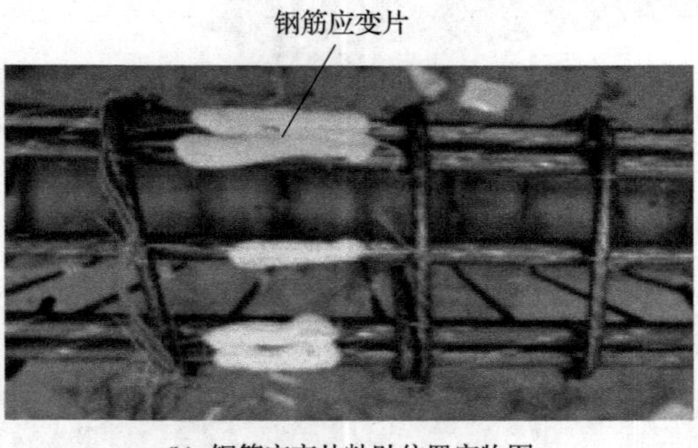

(b) 钢筋应变片粘贴位置实物图

图 3-4　混凝土及钢筋应变片布置图

2）加载方案

采用逐级单调加载，并按照《混凝土结构试验方法标准》（GB/T 50152—2012）[134]中的相关规定，制定加载方案。每当加载至相应荷载后持荷 10min，然后采集数据；数据采集完毕后，继续下一阶段加载。

试验荷载实测值的取值应遵循下列原则：

(1) 在持荷时间结束后出现试验标志时，取该级荷载值作为试验荷载实测值。

(2) 在加载过程中出现试验标志时，取前一级荷载值作为试验荷载实测值。

(3) 在持荷过程中出现试验标志时，取该级荷载和前一级荷载的平均值作为试验荷载实测值。

钢筋混凝土梁的加载分级原则如下：

(1) 在加载到开裂荷载计算值 P_{cr} 的 90%之前，每级荷载为 $0.2P_{cr}$。

(2) 达到开裂荷载计算值的 90%以后，每级荷载为 $0.05P_{cr}$。

(3) 试件开裂后，每级荷载为 $0.1P_u$（P_u 为极限荷载计算值）。

(4) 加载至 $0.9P_u$ 时，每级荷载改为 $0.05P_u$，加载直至破坏。

在加载或者持荷过程中出现以下几种现象，即表明钢筋混凝土梁已达到承载力极限状态，即可停止加载：

(1) 梁底部纵向受拉钢筋拉断。

(2) 梁挠度达到跨度的 1/50，本次试验挠度最大为 80mm。

(3) 受压混凝土压碎。

3.1.2　试验现象

NPR735 钢筋混凝土梁的破坏模式包括少筋破坏、适筋破坏和超筋破坏三类。

1. NPR735 钢筋混凝土梁抗弯性能

1）少筋破坏

试件 NPR735-3D8-O 发生了少筋破坏，如图 3-5 所示。加载初期，跨中截面未开裂，试件表现为弹性变形特征，随荷载的增加，挠度近似线性增长。当荷载达到 55kN·m 左右时，在纯弯段和加载点处共出现五条垂直裂缝，其中位于加载点附近的两条裂缝为主要裂缝，并迅速向上延伸，跨中挠度和裂缝宽度也迅速增大。

混凝土开裂后，迅速达到峰值荷载，最大裂缝宽度超过 5mm，随后试件 NPR735-3D8-O 的承载力迅速下降，但继续加载，承载力又恢复到 50kN·m，并保持不变。试件挠度达到 40mm 时，裂缝宽度达到 10mm，承载力仍未有下降迹象；停止试验，NPR735 钢筋因具有较大的延伸率，梁的挠度一直增大而钢筋并未拉断。试验过程中，试件 NPR735-3D8-O 的受压区混凝土没有出现压碎现象，

图 3-5　试件 NPR735-3D8-O 破坏现象

符合少筋梁开裂后钢筋即屈服的典型破坏特征。

2）适筋破坏

试件 NPR735-2D18A-O 和 NPR735-2D18B-O 均发生适筋破坏，如图 3-6 所示。由于两根梁均配置了 2 根直径 18mm 的 NPR735 钢筋，NPR735-2D18B-O 的截面高度略高，在加载过程中刚度和承载力较大，但两根梁的裂缝发展规律和破坏特征基本相同。

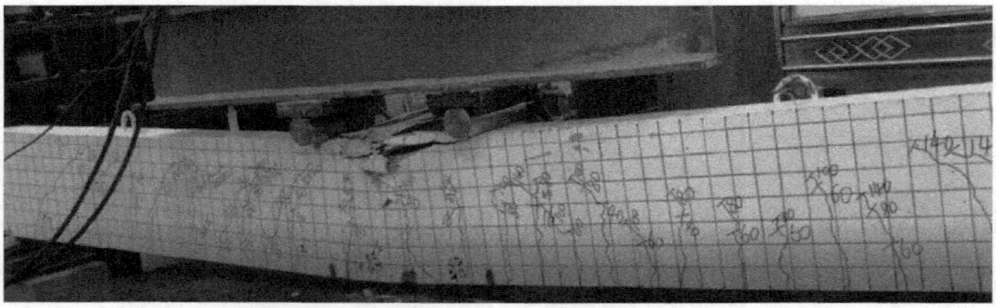

(a) 试件NPR735-2D18A-O

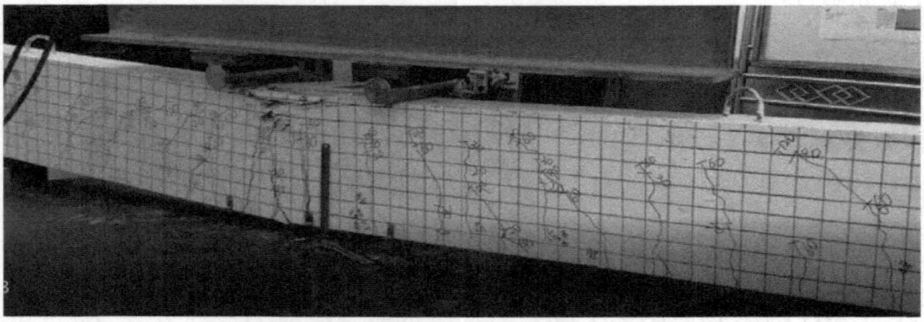

(b) 试件NPR735-2D18B-O

图 3-6　试件 NPR735-2D18A-O 和 NPR735-2D18B-O 破坏现象

在初始加载阶段，试件呈现弹性特征，截面未开裂，挠度近似线性增加，混凝土应变和钢筋应变较小；当荷载进一步增加到 $0.15P_u$～$0.2P_u$ 时，在纯弯段跨中位置出现一条或多条裂缝，裂缝宽度和长度都较小；随着荷载继续增加，新裂缝不断出现，原有裂缝继续从梁底向上延伸，裂缝宽度也逐渐增大。

当两根梁的弯矩达到一定程度后，试件裂缝数量开始稳定，不再产生新的主裂缝，裂缝间距也趋于稳定。当荷载分别增加至 93kN·m、104kN·m 时，试件 NPR735-2D18A-O 和 NPR735-2D18B-O 的纵筋达到屈服应变 0.00589，试件进入塑性状态。

继续加载，试件挠度和裂缝宽度的增加速率开始变大，局部出现宽度较小的次裂缝，挠度快速增加。最终，受压区混凝土开始被压碎，发生适筋破坏，承载力急剧下降。

3) 超筋破坏

试件 NPR735-5D18-O 与 NPR735-6D18-O 均发生了超筋破坏，如图 3-7 所示。两者的裂缝开展及破坏过程基本相同，加载初期，试件 NPR735-5D18-O 和 NPR735-6D18-O 均处于弹性状态，截面未开裂。荷载增加至 75.5kN·m 和 106.5kN·m 时，试件 NPR735-5D18-O 和 NPR735-6D18-O 分别在纯弯段跨中截面附近出现一条或多条垂直细微裂缝，此时裂缝宽度和长度都较小。

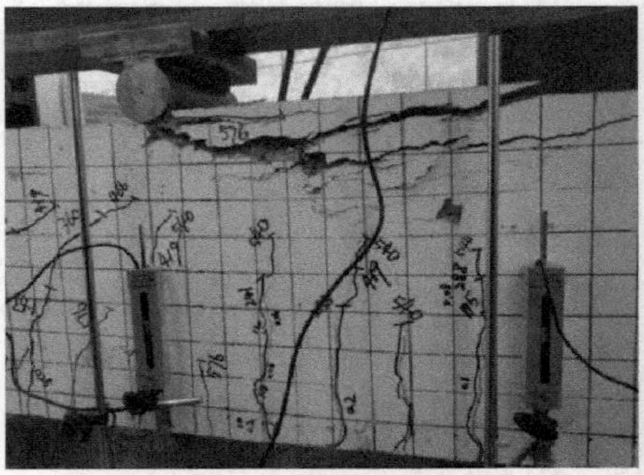

(a) 试件NPR735-5D18-O

(b) 试件NPR735-6D18-O

图 3-7　试件 NPR735-5D18-O 和 NPR735-6D18-O 破坏现象

随着荷载的增加，不断有新裂缝出现，原有裂缝继续向梁上部延伸，但裂缝宽度均较小，且向上延伸的速率也较慢，最大裂缝宽度分别为 0.3mm 和 0.2mm，试件 NPR735-6D18-O 的裂缝高度低于试件 NPR735-5D18-O，在相同荷载下，试件 NPR735-6D18-O 的挠度也较小。

在达到极限承载力后，两者表现出不同的现象，试件 NPR735-6D18-O 荷载达到 524kN·m 时，受压区混凝土突然压碎，钢筋未达到屈服，随后承载力迅速下降，构件发生破坏；而试件 NPR735-5D18-O 荷载达到 462kN·m 后，承载力略微下降但基本保持不变，挠度继续增大，表现出一定的延性，最终当挠度达到 22mm 左右时，试件承载力迅速下降，试件破坏。

虽然两者都发生了超筋破坏，即受压区混凝土破坏前受拉区钢筋都未屈服，但试件 NPR735-5D18-O 的配筋面积比试件 NPR735-6D18-O 小，钢筋的应变稍大，挠度得以发展；由于钢筋均未屈服，应变水平低，混凝土梁破坏前挠度均较小，表现为脆性破坏。

2. 与 HRB400 普通钢筋混凝土梁对比

1）少筋梁破坏对比

试件 NPR735-3D8-O 和 HRB400-3D8-O 的配筋率相同，均发生了少筋破坏，如图 3-8 所示。两试件裂缝开展及破坏过程基本相同，加载初期，截面还没有开裂，试件表现为弹性变形特征，此时挠度近似线性增长且数值很小。当荷载达到 55kN·m 和 49kN·m 左右时，试件 NPR735-3D8-O 和 HRB400-3D8-O 在纯弯段及加载点位置共出现 5 条裂缝，之后迅速向上延伸，裂缝宽度也迅速增大。对比试件 NPR735-3D8-O 和 HRB400-3D8-O 的裂缝，虽然两者都有 5 条主裂缝，但试件 NPR735-3D8-O 宽度最大的裂缝位于加载点下方，5 条裂缝的宽度差距较大，试件 HRB400-3D8-O 5 条裂缝的宽度差距较小，这是由于 NPR735 钢筋的表面形状为

(a) 试件NPR735-3D8-O

(b) 试件HRB400-3D8-O

图 3-8 少筋梁破坏现象对比

螺旋槽状，与混凝土的黏结性能低于 HBR400 带肋钢筋。

混凝土开裂后，迅速达到峰值荷载，最大裂缝宽度超过 5mm，随后承载力迅速下降，试件 HRB400-3D8-O 受拉钢筋被拉断，并发出“砰”的断裂声，失去承载能力，试件破坏；而试件 NPR735-3D8-O 达到峰值荷载后，承载力迅速下降，继续加载，承载力又恢复到 50kN·m，且由于 NPR735 钢筋具有较大的延伸率，梁的挠度一直增大但钢筋未拉断，最终因试件挠度超过设备量程而停止试验。试验过程中，试件 NPR735-3D8-O 和 HRB400-3D8-O 的受压区混凝土均没有出现压碎现象，均符合少筋梁开裂后钢筋即屈服的典型破坏特征。

相比普通钢筋混凝土少筋梁，NPR735 钢筋混凝土少筋梁仍具有较大的延性，不会发生钢筋拉断现象，且由于钢筋的高延伸率及高强度，梁发生少筋破坏后仍然能恢复到较高的承载力。

2) 适筋梁破坏对比

试件 NPR735-4D18-O 和 HRB400-6D18-O 均发生了适筋破坏，如图 3-9 所示。NPR735-4D18-O 的 4 根纵筋的屈服拉力为

$$F_1=f_{y1}A_{s1}=650\times4\times3.14\times18^2/4=661.2\,(\text{kN})$$

HRB400-6D18-O 的 6 根纵筋的屈服拉力为

$$F_2=f_{y2}A_{s2}=400\times6\times3.14\times18^2/4=610.4\,(\text{kN})$$

即 4 根 18mm 的 NPR735 钢筋与 6 根 18mm 的 HRB400 钢筋屈服拉力基本相同，试件 NPR735-4D18-O 与 HRB400-6D18-O 的配筋强度近似相等。

(a) 试件NPR735-4D18-O

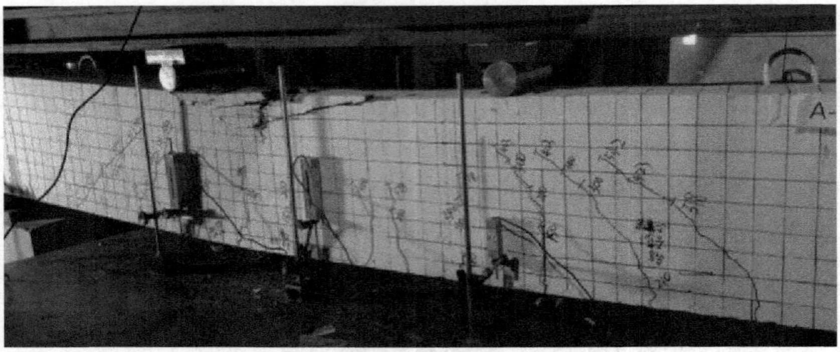

(b) 试件HRB400-6D18-O

图 3-9　适筋梁破坏现象对比

试件 NPR735-4D18-O 与 HRB400-6D18-O 的裂缝开展及破坏过程基本相同。加载初期，试件 NPR735-4D18-O 和 HRB400-6D18-O 均处于弹性状态，截面未开裂。荷载增加至 76kN·m 和 98kN·m 时，试件 NPR735-4D18-O 和 HRB400-6D18-O 跨中位置出现一条或多条细小的垂直裂缝，需要通过手电筒和放大镜仔细观察。

随着荷载的增加，原有裂缝继续向梁受压区延伸，此时裂缝宽度发展稳定。当荷载增加至 435kN·m 和 424kN·m 时，试件 NPR735-4D18-O 和 HRB400-6D18-O 的纵向受拉钢筋分别达到屈服，但试件 NPR735-4D18-O 的屈服挠度更大一些，这是因为在等强度配筋下，刚度由钢筋弹性模量与配筋面积的乘积(EA_s)决定，两类钢筋的弹性模量都为 2×10^5MPa，试件 NPR735-4D18-O 的配筋面积偏低，所以其在弹塑性阶段的刚度偏低。钢筋屈服时，试件 NPR735-4D18-O 和 HRB400-6D18-O 对应的最大裂缝宽度分别为 0.4mm 和 0.3mm，试件 NPR735-4D18-O 的裂缝偏大。钢筋屈服后，梁的承载力开始基本保持不变或略有下降，当挠度分别达到 106mm 和 82.5mm 时，受压区混凝土被压碎，试件发生破坏。

通过对比 NPR735-4D18-O 和 HRB400-6D18-O 的试验现象，可以得出在等强度配筋下，NPR735 钢筋混凝土梁与 HRB400 钢筋混凝土梁的屈服承载力和极限承载力基本相等，NPR735 钢筋混凝土梁在弹塑性阶段的刚度偏小，裂缝宽度和挠度偏大，在破坏时的挠度偏大，即在结构延性方面，NPR735 钢筋混凝土梁发生破坏前可以更明显地观察到裂缝和变形。

3.1.3　应变分析

1. 钢筋应变

钢筋混凝土梁的受拉区纵筋应变-弯矩曲线如图 3-10 所示。在加载初期，随着荷载的增加，钢筋应变呈线性增加。在相同弯矩下，配筋率越高的梁，其挠度越小，其纵筋应变增加速率也就越小。

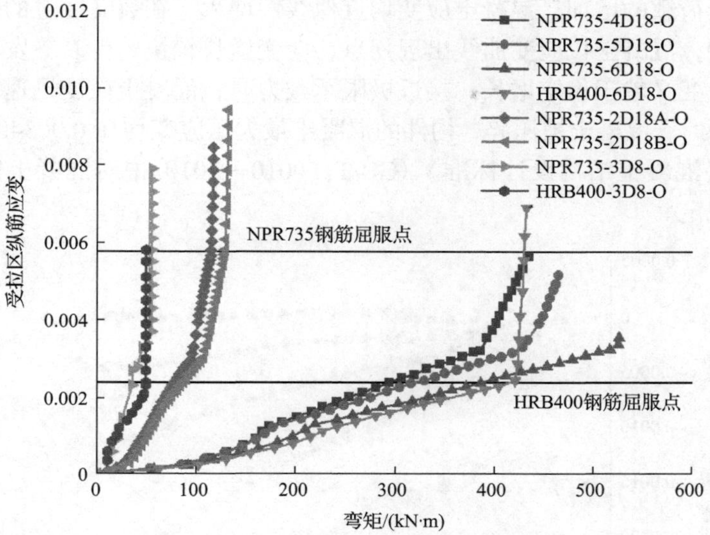

图 3-10　受拉区纵筋应变-弯矩曲线

试件 NPR735-6D18-O 和 HRB400-6D18-O 纵向拉伸钢筋的应变增长速率基本相同，表明它们具有相同的抗弯刚度。达到极限承载力时，试件 NPR735-3D8-O 跨中受拉钢筋应变为 0.00801，远远超过屈服应变 0.00589，而此时受压区混凝土并未破坏，说明试件 NPR735-3D8-O 发生了少筋破坏。试件 HRB400-3D8-O 跨中受拉钢筋应变为 0.00731，表明 HRB400 钢筋已经屈服，受压区混凝土也未破坏，说明试件 HRB400-3D8-O 同样发生了少筋破坏。试件 NPR735-2D18A-O 和 NPR735-2D18B-O 在达到极限承载力时，跨中受拉钢筋应变均达到 0.008 以上，且混凝土早已压碎，发生适筋破坏。试件 NPR735-4D18-O 跨中受拉钢筋应变为 0.00593，超过屈服应变 0.00589，受拉钢筋达到屈服，而此时受压区混凝土开始破坏，说明试件 NPR735-4D18-O 是适筋梁，与其配筋强度相同的梁 HRB400-6D18-O 也同样达到了屈服。试件 NPR735-5D18-O 跨中受拉钢筋应变为 0.00512，小于钢筋屈服应变 0.00589，受拉钢筋未屈服，试件 NPR735-6D18-O 跨中受拉钢筋应变为 0.00376，远小于屈服应变，也未屈服，表明达到极限承载力时，试件 NPR735-5D18-O 及 NPR735-6D18-O 的受拉钢筋未达到屈服，且受压区混凝土达到了极限压应变，混凝土压碎，此时混凝土应变约为 0.0035，发生超筋破坏。

2. 混凝土应变

由于各试件混凝土应变-弯矩曲线的趋势基本一致，只对试件 NPR735-4D18-O 的混凝土应变-弯矩曲线进行分析，如图 3-11 所示。由于受拉侧边缘混凝土开裂，混凝土拉应变无法代表截面整体应变，受拉侧应变采用受拉钢筋应变代替。加载初期，随着荷载的增加，混凝土应变均近似线性增大。在裂缝经过的位置，由于混凝土开裂，混凝土拉应变曲线出现拐点，应变增长较快，待裂缝发展稳定后，混凝土拉应变又趋于稳定增长，接近极限承载力时，混凝土应变迅速增长。达到极限承载力时，混凝土被压碎，构件的混凝土最大压应变均在 0.003400～0.0036，均超过了《混凝土结构设计标准》(GB/T 50010—2010) 中对混凝土极限压应变 0.0033 的规定。

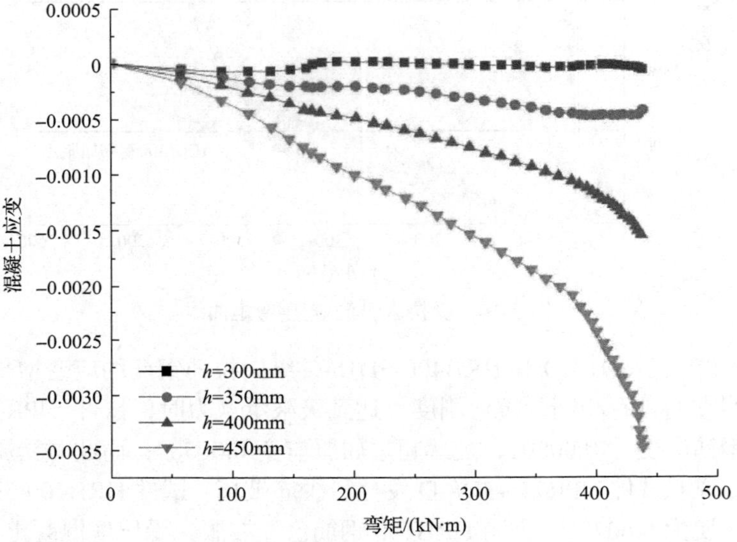

图 3-11　NPR735-4D18-O 的混凝土应变-弯矩曲线

h 为距梁底面的距离

各级荷载作用下混凝土应变沿截面高度分布如图 3-12 所示。由图可知，NPR735 钢筋混凝土梁在各级荷载作用下的混凝土应变沿着截面高度的分布基本保持直线，符合平截面假定，因此可以对各个试件的承载力、挠度以及裂缝宽度等进行分析计算。同样也可以看出，钢筋混凝土梁的混凝土受压区高度随着配筋率的增加而增大，试件 NPR735-4D18-O 和 HRB400-6D18-O 的受压区高度基本相同。

3.1.4　弯矩-挠度曲线分析

1. NPR735 钢筋混凝土梁

1) 不同配筋的 NPR735 钢筋混凝土梁

试件 NPR735-3D8-O、NPR735-4D18-O、NPR735-5D18-O 和 NPR735-6D18-O

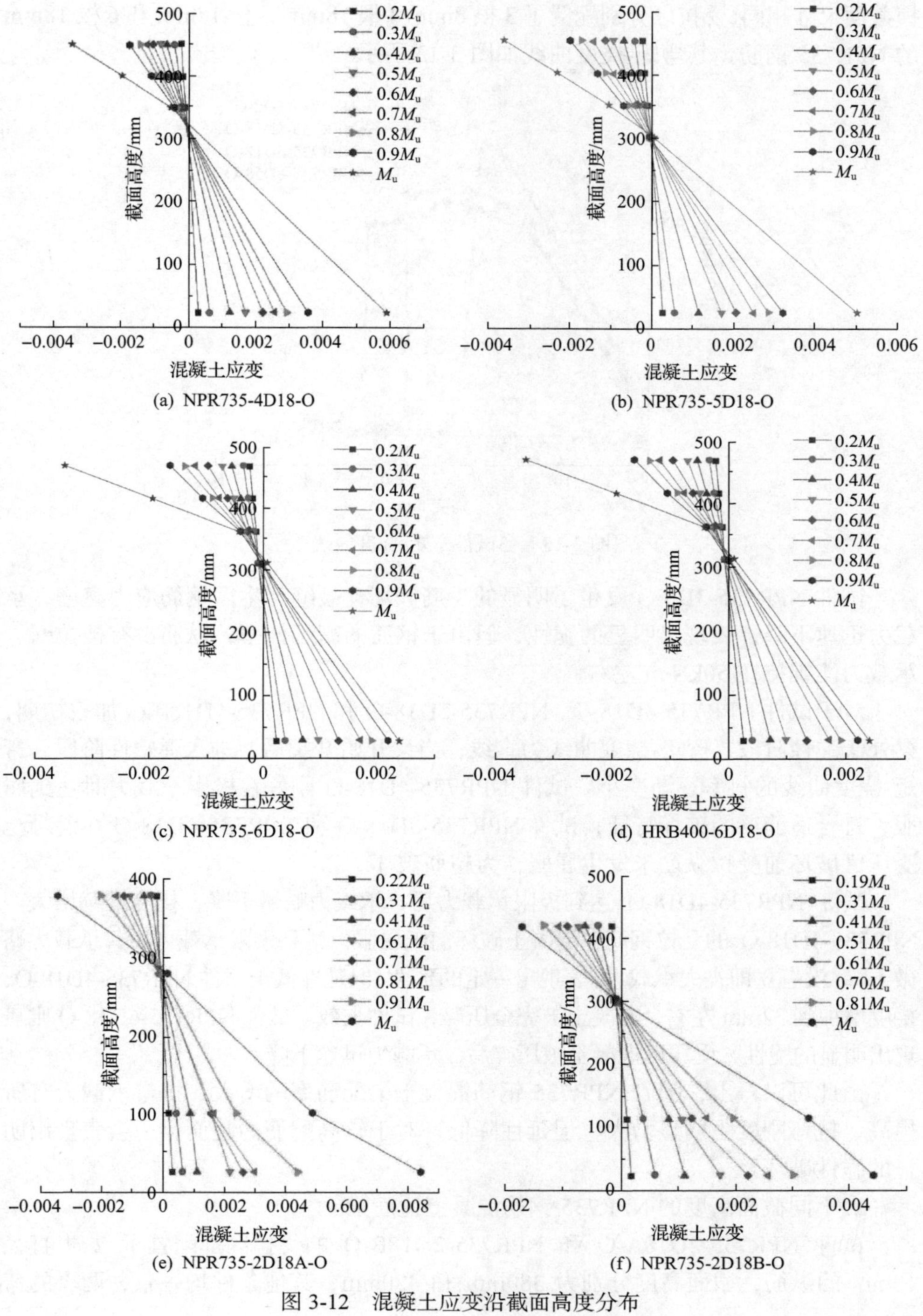

图 3-12　混凝土应变沿截面高度分布

横截面尺寸相同，受拉区分别配置了 3 根 8mm、4 根 18mm、5 根 18mm 和 6 根 18mm 的 NPR735 钢筋，其弯矩-挠度曲线如图 3-13 所示。

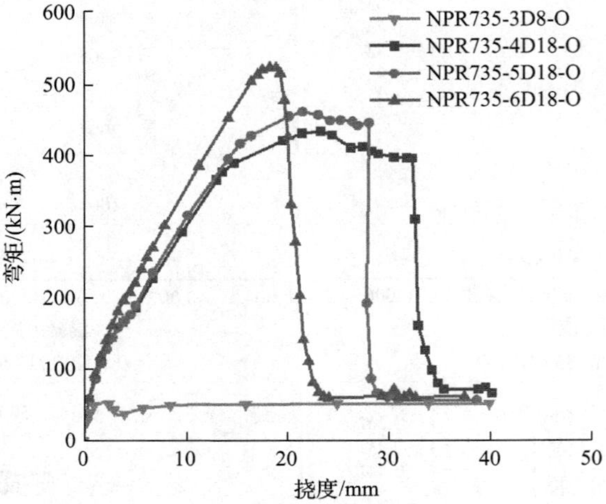

图 3-13　各试件弯矩-挠度曲线

试件 NPR735-3D8-O 发生了明显的少筋破坏，裂缝产生后钢筋应力突增，承载力迅速下降，表现出明显的脆性，但由于钢筋的高延伸率，纵筋没有被拉断，承载力能维持在 50kN·m 左右。

对于试件 NPR735-4D18-O、NPR735-5D18-O 和 NPR735-6D18-O，加载初期，梁处于弹性阶段，弯矩-挠度曲线为直线；当梁开始开裂后，进入弹塑性阶段，弯矩-挠度曲线的斜率逐渐变小。试件 NPR735-4D18-O 刚好在极限承载力时达到屈服，符合适筋梁的破坏特征；试件 NPR735-5D18-O 和 NPR735-6D18-O 在混凝土受压区破坏前受拉纵筋未发生屈服，为超筋破坏。

试件 NPR735-4D18-O 达到极限承载力后，承载力略微下降，挠度继续增大。NPR735-5D18-O 的受拉钢筋在混凝土破坏前未屈服，达到极限承载力后，承载力略微下降，没有立即丧失承载力，表现出一定的延性，但延性低于试件 NPR735-4D18-O，挠度增加到 32mm 左右，混凝土被完全压碎，试件失效。试件 NPR735-6D18-O 则表现出明显的脆性，受压区混凝土被压碎后，承载力迅速下降。

由此可以得出，随着 NPR735 钢筋混凝土梁配筋率的增大，抗弯承载力有所提高，抗弯刚度也明显增大，但延性降低，对于较高配筋的超筋梁，会表现出明显的脆性破坏。

2）不同截面高度的 NPR735 钢筋混凝土适筋梁

试件 NPR735-2D18A-O 和 NPR735-2D18B-O 的受拉区都配置了 2 根直径 18mm 的纵筋，截面高度分别为 380mm 和 420mm，其他条件均一致，两者的弯矩-挠度曲线如图 3-14 所示，曲线形状及规律基本相同，表现出明显的适筋梁特征。加载过程可分为 3 个阶段：混凝土未裂阶段、混凝土开裂至钢筋屈服阶段、钢筋屈服至混凝土压碎阶段。加载初期，弯矩-挠度曲线呈线性增长，随着荷载增加，梁底混凝土开裂，梁进入裂缝开展阶段，随着荷载继续增加，裂缝数量增多、宽度增大并向上延伸。由于试件 NPR735-2D18B-O 的截面高度略大，其抗弯刚度也偏大。

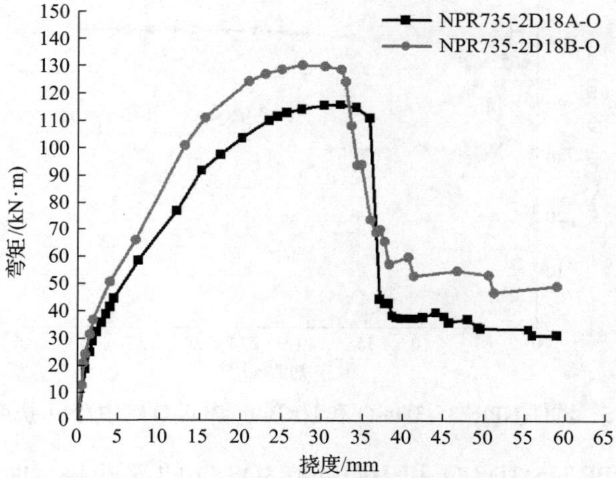

图 3-14　NPR735-2D18A/B-O 弯矩-挠度曲线

当试件 NPR735-2D18A-O 和 NPR735-2D18B-O 的弯矩分别达到 93kN·m 和 104kN·m 时，钢筋开始屈服，屈服时对应的挠度均在 15～20mm。纵向受拉钢筋屈服后，刚度变小，挠度增长加快，同时承载力继续增加，弯矩分别达到 115kN·m、131kN·m 后，试验梁挠度迅速增加，在保持一定的抗弯承载力后开始下降，受压区混凝土被压碎，发生适筋破坏。但由于两者截面尺寸不同，截面高度大的混凝土梁具有更高的承载力。

2. 与 HRB400 普通钢筋混凝土梁对比

1）少筋破坏混凝土梁对比

试件 NPR735-3D8-O 和 HRB400-3D8-O 的跨中弯矩-挠度曲线如图 3-15 所示，表现出明显的少筋梁特征。开裂前，两者弯矩-挠度曲线基本相同。在较小荷载作用下产生裂缝，裂缝产生后钢筋应力突增，梁挠度也突然增大，对于试件 HRB400-3D8-O，弯矩从 49kN·m 急剧下降到 30kN·m 后维持在较低水平直至受拉区纵筋被拉断；对于试件 NPR735-3D8-O，弯矩从 55kN·m 急剧下降到 37kN·m 后又恢复到 50kN·m 以上，最终由于挠度超过试验量程（40mm）而停止试验，试件 NPR735-3D8-O 的受拉区钢筋未被拉断。试件 NPR735-3D8-O 与 HRB400-3D8-O 的极限弯矩分别为 55kN·m 和 49kN·m，即配置 3 根直径 8mm 的 NPR735 钢筋混凝土梁的极限弯矩比配置 3 根直径 8mm 的 HRB400 钢筋混凝土梁高约 12%，且极限弯矩均发生在混凝土退出工作之前。

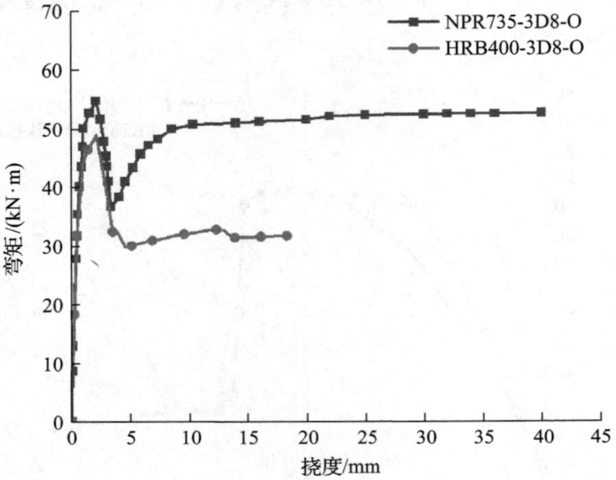

图 3-15　试件 NPR735-3D8-O 和 HRB400-3D8-O 跨中弯矩-挠度曲线

对比试件 NPR735-3D8-O 和 HRB400-3D8-O 的弯矩-挠度曲线可以得出，因 NPR735 钢筋的高延伸率和高强度，NPR735 少筋梁在发生破坏后，承载力仍能恢复到极限承载力的 90%以上，且 NPR735 钢筋也不会被拉断，相比普通钢筋混凝土梁具有明显优势。

2）适筋破坏混凝土梁对比

NPR735-4D18-O 与 HRB400-6D18-O 跨中弯矩-挠度曲线如图 3-16 所示。在加载初期，两曲线基本吻合，混凝土开裂后两根梁进入弹塑性阶段，试件 NPR735-4D18-O 的抗弯刚度小于试件 HRB400-6D18-O，主要是由于试件 NPR735-4D18-O 仅配置了 4 根钢筋，而试件 HRB400-6D18-O 配置了 6 根钢筋，配筋面积不同导致在弹塑性阶段的刚度不同。

定义受拉钢筋屈服时对应的弯矩为屈服弯矩，试件 NPR735-4D18-O 和 HRB400-6D18-O 的屈服弯矩分别为 433kN·m 和 423kN·m，两者基本相同，试件 NPR735-4D18-O 屈服弯矩对应的挠度比试件 HRB400-6D18-O 大。达到屈服弯矩后，试件 HRB400-6D18-O 具有明显的塑性变形，挠度迅速增大，承载力略微增大，待达到极限承载力时，混凝土被压碎，承载力迅速下降，试件失效；试件 NPR735-4D18-O 在达到屈服弯矩后立即达到极限弯矩，之后承载力略微下降，当挠度达到 33mm 左右时，受压区混凝土被压碎，试件失效。

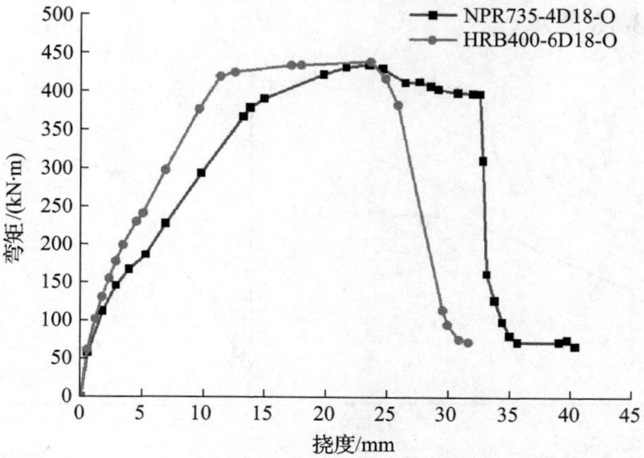

图 3-16　NPR735-4D18-O 和 HRB400-6D18-O 弯矩-挠度曲线

对比试件 NPR735-4D18-O 与 HRB400-6D18-O 可以得出，在相同配筋强度下，NPR735 钢筋混凝土梁与 HRB400 钢筋混凝土梁的屈服弯矩和极限弯矩基本相同，因此当钢筋混凝土适筋梁的裂缝宽度和挠度满足要求时，采用 NPR735 钢筋可以降低钢材用量。以试件 NPR735-4D18-O 与 HRB400-6D18-O 为例，抗弯承载力为 434kN·m 时，可以节省钢材 33.3%。

在达到极限弯矩后，混凝土被压碎，HRB400 钢筋混凝土梁的承载力迅速下降，而 NPR735 钢筋混凝土梁由于 NPR735 钢筋具有较高的极限抗拉强度且延伸率较高，在达到极限弯矩后没有立即失效，承载力略微下降，表现出较好的延性。因此可以得出，NPR735 钢筋混凝土梁表现出较好的延性，对结构安全具有重要意义。但由于 NPR735 钢筋混凝土梁的配筋面积略小，其在达到屈服时的挠度偏大，裂缝宽度较大。

3.2　NPR735 钢筋混凝土梁抗弯性能分析理论

3.2.1　弯矩-挠度曲线

1. 少筋梁

NPR735 钢筋混凝土少筋梁弯矩-挠度曲线可分为两个阶段，如图 3-17(a)所示。

第Ⅰ阶段(混凝土开裂前的未裂阶段)：①从开始加载到受拉区混凝土开裂，梁的整个截面均参与受力。虽然受拉区混凝土在开裂前有一定的塑性变形，但整个截面的受力基本接近线弹性，弯矩-挠度曲线基本接近直线。截面抗弯刚度较大，挠度很小，钢筋的应力也很小，且都与弯矩近似成正比。②当受拉区边缘的拉应变达到混凝土极限拉应变时，截面达到开裂临界状态($\mathrm{I_a}$ 状态)，此时弯矩为开裂

弯矩 M_{cr}，如图 3-18 所示。

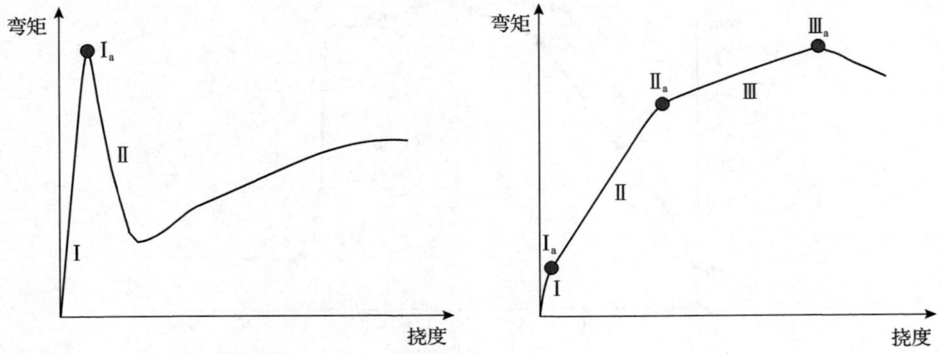

(a) 少筋梁　　(b) 适筋梁

(c) 超筋梁

图 3-17　NPR735 钢筋混凝土梁弯矩-挠度曲线分阶段特征

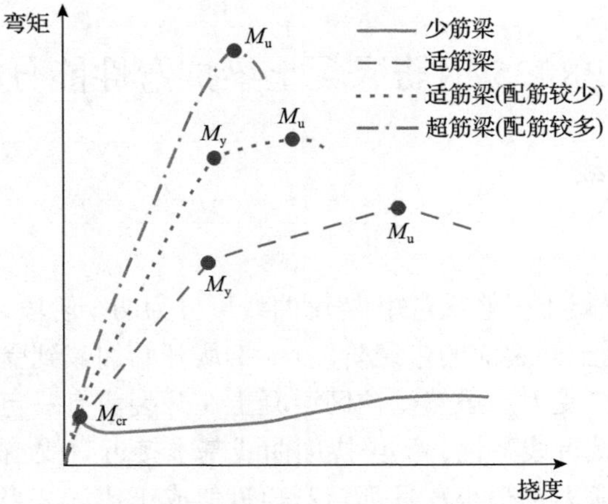

图 3-18　NPR735 钢筋混凝土梁弯矩特征值取值

第Ⅱ阶段（混凝土开裂后立即破坏阶段）：裂缝一旦出现，会迅速扩展到梁顶，承载力迅速下降，破坏过程非常急速，试件的承载能力很低，破坏时裂缝数量少、间距大且宽度大。裂缝截面处的混凝土退出工作，原来由混凝土承担的拉力全部由钢筋承担，由于配筋很少，受拉钢筋的应力会迅速增加到屈服强度甚至可能被拉断。但 NPR735 钢筋的高延伸率使得钢筋未被拉断，故破坏后承载力还能维持在一定水平上。

少筋梁的承载力取决于混凝土的抗拉强度，混凝土的抗压强度并没有得到充分利用。与普通钢筋混凝土少筋梁相比，NPR735 钢筋混凝土少筋梁破坏后未断裂，仍具有一定的承载力，且 NPR735 钢筋的高延伸率使钢筋不会被拉断。

2. 适筋梁

NPR735 钢筋混凝土适筋梁弯矩-挠度曲线可分为三个阶段，如图 3-17(b) 所示。

第Ⅰ阶段（混凝土开裂前的未裂阶段）：NPR735 钢筋混凝土适筋梁整个截面均参与受力。虽然受拉区混凝土在开裂前有一定的塑性变形，但整个截面的受力基本接近线弹性，弯矩-挠度曲线基本接近直线。

第Ⅱ阶段（混凝土开裂后至钢筋屈服前的开裂阶段）：①在开裂瞬间，开裂截面受拉区混凝土退出工作，其开裂前承担的拉力由 NPR735 钢筋承担，导致钢筋应力突然增加（应力重分布），中性轴比开裂前有较大上移；②随着荷载增加，受拉区不断出现新裂缝，受拉区混凝土逐步退出工作，截面抗弯刚度降低，弯矩-挠度曲线有明显的转折，虽然受拉区有较多裂缝，但混凝土应变沿截面高度的分布近似为直线（平截面假定）；③荷载继续增加，钢筋拉应力、挠度不断增大，裂缝宽度也不断增大，但中性轴位置没有显著变化，由于受压区混凝土压应力不断增大，其弹塑性特性表现得越来越显著，受压区混凝土应力逐渐呈曲线分布；④随着荷载增加，钢筋应力达到屈服强度，此时受力状态记为II_a状态，弯矩记为M_y（屈服弯矩），如图 3-18 所示。此后，梁的受力将进入第Ⅲ阶段，挠度、截面曲率、钢筋应变及中性轴位置均出现明显的转折。

第Ⅲ阶段（钢筋开始屈服至混凝土受压破坏的破坏阶段）：①对于 NPR735 钢筋混凝土适筋梁，钢筋应力达到屈服强度时，受压区混凝土尚未压坏，在该阶段，钢筋应力继续增加，但增加的速率低于第Ⅱ阶段，钢筋应变增加的速率加快，裂缝显著开展，中性轴迅速上移，受压区高度减小；②由于受压区混凝土的总压力与钢筋的总拉力应保持平衡，受压区高度减小将使得混凝土压应力和压应变迅速增大，混凝土受压的塑性特征表现得更加充分；③受压区高度减小使得钢筋拉力与混凝土压力之间的力臂有所增大，加上 NPR735 钢筋应力也有所增大，使得截面弯矩有一定增加，最终达到极限弯矩 M_u，如图 3-18 所示。超过 M_u后，承载力将有所降低，直至受压区混凝土被压碎。

对于 NPR735 钢筋混凝土适筋梁，在完全破坏以前具有很好的变形能力，破坏预兆明显，发生延性破坏，配筋较少的适筋梁的延性高于配筋较多的适筋梁。与普通钢筋混凝土适筋梁相比，最大区别在第Ⅲ阶段，普通钢筋混凝土适筋梁在钢筋达到屈服后，承载力基本保持不变，而 NPR735 钢筋混凝土适筋梁在钢筋达到屈服后，承载力仍有较大提升，且依然发生延性破坏，对提高结构安全性具有一定意义。

3. 超筋梁

NPR735 钢筋混凝土超筋梁弯矩-挠度曲线可分为两个阶段，如图 3-17(c)所示。

第Ⅰ阶段(混凝土开裂前的未裂阶段)：NPR735 钢筋混凝土超筋梁整个截面均参与受力。虽然受拉区混凝土在开裂前有一定的塑性变形，但整个截面的受力基本接近线弹性，弯矩-挠度曲线基本接近直线。

第Ⅱ阶段(混凝土开裂后至混凝土被压碎的弹塑性阶段)：①混凝土开裂后，裂缝增长速度缓慢，梁的挠度较小，受拉区纵筋一直处于弹性阶段；②因配筋率较高，混凝土受压区高度较大，最终混凝土受压边缘达到极限压应变，混凝土被压碎；③破坏时受拉区混凝土裂缝不明显，破坏前无明显预兆，是一种脆性破坏。NPR735 钢筋混凝土超筋梁由于无法发挥 NPR735 钢筋的高强性能，与普通钢筋混凝土超筋梁的破坏过程基本相同。

3.2.2　开裂荷载计算及分析

我国《混凝土结构设计标准》(GB/T 50010—2010)[2]没有给出钢筋混凝土梁开裂荷载的计算方法，而在工程设计和试验研究中都会涉及开裂荷载的取值，开裂荷载的研究对提高截面抗裂刚度具有基础理论意义。《钢筋混凝土原理和分析》[136]介绍了钢筋混凝土梁开裂荷载的计算方法，据此对 NPR735 钢筋混凝土梁的开裂荷载进行计算，并与 NPR735 钢筋混凝土梁的试验结果进行对比，为 NPR735 钢筋混凝土梁开裂荷载的计算提供较为准确的参考。

1. 开裂荷载计算方法

《钢筋混凝土原理和分析》[136]中开裂荷载计算方法首先考虑素混凝土梁的开裂弯矩，混凝土临近开裂前，梁的截面变形符合平截面假定。假设截面为矩形(图 3-19(a))，混凝土最大弯曲拉应变达到 2 倍轴心受拉峰值应变 $\varepsilon_{t,p}$ 时即将开裂，截面应变分布如图 3-19(b)所示。受压区应力很小，远低于混凝土的抗压强度，处于弹性状态，应力为三角形分布；受拉区应变超过了受拉峰值应变 $\varepsilon_{t,p}$，应力为非线性分布，如图 3-19(c)所示。假设受拉素混凝土的应力-应变曲线为理想弹塑性，如图 3-20 所示。

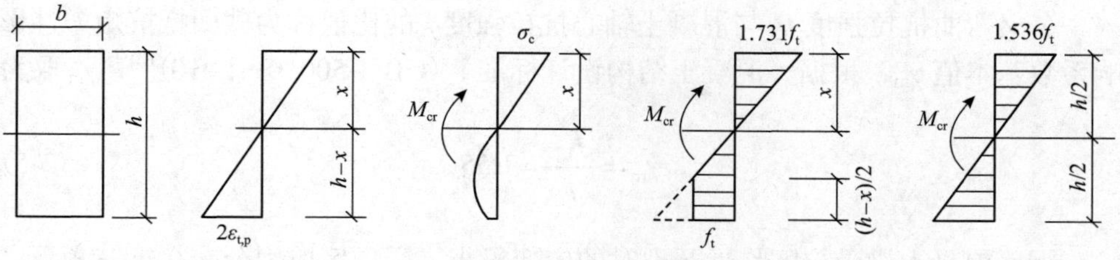

(a) 截面尺寸　(b) 应变分布　(c) 应力分布　(d) 计算应力图　(e) 弹性应力图

图 3-19　钢筋混凝土梁临近开裂的状态

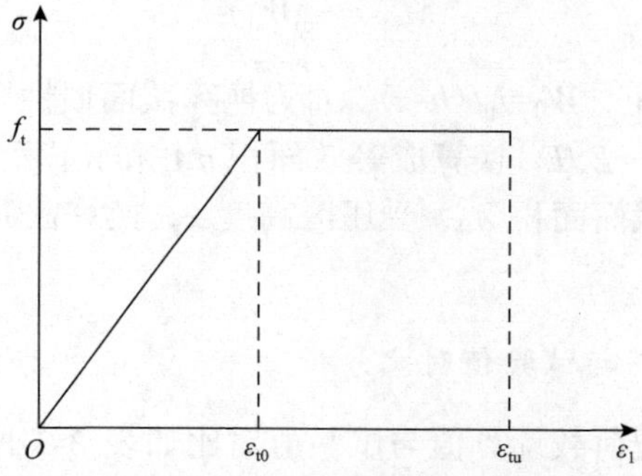

图 3-20　轴心受拉素混凝土的应力-应变曲线

将截面应力图简化为图 3-19(d)所示的图形，最大压应力 $\sigma_{c,max}$ 为

$$\sigma_{c,\max}=\frac{x}{h-x}\cdot 2f_t \tag{3-1}$$

式中，x 为受压区高度；h 为梁横截面高度；f_t为混凝土轴心抗拉强度。

根据截面轴力平衡，有

$$\frac{1}{2}bx\frac{x}{h-x}\cdot 2f_t=\frac{3}{4}b(h-x)f_t \tag{3-2}$$

得到受压区高度 x=0.464h，顶面最大压应力为 1.731f_t，由此计算得到截面开裂弯矩为

$$M_{cr}=0.256f_tbh^2 \tag{3-3}$$

假设开裂前混凝土处于弹性状态，即应力分布为直线(图 3-19(e))，素混凝土梁开裂时的名义弯曲抗拉强度 $f_{t,f}$ 为

$$f_{t,f}=\frac{M_{cr}}{bh^2/6}\approx 1.536f_t \tag{3-4}$$

名义弯曲抗拉强度$f_{t,f}$与混凝土轴心抗拉强度f_t的比值称为截面抵抗矩塑性影响系数基本值γ_m，根据《混凝土结构设计标准》(GB/T 50010—2010)[2]，γ_m取为

$$\gamma_m = \frac{f_{t,f}}{f_t} = 1.55 \tag{3-5}$$

钢筋混凝土梁受拉区临近开裂时的应变很小，受压区应力分布接近三角形，受拉区改用名义弯曲抗拉强度$f_{t,f}$后，可以用换算截面法计算开裂弯矩，即

$$M_{cr} = \gamma_m W_0 f_t \tag{3-6}$$

式中，W_0为截面抵抗矩，$W_0=I_0/(h-x)$，I_0为换算截面惯性矩。梁内的受拉和受压钢筋按弹性模量比$n(n=E_s/E_c)$换算成等效面积nA_s和nA_s'后，将钢筋混凝土梁看成均匀弹性材料，计算截面面积A_0、受压区高度x，换算截面惯性矩I_0和截面抵抗矩W_0。

2. 开裂荷载计算值与试验值对比分析

钢筋混凝土梁开裂荷载计算值与试验值对比如表 3-2 所示。钢筋混凝土梁开裂弯矩试验值与计算值比值的平均值为 1.167，变异系数为 0.141。从总体上说，NPR735 钢筋混凝土梁的抗裂荷载计算符合文献[136]中的开裂荷载计算方法，可用于 NPR735 钢筋混凝土梁开裂荷载的预测。

表 3-2 钢筋混凝土梁开裂荷载计算值与试验值对比

试件编号	截面抵抗矩 $W_0/10^{16}mm^4$	开裂荷载计算值 $M_{cr\text{-}j}/(kN\cdot m)$	开裂荷载试验值 $M_{cr\text{-}s}/(kN\cdot m)$	$M_{cr\text{-}s}/M_{cr\text{-}j}$
NPR735-4D18-O	8.75	72.44	76.0	1.049
NPR735-5D18-O	8.87	73.44	75.5	1.028
NPR735-6D18-O	8.99	74.43	106.5	1.431
HRB400-6D18-O	8.99	74.43	98.0	1.317
NPR735-2D18A-O	4.01	33.23	36.0	1.083
NPR735-2D18B-O	4.85	40.18	44.0	1.095
平均值				1.167
变异系数				0.141

3. 最小配筋率分析

我国《混凝土结构设计标准》(GB/T 50010—2010)[2]中钢筋混凝土构件最小配筋率建议值是依据混凝土开裂时钢筋混凝土构件不立即失效(裂而不断)的原则，并按照一定的可靠度保证加上工程经验确定的。综合考虑我国工程实践经验

和经济等多方面影响因素，规定钢筋混凝土结构受弯构件及偏心受拉、轴心受拉构件的单侧受拉钢筋的最小配筋率不应小于 0.2%和 $0.45f_t/f_y$(f_t 为混凝土轴心抗拉强度；f_y 为钢筋抗拉强度)的较大值，并注明受弯构件的受拉钢筋配筋率应按全截面面积计算。最小配筋率 0.2%是延续《混凝土结构设计规范》(GBJ 10—1989)[137]的取值，带有经验性，最小配筋率 $0.45f_t/f_y$ 则是根据下列公式进行推证的。

确定受弯构件最小配筋率的基本方法是使混凝土截面的开裂弯矩 M_{cr} 等于截面的极限弯矩 M_u，按单筋矩形截面考虑，将开裂弯矩计算公式($M_{cr}=\gamma_m W_0 f_t$)和《混凝土结构设计标准》(GB/T 50010—2010)[2]中极限弯矩计算公式($M_u=f_yA_s(h_0-x/2)$)代入 $M_{cr}=M_u$，可得

$$\gamma_m W_0 f_t = f_y A_s\left(h_0 - \frac{x}{2}\right) \tag{3-7}$$

令 $A_s=\rho_{min}bh$，$x=0.464h$，$h_0=0.935h$，再对截面抵抗矩 W_0 进行计算。整理得到纵筋的最小配筋率 $\rho_{min}=0.42f_t/f_y$，规范规定的 $0.45f_t/f_y$ 具有更高的安全储备。由式(3-7)可知，当混凝土强度一定时，提高钢筋强度，可以减小最小配筋率。

根据规范 $\rho_{min}=\max(0.45f_t/f_y, 0.2\%)$，NPR735 钢筋的屈服强度 f_y 为 735MPa，通过计算，当 $f_t>3.33$MPa 时，NPR735 钢筋混凝土梁的最小配筋率为 $0.06f_t$%，当 $f_t\leqslant 3.33$MPa 时，NPR735 钢筋混凝土梁的最小配筋率为 0.2%；HRB400 钢筋的屈服强度 f_y 为 480MPa，通过计算，当 $f_t>2.13$MPa 时，HRB400 钢筋混凝土梁的最小配筋率为 $0.09f_t$%，当 $f_t\leqslant 2.13$MPa 时，HRB400 钢筋混凝土梁的最小配筋率为 0.2%。

由上述计算结果可得：①当混凝土轴心抗拉强度 $f_t\leqslant 2.13$MPa 时，HRB400 钢筋混凝土梁和 NPR735 钢筋混凝土梁的最小配筋率均为 0.2%；②当 2.13MPa$<f_t\leqslant$3.33MPa 时，HRB400 钢筋混凝土梁的最小配筋率为 $0.09f_t$%，NPR735 钢筋混凝土梁的最小配筋率仍为 0.2%；③当 $f_t>3.33$MPa 时，HRB400 钢筋混凝土梁的最小配筋率为 $0.09f_t$%，NPR735 钢筋混凝土梁的最小配筋率为 $0.06f_t$%。

3.2.3　正截面抗弯承载力分析方法

NPR735 钢筋混凝土梁在各级荷载作用下的混凝土应变沿截面高度的分布基本保持直线，符合平截面假定，在此基础上可对各个构件的抗弯承载力进行计算和分析。

1. 抗弯承载力分析方法

1)规范公式计算方法

根据《混凝土结构设计标准》(GB/T 50010—2010)[2]，钢筋混凝土构件正截

面抗弯承载力计算采用以下基本假定。

(1)平截面假定。

(2)不考虑混凝土的抗拉强度。

(3)混凝土受压的应力与应变关系按下列规定取用：

当 $\varepsilon_c \leqslant \varepsilon_0$ 时

$$\varepsilon_c = f_c\left[1-\left(1-\frac{\varepsilon_c}{\varepsilon_0}\right)^n\right] \tag{3-8}$$

当 $\varepsilon_0 < \varepsilon_c \leqslant \varepsilon_{cu}$ 时

$$\sigma_c = f_c \tag{3-9}$$

$$n = 2-\frac{1}{60}\left(f_{cu,k}-50\right) \tag{3-10}$$

$$\varepsilon_0 = 0.002+0.5\left(f_{cu,k}-50\right)\times10^{-5} \tag{3-11}$$

$$\varepsilon_{cu} = 0.0033-\left(f_{cu,k}-50\right)\times10^{-5} \tag{3-12}$$

式中，σ_c 为混凝土压应变为 ε_c 时对应的压应力；f_c 为混凝土轴心抗压强度；ε_0 为混凝土压应力达到 f_c 时对应的压应变，当计算的 ε_0 值小于 0.002 时取 0.002；ε_{cu} 为正截面受弯的混凝土极限压应变，当处于非均匀受压且值大于 0.0033 时取 0.0033；$f_{cu,k}$ 为混凝土立方体抗压强度标准值；n 为系数，当计算的 n 值大于 2.0 时取 2.0。

(4)纵向受拉钢筋的极限拉应变值取为 0.01。

基于以上假定，NPR735 钢筋混凝土梁正截面抗弯承载力可按下列公式计算。

截面抗弯承载力 M_u 为

$$M_u = \alpha_1 f_c bx\left(h_0-\frac{x}{2}\right) \tag{3-13}$$

$$\alpha_1 f_c bx = f_y A_s \tag{3-14}$$

式中，α_1 为受压区混凝土矩形应力图的应力与混凝土轴心抗压强度的比值；f_c 为混凝土轴心抗压强度；b 为截面宽度；f_y 为钢筋抗拉强度；A_s 为受拉钢筋截面面积；x 为等效矩形应力图的混凝土受压区高度；h_0 为截面有效高度。

抗弯承载力计算简图如图 3-21 所示，ε_c 表示混凝土压应变，ε_s 表示钢筋拉应变。

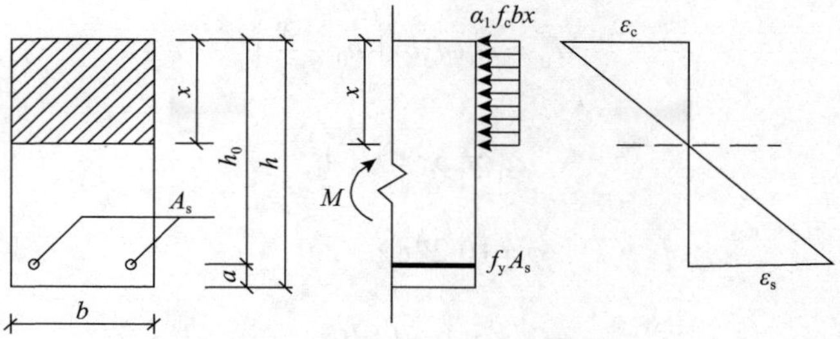

图 3-21　抗弯承载力计算简图

2）抗弯承载力试验值与计算值对比分析

钢筋混凝土梁抗弯承载力实测值和规范计算值对比如表 3-3 所示，其中 M_u 为实测极限弯矩，$M_{u,c}$ 为根据混凝土强度和钢筋屈服强度计算得到的极限弯矩。从表中可以看出，所有 NPR735 钢筋混凝土梁的 $M_u/M_{u,c}$ 平均值为 1.310，变异系数为 0.157，表明按规范公式计算 NPR735 钢筋混凝土梁抗弯承载力是比较保守的，计算结果有足够的安全储备。

表 3-3　钢筋混凝土梁抗弯承载力实测值与规范计算值对比

试件编号	f_c/MPa	f_y/MPa	M_u/（kN·m）	$M_{u,c}$/（kN·m）	$M_u/M_{u,c}$
NPR735-3D8-O	33.4	735	55	42	1.310
NPR735-4D18-O	33.4	735	434	281	1.544
NPR735-5D18-O	33.4	735	462	337	1.371
NPR735-6D18-O	33.4	735	524	387	1.354
NPR735-2D18A-O	33.4	735	115	97	1.186
NPR735-2D18B-O	33.4	735	131	120	1.092
平均值					1.310
变异系数					0.157

3）抗弯承载力计算修正

NPR735 钢筋混凝土梁抗弯承载力规范公式计算值与试验值之间存在差异。参考学者对 600MPa 高强钢筋混凝土结构的研究[138-140]，高强钢筋混凝土梁的抗弯承载力偏于保守的原因是规范公式忽略了高强箍筋的约束效应。

在规范给出的普通钢筋混凝土梁抗弯承载力计算公式的基础上，考虑 NPR735 高强箍筋对混凝土约束作用的影响，运用体积套箍效应系数对公式进行调整。通过对试验结果进行非线性回归，拟合出 NPR735 钢筋混凝土梁的承载力计算修正公式，即

$$M_{\mathrm{u}}=\alpha_1\varphi f_{\mathrm{c}}bx\left(h_0-\frac{x}{2}\right) \tag{3-15}$$

$$\alpha_1\varphi f_{\mathrm{c}}bx=f_{\mathrm{y}}A_{\mathrm{s}} \tag{3-16}$$

$$\varphi=10.228\gamma+2.9 \tag{3-17}$$

$$\gamma=\rho_{\mathrm{gv}}f_{\mathrm{yv}}/f_{\mathrm{c}} \tag{3-18}$$

式中，α_1 为受压区混凝土矩形应力图的应力值与混凝土轴心抗压强度的比值；φ 为体积套箍效应系数；f_{c} 为混凝土轴心抗压强度；f_{y} 为钢筋屈服强度；A_{s} 为受拉钢筋面积；ρ_{gv} 为体积配箍率；f_{yv} 为箍筋的屈服强度。

根据修正公式，重新计算 NPR735 钢筋混凝土梁的抗弯承载力 $M'_{\mathrm{u,c}}$，并与实测值 M_{u} 进行对比，如表 3-4 所示。实测值与修正公式计算值比值的平均值为 1.060，变异系数为 0.033。综合分析结果，NPR735 钢筋混凝土梁的抗弯承载力计算修正公式准确性较高，与试验结果吻合较好，可用于 NPR735 钢筋混凝土梁的抗弯承载力计算。

表 3-4　抗弯承载力实测值与修正公式计算值对比

试件编号	f_{c}/MPa	f_{y}/MPa	M_{u}/(kN·m)	$M'_{\mathrm{u,c}}$/(kN·m)	$M_{\mathrm{u}}/M'_{\mathrm{u,c}}$
NPR735-3D8-O	33.4	750	55	52	1.058
NPR735-4D18-O	33.4	750	434	400	1.085
NPR735-5D18-O	33.4	750	462	428	1.079
NPR735-6D18-O	33.4	750	524	478	1.096
NPR735-2D18A-O	33.4	750	115	114	1.009
NPR735-2D18B-O	33.4	750	131	127	1.031
平均值					1.060
变异系数					0.033

2. 受压区高度理论分析

1) 受压区高度试验值与计算值对比分析

现行规范中为保证钢筋混凝土受弯梁不发生超筋破坏，要求梁的受压区高度 x_1 小于界限受压区高度 $x_{1\mathrm{b}}$。为了验证 NPR735 钢筋混凝土梁是否可以按照此规律进行破坏模式的预测，进行以下分析。

对于没有屈服平台的 NPR735 高强钢筋，其相对界限受压区高度 ξ_{b1} 计算公式为

$$\xi_{b1}=\frac{\beta_1}{1+\frac{0.002}{\varepsilon_{cu}}+\frac{f_y}{E_s\varepsilon_{cu}}} \tag{3-19}$$

对于有屈服平台的 HRB400 普通钢筋,其相对界限受压区高度 ξ_{b2} 计算公式为

$$\xi_{b2}=\frac{\beta_1}{1+\frac{f_y}{E_s\varepsilon_{cu}}} \tag{3-20}$$

式中，ε_{cu} 为正截面混凝土极限压应变，根据式(3-12)取值；E_s 为钢筋弹性模量；β_1 为系数，当混凝土强度等级不超过 C50 时，β_1 取 0.80，当混凝土强度等级为 C80 时，β_1 取 0.74，其间按线性内插法确定。

界限受压区高度 x_{1b} 计算公式为

$$x_{1b}=\xi_b h_0 \tag{3-21}$$

受压区高度实测值与计算值对比如表 3-5 所示,x 为根据钢筋混凝土梁沿截面高度的混凝土应变分布得到的受压区高度实测值,x_1 和 x_{1b} 分别为梁受压区高度计算值和界限受压区高度计算值。

表 3-5　受压区高度实测值与计算值对比

试件编号	试验结果			计算结果		
	x/mm	受拉钢筋是否屈服	破坏模式	x_1/mm	x_{1b}/mm	破坏模式
NPR735-4D18-O	120	是	适筋	119.0	120.8	适筋
NPR735-5D18-O	145	否	超筋	151.0	124.0	超筋
NPR735-6D18-O	160	否	超筋	181.2	124.0	超筋
NPR735-2D18A-O	95	是	适筋	100.6	102.4	适筋
NPR735-2D18B-O	95	是	适筋	100.6	114.1	适筋

从表 3-5 可以看出，受压区高度实测值与计算值较为接近，说明根据规范计算的受压区高度较为准确。NPR735-4D18-O、NPR735-2D18A-O 和 NPR735-2D18B-O 三根梁的受压区高度小于界限受压区高度，即按照规范预测它们是适筋梁，与试验结果相同；NPR735-5D18-O 和 NPR735-6D18-O 梁的受压区高度大于界限受压区高度，按照规范预测它们为超筋梁，与试验结果一致。上述表明，规范可用于预测 NPR735 钢筋混凝土梁的破坏模式。

2)受压区高度与配筋率理论分析

在界限配筋率下，钢筋混凝土梁达到Ⅱ$_a$状态(图 3-17(b))时，受拉区钢筋达

到屈服的同时，受压区混凝土达到极限抗压强度；即受压区顶端混凝土的压应变达到极限压应变 ε_{cu}，受拉区纵筋的拉应变达到屈服应变 ε_y。根据平截面假定，得到应变分布如图 3-22 所示，进而得到如下公式：

$$\varepsilon_y x_{1b}=\varepsilon_{cu}(h_0-x_{1b}) \tag{3-22}$$

对于 NPR735 钢筋混凝土梁，NPR735 钢筋的屈服应变 ε_y 为 0.00589，混凝土极限压应变 ε_{cu} 为 0.0033，代入式(3-22)得 NPR735 钢筋混凝土梁的界限受压区高度 $x_{1b}=0.36h_0$；对于 HRB400 钢筋混凝土梁，HRB400 钢筋的屈服应变 ε_y 为 0.00236，代入式(3-22)得 HRB400 钢筋混凝土梁的界限受压区高度 $x_{1b}=0.583h_0$。

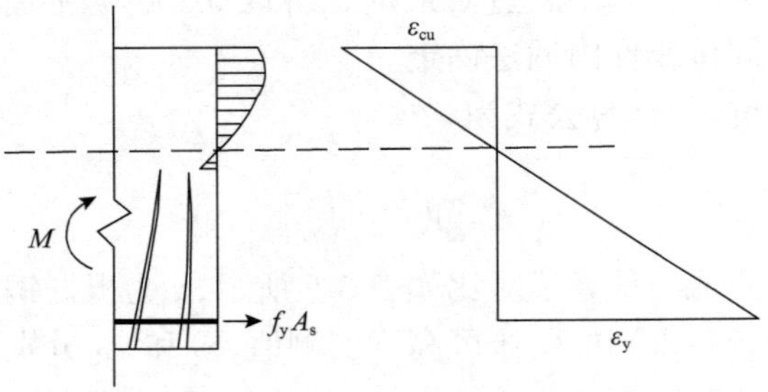

图 3-22　界限配筋率下钢筋混凝土梁Ⅱ$_a$状态截面应力和应变分布

取 $x=x_{1b}$，代入式(3-16)，并取 $\varphi=1.0$，得到 NPR735 钢筋混凝土梁的界限配筋率 $\rho_b=A_s/(bh_0)=0.36\alpha_1 f_c/f_y$，HRB400 钢筋混凝土梁的界限配筋率 $\rho_b=A_s/(bh_0)=0.583\alpha_1 f_c/f_y$，再将 α_1 值和 f_y 值代入，得 NPR735 钢筋混凝土梁的界限配筋率 $\rho_b=0.048f_c\%$，HRB400 钢筋混凝土梁的界限配筋率 $\rho_b=0.121f_c\%$，因此在相同混凝土强度下，NPR735 钢筋混凝土梁的界限配筋率小于 HRB400 钢筋混凝土梁。结合 NPR735 钢筋混凝土梁的最小配筋率 $\rho_{min}=\max(0.06f_t\%, 0.2\%)$，得到 NPR735 钢筋混凝土适筋梁的配筋率范围为 $\max(0.06f_t\%, 0.2\%)<\rho<0.048f_c\%$。

3.2.4　挠度计算方法

钢筋混凝土受弯构件的最大挠度应按照荷载准永久组合计算，不同构件的挠度限值如表 3-6 所示，l_0 为构件的计算跨度。

《混凝土结构设计标准》(GB/T 50010—2010)[2]中受弯构件短期挠度 f 的计算公式为

$$f=S\frac{Ml_0^2}{B_s} \tag{3-23}$$

表 3-6　受弯构件的挠度限值

构件类型		挠度限值
吊车梁	手动吊车	$l_0/500$
	电动吊车	$l_0/600$
屋盖、楼盖及楼梯构件	当 $l_0<7\text{m}$ 时	$l_0/200$
	当 $7\text{m}\leqslant l_0\leqslant 9\text{m}$ 时	$l_0/250$
	当 $l_0>9\text{m}$ 时	$l_0/300$

$$B_s = \frac{E_s A_s h_0^2}{1.15\psi + 0.2 + \dfrac{6\alpha_E \rho}{1+3.5\gamma_f'}} \tag{3-24}$$

$$\psi = 1.1 - 0.65\frac{f_{tk}}{\rho_{te}\sigma_{sq}} \tag{3-25}$$

$$\rho_{te} = \frac{A_s}{A_{te}} \tag{3-26}$$

$$\sigma_{sq} = \frac{M_q}{0.87h_0 A_s} \tag{3-27}$$

式中，S 为挠度系数；M 为正常使用荷载效应值；l_0 为梁的计算跨度；ρ 为受拉区钢筋的配筋率；B_s 为梁的短期截面抗弯刚度；E_s 为钢筋的弹性模量；A_s 为受拉钢筋的截面面积；h_0 为梁截面的有效高度；ψ 为纵向受拉钢筋应变不均匀系数，当 $\psi<0.2$ 时取 0.2，当 $\psi>1.0$ 时取 1.0；γ_f' 为受压翼缘截面面积与腹板有效面积的比值，矩形梁为 0；α_E 为钢筋弹性模量与混凝土弹性模量的比值，即 E_s/E_c；f_{tk} 为混凝土轴心抗拉强度标准值；ρ_{te} 为按有效受拉混凝土截面面积计算的纵向受拉钢筋配筋率，在挠度验算和最大宽度计算中，当 $\rho_{te}<0.01$ 时取 0.01；A_{te} 为有效受拉混凝土截面面积，矩形受弯构件取 $0.5bh$；σ_{sq} 为按荷载准永久组合计算的钢筋混凝土构件纵向受拉钢筋应力；M_q 为按荷载准永久组合计算的弯矩。

受弯试验梁跨中挠度实测值与规范计算值对比如表 3-7 所示。正常使用极限状态的弯矩取极限弯矩 M_u 的 70%，因此表 3-7 选择三种荷载（$0.5M_u$、$0.6M_u$ 和 $0.7M_u$）对应的短期挠度实测值（$f_{s\text{-}0.5}$、$f_{s\text{-}0.6}$ 和 $f_{s\text{-}0.7}$）和短期挠度规范计算值（$f_{j\text{-}0.5}$、$f_{j\text{-}0.6}$ 和 $f_{j\text{-}0.7}$）进行比较。

从表 3-7 可以看出，在不同荷载作用下，试验梁跨中短期挠度实测值与计算值之比的平均值在 0.751～0.832，变异系数在 0.175～0.190，可见按规范计算得到

表 3-7　短期挠度实测值与规范计算值对比

试件编号	$f_{s-0.5}$/mm	$f_{j-0.5}$/mm	$f_{s-0.5}/f_{j-0.5}$	$f_{s-0.6}$/mm	$f_{j-0.6}$/mm	$f_{s-0.6}/f_{j-0.6}$	$f_{s-0.7}$/mm	$f_{j-0.7}$/mm	$f_{s-0.7}/f_{j-0.7}$
NPR735-4D18-O	6.28	10.55	0.595	8.54	13.38	0.638	10.24	15.53	0.659
NPR735-5D18-O	6.84	9.82	0.697	8.53	11.73	0.727	10.79	14.05	0.768
NPR735-6D18-O	6.25	9.48	0.659	8.51	11.89	0.716	10.76	14.04	0.766
NPR735-2D18A-O	7.71	8.84	0.872	10.79	11.07	0.975	12.85	13.13	0.979
NPR735-2D18B-O	7.18	7.69	0.934	9.23	9.71	0.951	11.28	11.43	0.987
平均值			0.751			0.801			0.832
变异系数			0.190			0.187			0.175

的跨中挠度大于实测值。因此，《混凝土结构设计标准》（GB/T 50010—2010）[2]中的挠度计算公式可用来计算配置 NPR735 钢筋的混凝土受弯梁，且具有较大的安全储备。

表 3-7 中，实测挠度最大值为 NPR735-2D18A-O 的 12.85mm，为 $l_0/272$；计算挠度最大值为 NPR735-4D18-O 的 15.53mm，为 $l_0/225$。该批试验梁在极限状态下的短期挠度计算值和实测值均小于 $l_0/200$，满足屋盖、楼盖及楼梯构件的挠度限值要求，但在极限状态下的短期挠度计算值和实测值大于 $l_0/500$，不满足吊车梁的挠度限值要求。因此，NPR735 钢筋混凝土梁可用于屋盖、楼盖及楼梯构件中，不能用于吊车梁中，要想减小其挠度，可通过施加预应力的方式提高 NPR735 钢筋混凝土梁的抗弯刚度。

3.2.5　裂缝计算方法

我国《混凝土结构设计标准》（GB/T 50010—2010）[2]规定，在钢筋混凝土结构设计时，应根据结构的功能性要求，确定结构的裂缝控制等级，并给出了按荷载准永久组合的最大裂缝宽度计算公式：

$$\omega_{\max} = \alpha_{cr}\psi\frac{\sigma_{sq}}{E_s}\left(1.9c_s + 0.08\frac{d_{eq}}{\rho_{te}}\right) \tag{3-28}$$

式中，α_{cr} 为构件受力特征系数，受弯钢筋混凝土构件取 1.9，当计算短期裂缝宽度时，对受弯构件，取 $\alpha_{cr}=\alpha_c\tau_s=0.77\times1.66=1.278$；$\psi$为纵向受拉钢筋应变不均匀系数，取值同式(3-25)；σ_{sq} 为按荷载准永久组合计算的钢筋混凝土构件纵向受拉钢筋应力，计算同式(3-27)；E_s 为钢筋的弹性模量；c_s 为最外层纵向受拉钢筋外边缘至受拉区底边的距离，当 c_s <20mm 时取 20mm，当 c_s >65mm 时取 65mm；d_{eq} 为纵向受拉钢筋的等效直径，mm，$d_{eq}=\frac{\sum n_i d_i^2}{\sum n_i v_i d_i}$，$n_i$、$d_i$ 分别为受拉区第 i 种纵向钢筋的根数、公称直径，v_i 为第 i 种纵向钢筋的相对黏结特性系数，带肋钢筋取 1.0；ρ_{te} 为按有效受拉混凝土截面面积计算的纵向受拉钢筋配筋率，在挠度验算和最大宽度计算中，当 $\rho_{te}<0.01$ 时取 0.01。

受弯试验梁最大裂缝宽度实测值与规范计算值对比如表 3-8 所示。表中，M_u 为实测极限荷载值，$\omega_{s-0.5}$、$\omega_{s-0.6}$ 和 $\omega_{s-0.7}$ 分别为 $0.5M_u$、$0.6M_u$ 和 $0.7M_u$ 对应的最大裂缝宽度实测值，$\omega_{j-0.5}$、$\omega_{j-0.6}$ 和 $\omega_{j-0.7}$ 分别为 $0.5M_u$、$0.6M_u$ 和 $0.7M_u$ 对应的最大裂缝宽度计算值。

表 3-8　最大裂缝宽度实测值和规范计算值对比

试件编号	$\omega_{s-0.5}$/mm	$\omega_{j-0.5}$/mm	$\omega_{s-0.5}/\omega_{j-0.5}$	$\omega_{s-0.6}$/mm	$\omega_{j-0.6}$/mm	$\omega_{s-0.6}/\omega_{j-0.6}$	$\omega_{s-0.7}$/mm	$\omega_{j-0.7}$/mm	$\omega_{s-0.7}/\omega_{j-0.7}$
NPR735-4D18-O	0.20	0.49	0.408	0.30	0.63	0.476	0.40	0.73	0.548
NPR735-5D18-O	0.10	0.38	0.263	0.20	0.46	0.435	0.30	0.55	0.545
NPR735-6D18-O	0.10	0.32	0.313	0.20	0.40	0.500	0.30	0.48	0.625
NPR735-2D18A-O	0.23	0.34	0.676	0.36	0.45	0.800	0.44	0.55	0.800
NPR735-2D18B-O	0.25	0.36	0.694	0.36	0.47	0.766	0.45	0.58	0.776
平均值			0.471			0.595			0.659
变异系数			0.425			0.336			0.205

从表 3-8 可以看出，各试件在正常使用状态下最大裂缝宽度实测值与规范计算值比值的平均值为 0.471～0.659，变异系数为 0.205～0.425，且试验梁实测最大裂缝宽度均小于按规范计算的最大裂缝宽度，因此可按照《混凝土结构设计标准》(GB/T 50010—2010)[2]中的公式预估最大裂缝宽度，且具有较大的安全储备。

规范中正常使用状态下钢筋混凝土结构在一类环境中的最大裂缝宽度限值为 0.3mm，在荷载为 $0.5M_u$ 时，所有 NPR735 钢筋混凝土梁的最大裂缝宽度实测值满足这一条件，但荷载达到 $0.6M_u$ 后，部分试件不满足这一条件；由于计算结果偏于保守，该批 NPR735 钢筋混凝土梁按规范计算的最大裂缝宽度均大于 0.3mm 限值，不满足规范规定的正常使用状态下的裂缝宽度限值要求。这主要是因为 NPR735 钢筋提高了承载力，其对应的正常使用状态下的应变也相应提高，致使裂缝宽度过大，限制了 NPR735 钢筋高强性能的发挥。因此，为了使 NPR735 钢筋能够用于实际工程，应研究减小其裂缝宽度的措施。

3.3　NPR735 钢筋在混凝土梁中高效应用措施

通过 NPR735 钢筋混凝土梁的试验研究和理论分析得出，NPR735 钢筋混凝土梁除具有较高承载力、较高延性的优势外，还有裂缝宽度偏大、挠度变形偏大的劣势，而且在普通混凝土中，NPR735 钢筋的高强性能未充分发挥。因此，为了解决以上两方面的问题，采用 ABAQUS 有限元软件建立 NPR735 钢筋混凝土试验梁的有限元模型，研究提高混凝土强度和施加预应力两个措施对 NPR735 钢筋混凝土梁抗弯性能的影响。

3.3.1　有限元模型及验证

1. 本构关系及单元类型

1) 混凝土

混凝土采用塑性损伤(CDP)模型，分别定义 C35、C55 和 C80 三种混凝土损伤等级，以及荷载作用下梁的塑性和破坏准则。CDP 模型考虑各向同性材料的受拉和受压破坏模式，以及刚度降低和断裂过程中发生的永久性损伤。图 3-23 为混凝土单轴受拉/受压应力-应变曲线。

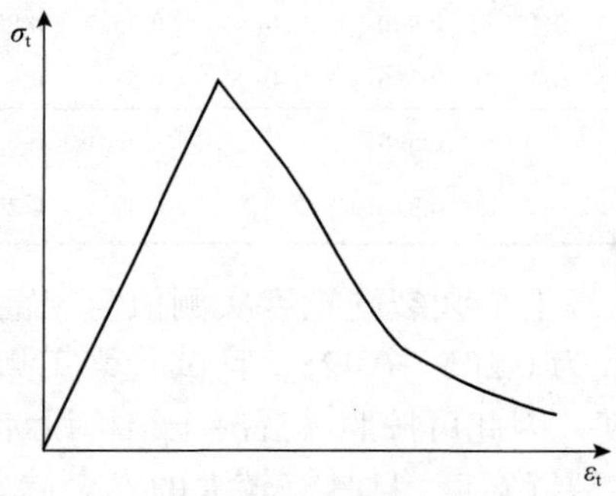

(a) 混凝土轴心受拉应力-应变曲线

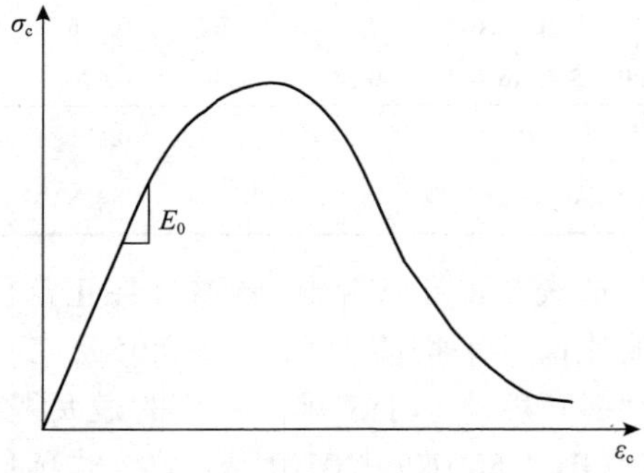

(b) 混凝土轴心受压应力-应变曲线

图 3-23　混凝土单轴受拉/受压应力-应变曲线

混凝土轴心抗压强度与弹性模量的关系为

$$E_c = 3320\sqrt{f_c'} + 6900 \tag{3-29}$$

对于 CDP 模型的膨胀角、偏心距、f_{b0}/f_{c0}、K 和黏度参数，C35/C55/C80 混凝土分别设为 35°/55°/80°、0.1mm、1.16、0.667 和 0.0005，混凝土力学性能总结如表 3-9 所示。

表 3-9　混凝土力学性能

混凝土等级	密度/(kg/m^3)	弹性模量/MPa	泊松比	f_c/MPa	f_t/MPa
C35	2.4×10^3	26541	0.2	33.4	2.3
C55	2.4×10^3	26541	0.2	55.0	2.9
C80	2.4×10^3	26541	0.2	80.0	3.5

2) 钢筋

钢筋采用 T3D2 单元(两节点线性三维桁架单元)模拟，各钢筋材性如表 3-10 所示。

表 3-10　钢筋材性

材料	密度/(g/cm^3)	弹性模量/MPa	泊松比	屈服强度/MPa	塑性应变
HRB400 D8	7.85	200000	0.3	472.67	0.002
HRB400 D18	7.85	200000	0.3	478.67	0.002
NPR735 D8	7.85	200000	0.3	757.50	0.002
NPR735 D18	7.85	200000	0.3	751.17	0.002

2. 网格划分

混凝土运用结构化网络进行单元划分，单元大小为 50mm×50mm×50mm，钢筋的单元长度为 20mm，如图 3-24 所示。

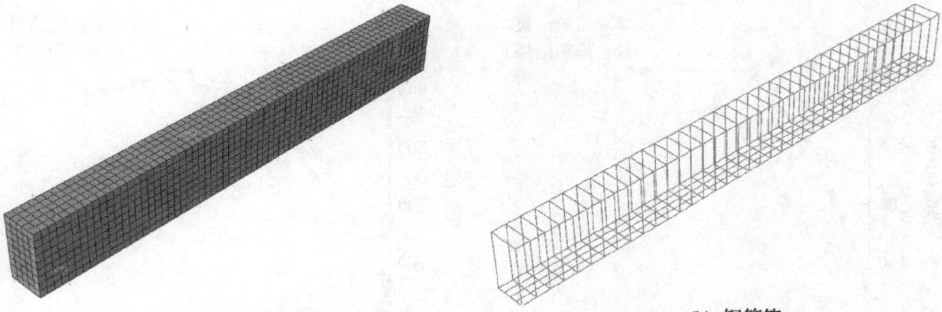

(a) 混凝土网格划分　(b) 钢筋笼

图 3-24　混凝土部分网格划分情况

3. 荷载和边界条件

一端为固定铰支座，约束三个方向的位移，另一端为可动铰支座，约束两个方向的位移，使其在 U3 方向可以有一个自由度。在跨度 1/3 加载点处施加线荷载，方向为 U2 方向，向下 50mm，如图 3-25 所示。

4. 模型验证

采用试件 NPR735-4D18-O 和 HRB400-6D18-O 的试验结果对有限元模型进行验证，弯矩-挠度曲线对比如图 3-26 所示。从图中可以看出，试件 NPR735-4D18-O 弯矩-挠度曲线的模拟结果与试验结果在弹性阶段基本重合，模拟所得极限弯矩为 429kN·m，比试验所得极限弯矩 438kN·m 小 2.1%，模拟所得抗弯刚度为 32kN·m/mm，比试验所得抗弯刚度 29.89kN·m/mm 大 7.1%；试件 HRB400-6D18-O 模拟所得极限弯矩为 419kN·m，比试验所得极限弯矩 434kN·m 小 3.5%，模拟所得抗弯刚度为 23kN·m/mm，比试验所得抗弯刚度 22.15kN·m/mm 大 3.8%。

图 3-25　荷载和边界条件

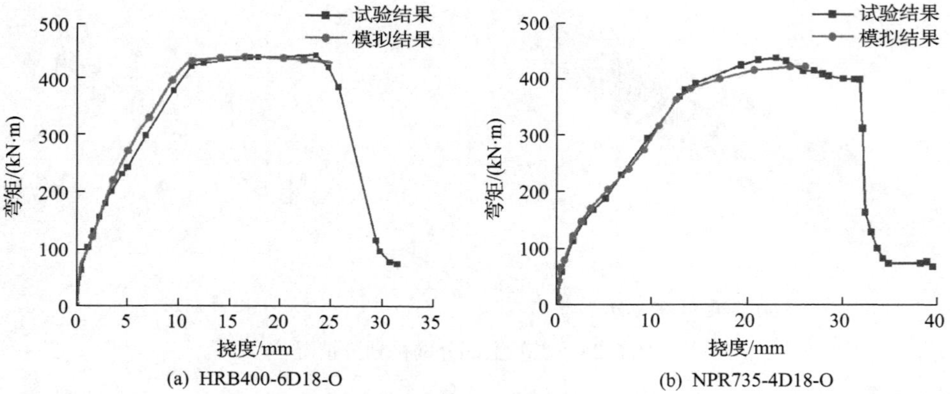

(a) HRB400-6D18-O　　(b) NPR735-4D18-O

图 3-26　试验与模拟的弯矩-挠度曲线对比

对比试验试件破坏图与模拟构件塑性损伤图，运用模拟的混凝土损伤高度判断模拟试件的受拉区和受压区高度，与试验结果对比，可以看出模拟试件的受压区高度和试验试件的受压区高度吻合较好，如图 3-27 所示。

3.3.2　NPR735 钢筋混凝土梁关键参数影响机理

1. 混凝土强度影响分析

参照 NPR735-4/5/6D18-O、HRB400-6D18-O 和 NPR735-2D18A/B-O 共 6 根梁的相关配筋及尺寸信息，选取 C35、C55、C80 三种混凝土强度分析其对 NPR735 混凝土梁抗弯性能的影响，每种混凝土强度下建立 6 根梁模型，共 18 个模型。

(a) NPR735-4D18-O试验破坏图

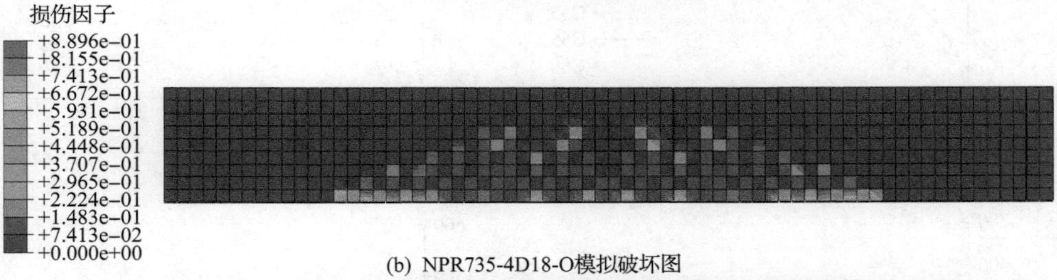

(b) NPR735-4D18-O模拟破坏图

(c) HRB400-6D18-O试验破坏图

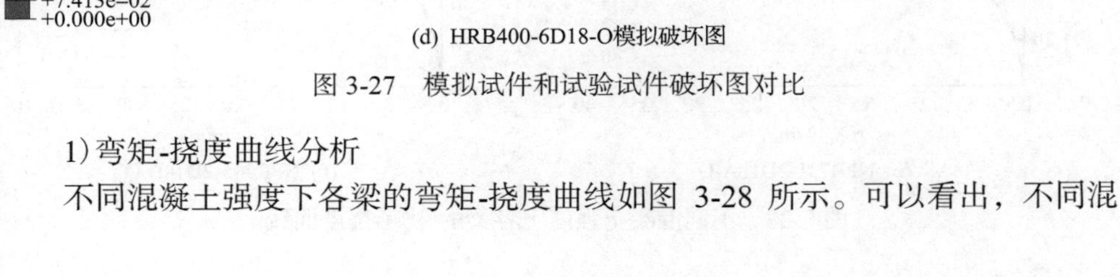

(d) HRB400-6D18-O模拟破坏图

图 3-27　模拟试件和试验试件破坏图对比

1）弯矩-挠度曲线分析

不同混凝土强度下各梁的弯矩-挠度曲线如图 3-28 所示。可以看出，不同混凝土强度下各试件的弯矩-挠度曲线基本重合，说明提高混凝土强度对 NPR735 钢筋混凝土梁在正常使用阶段的影响并不明显。但进入塑性阶段后，混凝土强度越高，各梁的极限弯矩越高，说明提高混凝土强度能够提高钢筋混凝土梁的抗弯承载力，也就更好地发挥了 NPR735 钢筋的高强性能。

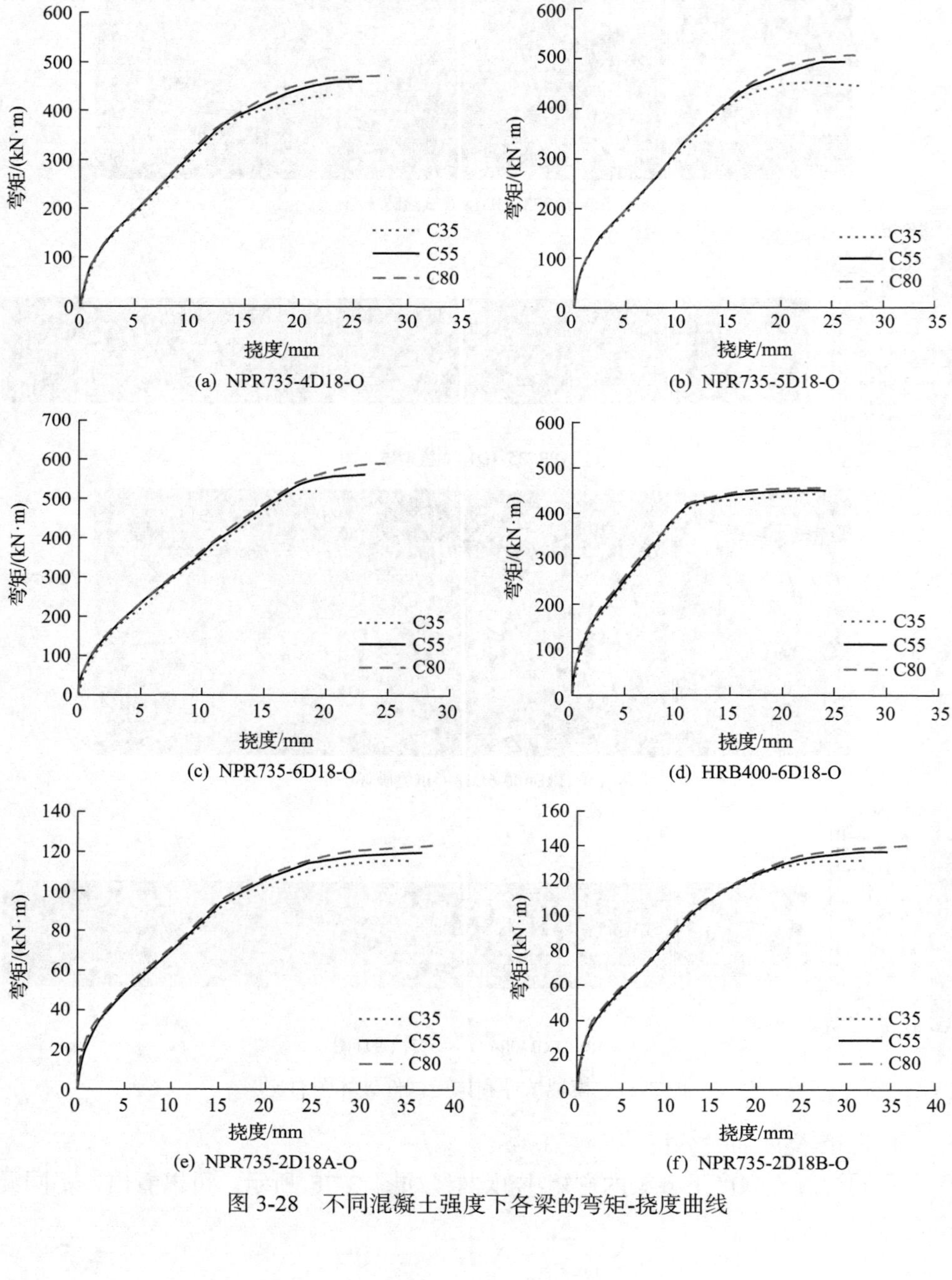

图 3-28　不同混凝土强度下各梁的弯矩-挠度曲线

将具有相同截面尺寸的 NPR735-4/5/6D18-O 和 HRB400-6D18-O 的极限抗弯承载力随混凝土强度等级的变化进行对比，如图 3-29 所示。可以看出，随着混凝土强度的增加，各试件极限承载力有所增大，且配筋率较高的 NPR735 钢筋混凝土梁极限抗弯承载力的提高幅度也较大。

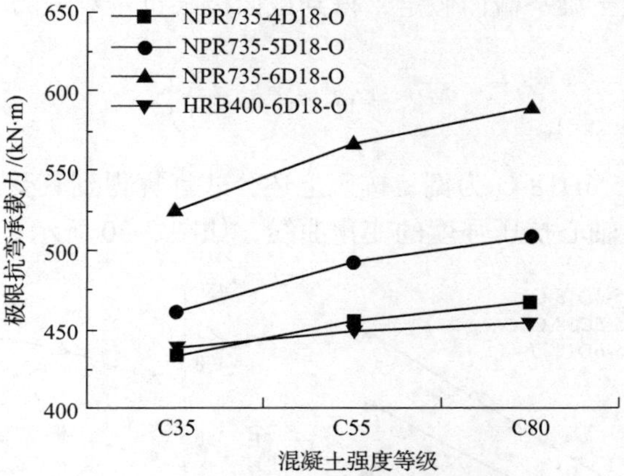

图 3-29　混凝土强度等级对极限抗弯承载力的影响

2）抗弯承载力分析

不同混凝土强度下梁的极限抗弯承载力模拟值对比如表 3-11 所示，$M_{u\text{-}C55}/M_{u\text{-}C35}$ 表示混凝土强度从 C35 提升到 C55 的极限抗弯承载力提高程度，$M_{u\text{-}C80}/M_{u\text{-}C35}$ 表示混凝土强度从 C35 提升到 C80 的极限抗弯承载力提高程度。例如，试件 NPR735-4D18-O 的 $M_{u\text{-}C55}/M_{u\text{-}C35}$ 值为 1.051，即混凝土强度从 C35 提高到 C55，其极限抗弯承载力提升了 5.1%，$M_{u\text{-}C80}/M_{u\text{-}C35}$ 值为 1.078，即混凝土强度从 C35 提高到 C80，其极限抗弯承载力提升了 7.8%，混凝土强度越高，极限抗弯承载力越大。对比不同梁在提高相同幅度的混凝土强度下的极限抗弯承载力，如 NPR735-4/5/6D18-O 三根梁，混凝土强度从 C35 提升到 C55，其极限抗弯承载力分别提升了 5.1%、6.5%和 8.2%，说明在提高相同幅度的混凝土强度下，配筋率越高的 NPR735 钢筋混凝土梁的极限抗弯承载力的提升幅度越大。

表 3-11　不同混凝土强度下梁的极限抗弯承载力模拟值对比

试件编号	$M_{u\text{-}C35}$/(kN·m)	$M_{u\text{-}C55}$/(kN·m)	$M_{u\text{-}C55}/M_{u\text{-}C35}$	$M_{u\text{-}C80}$/(kN·m)	$M_{u\text{-}C80}/M_{u\text{-}C35}$
NPR735-4D18-O	434	456	1.051	468	1.078
NPR735-5D18-O	462	492	1.065	509	1.102
NPR735-6D18-O	524	567	1.082	591	1.128
HRB400-6D18-O	438	449	1.025	455	1.039
NPR735-2D18A-O	115	120	1.043	123	1.070
NPR735-2D18B-O	131	137	1.046	140	1.069

3）受压区高度分析

钢筋混凝土梁受压区高度 x 的计算公式为

$$x = f_y A_s / (\alpha_1 f_c b) \tag{3-30}$$

根据钢筋混凝土梁平截面假定，得到截面极限抗弯承载力 M_u 的计算公式为

$$M_u = \alpha_1 f_y A_s \left(h_0 - \frac{x}{2} \right) \tag{3-31}$$

以 NPR735-4/5/6D18-O 为例，按照上述公式计算得到其受压区高度和极限抗弯承载力随混凝土轴心抗压强度的变化曲线，如图 3-30 所示。

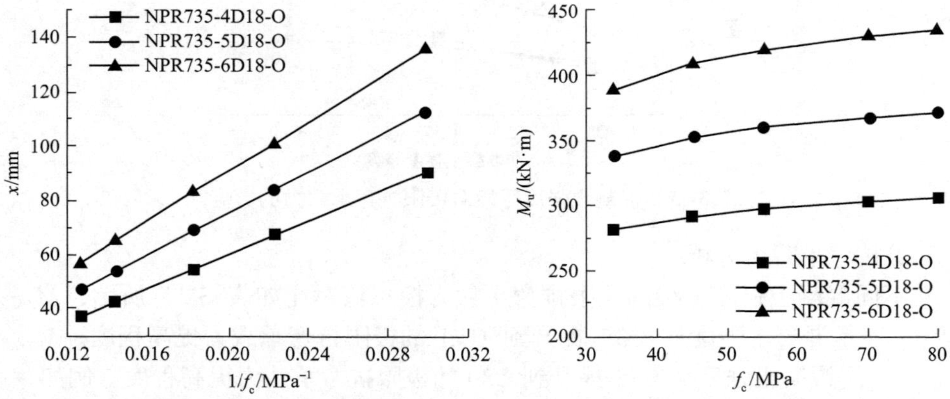

(a) 受压区高度 x 与混凝土轴心抗压强度 f_c 的倒数的关系　　(b) 极限抗弯承载力 M_u 与混凝土轴心抗压强度 f_c 的关系

图 3-30　受压区高度和极限抗弯承载力随混凝土轴心抗压强度的变化曲线

从图 3-30(a)可以看出，混凝土轴心抗压强度 f_c 与受压区高度 x 成反比，提高混凝土强度可减小受压区高度；在其他条件相同的情况下，受压区高度越小，钢筋混凝土梁的极限抗弯承载力越高，因此提高混凝土强度可提高极限抗弯承载力是因为提高混凝土强度可减小受压区高度。从图 3-30(b)可以看出，虽然混凝土强度可提高极限抗弯承载力，但随着混凝土强度的增大，提升的幅度越来越小。

对 NPR735 钢筋混凝土构件在不同混凝土强度等级下的极限抗弯承载力进行计算，并与模拟值进行对比，结果如表 3-12 所示，$M_{u\text{-}C35\text{-}j}$、$M_{u\text{-}C55\text{-}j}$、$M_{u\text{-}C80\text{-}j}$ 分别表示 C35、C55、C80 混凝土强度等级下梁的极限抗弯承载力计算值。可以看出，模拟值比计算值平均大 5%～7%，且比值的变异系数在 0.030～0.037，表明计算结果较准确，极限抗弯承载力修正公式仍然符合不同混凝土强度下 NPR735 钢筋混凝土梁的极限抗弯承载力计算。

表 3-12　极限抗弯承载力计算值与模拟值对比

试件编号	$M_{u\text{-}C35\text{-}j}$ /(kN·m)	$M_{u\text{-}C35}/M_{u\text{-}C35\text{-}j}$	$M_{u\text{-}C55\text{-}j}$ /(kN·m)	$M_{u\text{-}C55}/M_{u\text{-}C55\text{-}j}$	$M_{u\text{-}C80\text{-}j}$ /(kN·m)	$M_{u\text{-}C80}/M_{u\text{-}C80\text{-}j}$
NPR735-4D18-O	400	1.085	427	1.068	438	1.068
NPR735-5D18-O	428	1.079	463	1.063	479	1.063
NPR735-6D18-O	478	1.096	522	1.086	544	1.086
NPR735-2D18A-O	114	1.009	119	1.008	122	1.008
NPR735-2D18B-O	127	1.031	133	1.030	136	1.029
平均值		1.060		1.051		1.051
变异系数		0.037		0.030		0.030

2. NPR735 钢筋预应力影响分析

参照 NPR735-4/5/6D18-O、HRB400-6D18-O 和 NPR735-2D18A/B-O 的尺寸和配筋信息，对 NPR735 钢筋施加 400MPa、300MPa、200MPa 及 100MPa 的预应力，对不同预应力下各梁的开裂荷载、抗弯承载力、抗弯刚度和挠度进行对比分析。

1）降温法施加预应力

首先对钢筋设定初始温度，再给予温度下降值，使钢筋单元产生收缩变形，该初始应变使钢筋产生预应力。根据《混凝土结构设计标准》(GB/T 50010—2010)[2]，预应力钢筋的张拉控制应力 σ_{con} 应小于等于预应力钢筋屈服强度标准值的 85%。NPR735 钢筋的 σ_{con} 应小于 595MPa，HRB400 钢筋的 σ_{con} 应小于 425MPa。对 NPR735 钢筋混凝土梁和 HRB400 钢筋混凝土梁的纵向钢筋分别施加 400MPa、300MPa、200MPa 和 100MPa 的预应力，预应力所对应的钢筋降温值通过有限元模型试算得到，如表 3-13 所示。

表 3-13　预应力对应的降温值

σ/MPa	400	300	200	100
ΔT/℃	117	84	63	37

2）抗弯承载力分析

不同预应力下各梁的弯矩-挠度曲线如图 3-31 所示，图中虚线代表预应力为 0 的钢筋混凝土梁的极限抗弯承载力，超过这条线表示预应力梁的极限抗弯承载力大于无预应力梁。从图中可以看出，施加预应力的 HRB400-6D18-O 的极限抗弯承载力几乎没有上升，NPR735-4D18-O 的极限抗弯承载力略微上升，而 NPR735-6D18-O 的极限抗弯承载力有较大提升。主要原因如下：普通钢筋达到屈服后，由于存在屈服平台，钢筋应力无法上升，应变迅速增大，受压区高度变小，梁受压区混凝土被压碎破坏，施加预应力后，普通钢筋混凝土梁的抗弯承载力仍然由钢筋的屈服点控制，因此施加预应力并不会对普通钢筋混凝土梁的抗弯承载力造成影响。而 NPR735 高强钢筋没有屈服平台，其屈服点是人为设定的，极限应力可达到 1000MPa 以上，施加预应力后的 NPR735 钢筋混凝土梁在受弯过程中达到的最大应变大于无预应力的 NPR735 钢筋混凝土梁，因此施加预应力能够提升 NPR735 钢筋混凝土梁的极限抗弯承载力。

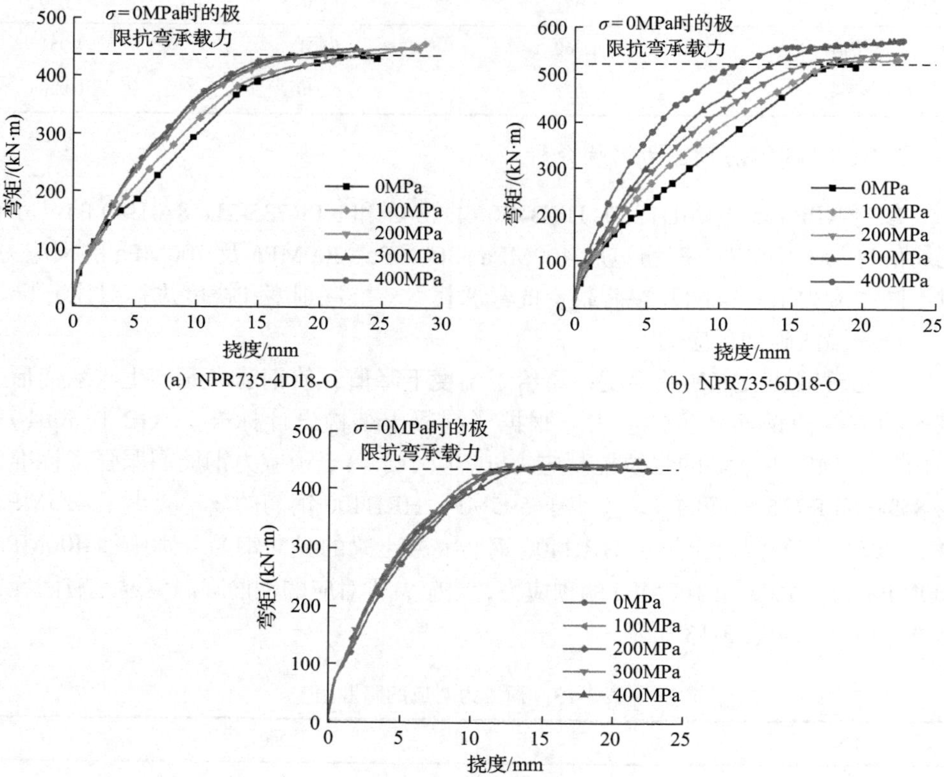

图 3-31　不同预应力下各梁的弯矩-挠度曲线

3）抗弯刚度及挠度分析

从图 3-31 可以发现，在不同预应力下，各梁的刚度表现出较明显的差异，即施加的预应力越大，梁的刚度越大且达到屈服和极限时的挠度值越小。因此，预应力能有效减小钢筋混凝土梁正常使用状态下的挠度值，进而减小正常使用状态下的裂缝宽度。

为了更明显地观察预应力对各梁抗弯刚度的影响，对比各梁在弯矩 200kN·m

时的挠度随预应力的变化，如图 3-32 所示。各梁在相同弯矩下，挠度值越小说明其刚度越大。在预应力为 0 时，NPR735-4D18-O 的刚度最小，NPR735-6D18-O 和 HRB400-6D18-O 的刚度基本相等；预应力增大，各梁的刚度也逐渐增大，从曲线的斜率看，NPR735-4D18-O 和 NPR735-6D18-O 的刚度随着预应力的变化幅度偏大，说明预应力对 NPR735-4D18-O 和 NPR735-6D18-O 的刚度影响更大。对比相同配筋面积的 NPR735-6D18-O 和 HRB400-6D18-O，预应力对 NPR735-6D18-O 的刚度提升更明显，在施加预应力后，NPR735-6D18-O 的刚度大于 HRB400-6D18-O。

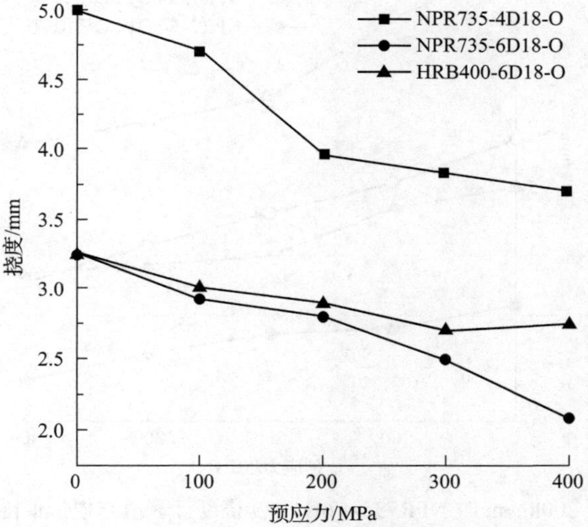

图 3-32　弯矩 200kN·m 时各试件挠度随预应力的变化

《混凝土结构设计标准》(GB/T 50010—2010)[2]中预应力钢筋混凝土矩形梁抗弯刚度的计算公式为

$$B_s = \frac{0.85E_c I_0}{\kappa_{cr} + (1-\kappa_{cr})\omega} \tag{3-32}$$

$$\kappa_{cr} = \frac{M_{cr}}{M_k} \tag{3-33}$$

$$\omega = \left(1.0 + \frac{0.21}{\alpha_E \rho}\right) - 0.7 \tag{3-34}$$

式中，E_c 为混凝土弹性模量；I_0 为换算截面惯性矩；κ_{cr} 为预应力混凝土受弯试件

正截面的开裂弯矩 M_{cr} 与弯矩 M_k 的比值，当 $\kappa_{cr}>1.0$ 时取 1.0；α_E 为钢筋弹性模量与混凝土弹性模量的比值，即 E_s/E_c；ρ 为纵向受拉钢筋配筋率，对于预应力混凝土受弯构件，取为 $(\alpha_1A_p+A_s)/(bh_0)$。

弯矩 200kN·m 时 NPR735-4/6D18-O 的挠度计算值和模拟值随预应力的变化如图 3-33 所示。各试件在相同预应力下的挠度计算值大于模拟值，说明规范给出的挠度计算公式适用于 NPR735 钢筋混凝土预应力梁，且具有一定的安全储备。

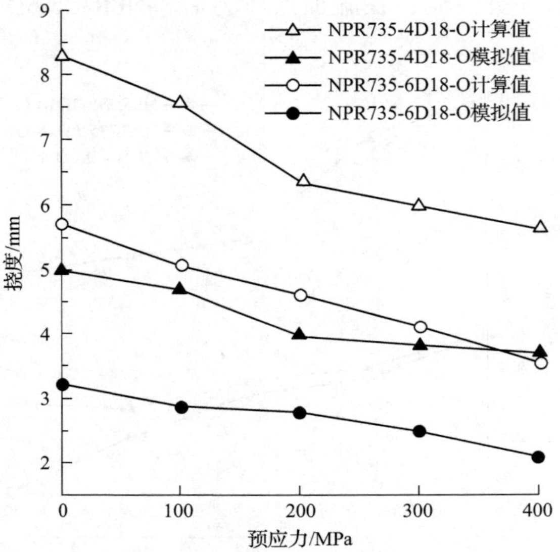

图 3-33　弯矩 200kN·m 时 NPR735-4/6D18-O 挠度计算值与模拟值随预应力的变化

NPR735-4/6D18-O 在 $0.7M_u$ 下挠度计算值随预应力的变化如图 3-34 所示。可以看出，在施加预应力前后，NPR735-4/6D18-O 的挠度计算值均小于 $l_0/200$(17.5mm)，随着预应力的增加，各梁在极限状态下的挠度值越来越小，当预应力达到 400MPa 时，挠度值均小于 $l_0/500$，达到吊车梁的挠度限值要求。

4）开裂弯矩分析

预应力钢筋混凝土梁的开裂弯矩由两部分组成：一部分是初始状态时梁体下边缘混凝土的预压应力所产生的抗裂弯矩，即消压弯矩 M_{xy}($M_{xy}=\sigma_{pc}W_0$)；另一部分是梁受拉区混凝土自身产生的抗裂弯矩 M_{cr}($M_{cr}=\gamma_m W_0 f_t$)。因此，预应力钢筋混凝土梁的开裂弯矩 $M_{cr,p}$ 按照下列公式计算：

$$M_{cr,p}=M_{xy}+M_{cr}=(\sigma_{pc}+\gamma_m f_t)W_0 \tag{3-35}$$

$$\sigma_{pc}=\frac{N_{p0}}{A_0}+\frac{N_{p0}e_{p0}}{I_0}y_0 \tag{3-36}$$

式中，$M_{cr,p}$ 为预应力钢筋混凝土梁正截面开裂弯矩，kN·m；γ_m 为混凝土试件的截面抵抗矩塑性影响系数基本值；W_0 为换算截面抗裂验算边缘的弹性抵抗矩；σ_{pc} 为预应力在抗裂验算边缘产生的混凝土预压应力，MPa；N_{p0} 为试件内部预应力钢筋和普通钢筋的合力；A_0 为换算截面面积；e_{p0} 为换算截面重心至试件内部预应力钢筋和普通钢筋合力点的距离；I_0 为换算截面惯性矩；y_0 为换算截面重心。

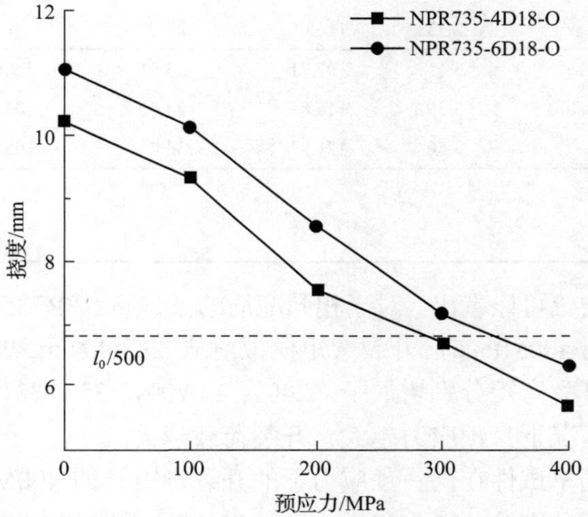

图 3-34　NPR735-4/6D18-O 在 $0.7M_u$ 下挠度计算值随预应力的变化

各试件的开裂弯矩计算值与模拟值对比如表 3-14 所示，$M_{cr,p-j}$ 表示按照上述公式得到的开裂弯矩计算值，$M_{cr,p-m}$ 表示开裂弯矩模拟值，即取梁模拟受弯过程中受拉区混凝土出现塑性损伤大于 0.8 时的最小弯矩值，$M_{cr,p-m}$ 增幅表示施加预应力对开裂弯矩的提升程度。从表中可以看出，开裂弯矩的模拟值均大于计算值，二者比值的平均值为 1.142，变异系数为 0.038，说明按照上述公式计算预应力 NPR735 钢筋混凝土梁的开裂弯矩较为准确，且误差在合理范围内。

表 3-14　开裂弯矩计算值与模拟值对比

试件编号	预应力/MPa	σ_{pc}/MPa	$M_{cr,p-m}$/（kN·m）	$M_{cr,p-m}$ 增幅/%	$M_{cr,p-j}$/（kN·m）	$M_{cr,p-m}/M_{cr,p-j}$
NPR735-4D18-O		0	80.06	—	72.44	1.105
NPR735-5D18-O	0	0	86.83	—	73.44	1.182
NPR735-6D18-O		0	90.52	—	74.43	1.216
NPR735-4D18-O		0.67	85.86	7.24	78.30	1.097
NPR735-5D18-O	100	0.79	93.81	8.04	80.45	1.166
NPR735-6D18-O		0.93	98.86	9.21	82.79	1.194

续表

试件编号	预应力/MPa	σ_{pc}/MPa	$M_{cr,p-m}$/(kN·m)	$M_{cr,p-m}$增幅/%	$M_{cr,p-j}$/(kN·m)	$M_{cr,p-m}/M_{cr,p-j}$
NPR735-4D18-O	200	1.26	91.03	13.70	83.47	1.091
NPR735-5D18-O		1.50	100.11	15.29	86.75	1.154
NPR735-6D18-O		1.70	105.78	16.86	89.71	1.179
NPR735-4D18-O	300	2.38	100.83	25.94	93.27	1.081
NPR735-5D18-O		2.51	109.06	25.60	95.70	1.140
NPR735-6D18-O		2.73	115.04	27.09	98.97	1.162
NPR735-4D18-O	400	3.11	107.21	33.91	99.65	1.076
NPR735-5D18-O		3.39	116.87	34.60	103.51	1.129
NPR735-6D18-O		3.50	121.97	34.74	105.90	1.152
平均值						1.142
变异系数						0.038

对比$M_{cr,p-m}$增幅可以看出，对于相同配筋的梁，如 NPR735- 4D18-O，预应力从 100MPa 增加到 400MPa 时，开裂弯矩模拟值从 85.86kN·m 增加到 107.21kN·m，每种预应力下的开裂弯矩分别增加了 7.24%、13.70%、25.94%和 33.91%，说明在其他条件相同的情况下，预应力越大，开裂荷载越大。

对比不同配筋率试件在同一预应力下的开裂弯矩，如 400MPa 预应力下各梁的开裂弯矩模拟值分别为 107.21kN·m、116.87kN·m 和 121.97kN·m，说明在其他条件相同的情况下，配筋率越高的梁的开裂荷载越大。

在施加预应力后，混凝土横截面产生负弯矩，负弯矩大小等于上述分析的消压弯矩 M_{xy}。为了防止 NPR735 钢筋混凝土梁在施加预应力后上部混凝土开裂，应保证预应力产生的负弯矩小于混凝土自身产生的开裂弯矩 M_{cr}，得到

$$\sigma_{pc} < \gamma_m f_t \tag{3-37}$$

C35 混凝土的轴心抗拉强度f_t为 2.3MPa，γ_m值取 1.55，因此σ_{pc}应小于 3.565MPa。表 3-14 中各梁施加 400MPa 及以下预应力均满足这一条件，上部混凝土均未开裂。

3.4 受损 NPR735 钢筋混凝土梁粘钢再利用研究

钢筋混凝土结构拆除后将产生大量固废，污染环境，浪费资源。目前国内外对混凝土固废的资源化利用主要为材料层面，即将混凝土破碎后作为新混凝土的粗骨料或细骨料进行再利用。NPR735 钢筋具有高强度的优点，其屈服强度为 735MPa，但极限强度达到 900MPa 以上且没有屈服平台，NPR735 钢筋混凝土适

筋梁和超筋梁破坏主要为受压区混凝土破坏，受拉区钢筋应力未充分发挥，还有较强的变形能力，因此破坏的 NPR735 钢筋混凝土梁存在构件层面固废利用的可能。通过对受损梁受压区粘贴钢板加固，对混凝土梁进行修复再利用。

对 NPR735-2D18A-O、NPR735-2D18B-O、NPR735-4D18-O、NPR735-5D18-O、NPR735-6D18-O 和 HRB400-6D18-O 进行粘钢修复，得到 6 根粘钢再利用梁 NPR735-2D18A-R、NPR735-2D18B-R、NPR735-4D18-R、NPR735-5D18-R、NPR735-6D18-R 和 HRB400-6D18-R。对粘钢再利用梁进行四点弯曲试验，并与原混凝土梁的承载能力、延性、刚度及应变等试验结果进行对比。

3.4.1　试验方案

1. 材性试验

粘钢加固前，采用砂浆对受损梁进行修复，等砂浆凝固后在上方粘贴钢板。按照《建筑砂浆基本性能试验方法标准》(JGJ/T 70—2009)[141]对砂浆进行抗压性能试验，留 3 组边长为 70.7mm 的立方体试块，按标准条件养护 28d，测其抗压强度值，得到砂浆 28d 平均抗压强度为 27.12MPa。钢板共有 10mm、12mm 和 18mm 三种厚度，按照《钢及钢产品 力学性能试验取样位置及试样制备》(GB/T 2975—2018)[142]取样进行拉伸试验，钢板的材性如表 3-15 所示。

表 3-15　钢板材性信息

材料	厚度/mm	f_y/MPa	$\varepsilon_y/10^{-2}$	f_u/MPa	$\varepsilon_u/10^{-2}$	E_s/GPa
钢板	10	241.6	0.175	250.2	11.36	210.22
	12	250.8	0.191	255.8	13.15	210.53
	18	243.5	0.188	249.4	11.87	210.35

2. 试件设计及制作

1) 试件信息

钢筋混凝土粘钢再利用梁详图如图 3-35 所示，详细信息如表 3-16 所示。

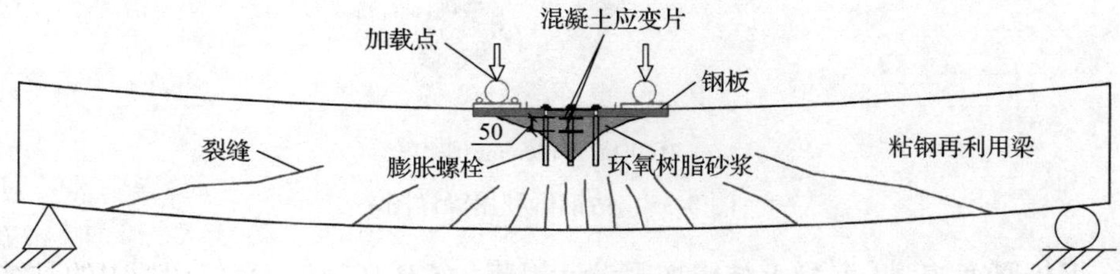

(a) 粘钢再利用梁立面图(单位：mm)

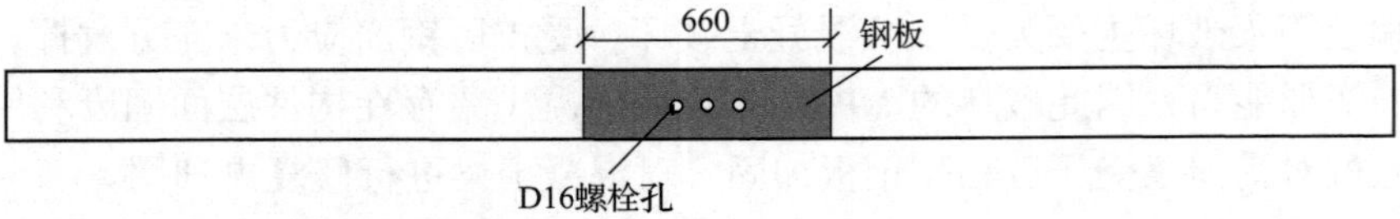

(b) 粘钢再利用梁顶钢板(单位：mm)

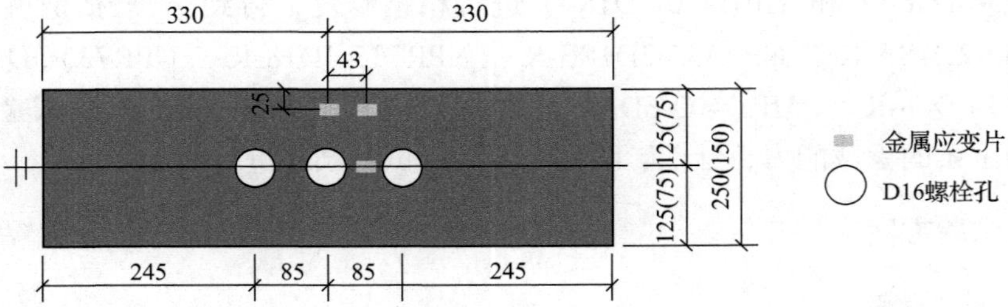

(c) 粘钢再利用梁所用钢板详图(单位：mm)

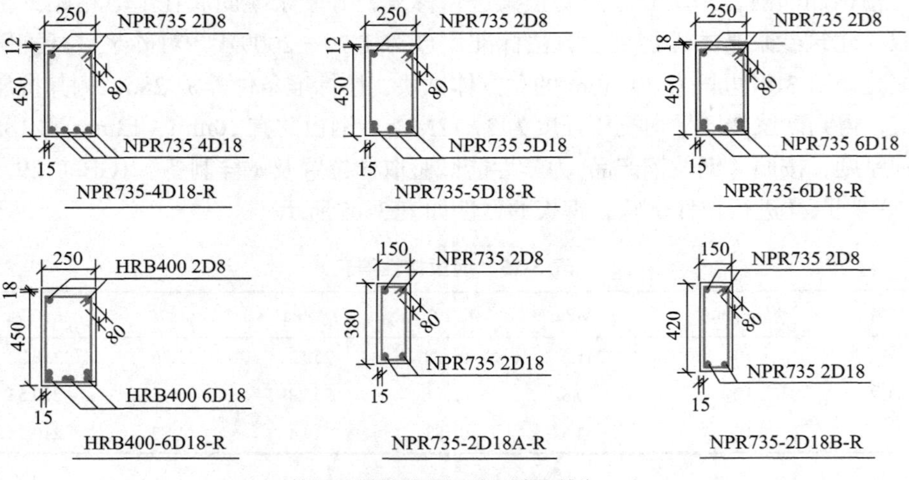

(d) 粘钢再利用梁加固区截面详图(单位：mm)

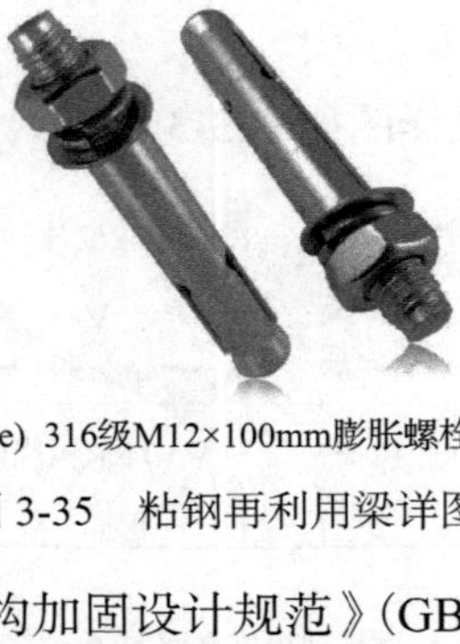

(e) 316级M12×100mm膨胀螺栓

图 3-35　粘钢再利用梁详图

钢板厚度按照《混凝土结构加固设计规范》(GB 50367—2013)[143]中的黏结钢板加固法进行计算。NPR735-4D18 和 HRB400-6D18 梁的加固钢板厚度为 12mm，

表 3-16　粘钢再利用梁信息表

试件编号	横截面尺寸/mm		配筋		钢板/mm	
	b	h	受拉区	受压区	t	l
NPR735-4D18-R	250	450	4D18	2D8	12	660
NPR735-5D18-R	250	450	5D18	2D8	12	660
NPR735-6D18-R	250	450	6D18	2D8	18	660
HRB400-6D18-R	250	450	6D18	2D8	18	660
NPR735-2D18A-R	150	380	2D18	2D8	10	660
NPR735-2D18B-R	150	420	2D18	2D8	10	660

注：b 为截面宽度，h 为截面高度，t 为钢板厚度，l 为钢板长度。

NPR735-5D18 和 NPR735-6D18 梁的加固钢板厚度为 18mm，NPR735-2D18A 和 NPR735-2D18B 梁的加固钢板厚度为 10mm。

2) 试件加工流程

受弯试验后，钢筋混凝土梁受压区混凝土破坏严重。先将破碎混凝土剔除，并用钢丝刷和铁砂纸将表面处理干净，再用环氧树脂砂浆找平，砂浆达到初凝后盖上保鲜膜进行养护，如图 3-36 所示。

(a) 受压区破碎的混凝土

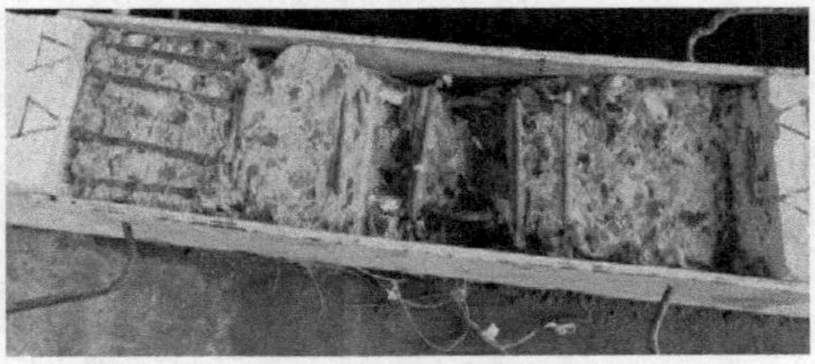

(b) 剔除干净并加模板

(c) 灌入砂浆

(d) 养护

(e) 留样

图 3-36　砂浆加固过程

砂浆达到终凝后，在纯弯段粘贴钢板，并用三个膨胀螺栓固定。钢板表面预留三个螺栓孔，内径为 16mm，并在梁纯弯段相应位置打三个相同直径的螺栓孔，后将混凝土螺栓孔里的粉末灰尘清理干净，将膨胀螺栓固定在梁上，螺栓孔与螺栓的预留空隙用植筋胶填充。

用钢丝刷和铁砂纸除去钢板表面的锈，并用丙酮除去钢板表面的油渍。在钢板粘贴面涂抹结构胶，首先用少量结构胶将接合面多刮几次，添加至所需厚度（1～3mm）后立即固定，并拧紧膨胀螺栓的螺母施加压力。试验开始前，在梁的一侧以及钢板上描绘网格，钢板的网格尺寸为 20mm×20mm，混凝土的网格尺寸为 50mm×50mm，如图 3-37 所示。

(a) 打入膨胀螺栓

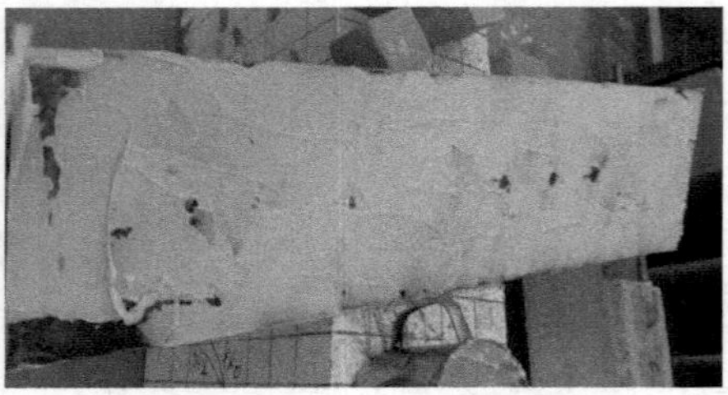

(b) 钢板与混凝土表面抹结构胶

(c) 加固完成

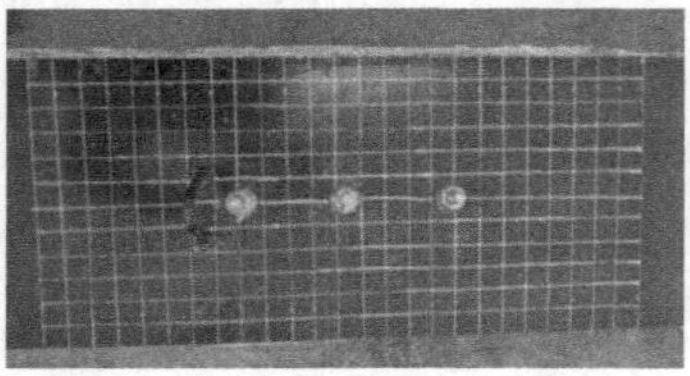

(d) 钢板网格

(e) 梁侧网格

图 3-37　粘钢修复过程

3. 加载方案

试验记录的数据包括荷载、裂缝、挠度、钢板应变和混凝土应变。距离梁顶

50mm 处，沿截面高度设置两个应变片用于测量砂浆应变；钢板应变片粘贴在钢板的顶部表面用于检测试验过程中钢板的应变。通过将砂浆应变与钢板应变进行对比，可用于分析钢板与混凝土黏结滑移和分离的特征点。钢筋的应变片因在初次加载中已经失效，无法进行二次检测。

粘钢再利用梁加载方案如下：

(1) 根据计算得到的最大承载力 P_u 分级加载，每级荷载为 $P_{cr}/10$。

(2) 达到峰值荷载后，位移会一直增加，每级加载的位移量为达到极限承载力位移的 1/10。

在加载或者持荷过程中出现以下几种现象，即表明粘钢再利用梁已达到承载力极限状态，即可停止加载：

(1) 钢板翘起。

(2) 挠度过大，跨中位置碰触到试验平台。

(3) 梁底部纵向受拉钢筋拉断。

3.4.2　试验现象

由于粘钢再利用梁底混凝土在首次试验中已经开裂且未进行修复，拉应力完全由受拉区纵筋承担；受压区用砂浆修复，并粘钢进行加固，压应力由钢板和砂浆承担。试验梁破坏图如图 3-38 所示。

1. NPR735-4/5/6D18-R 和 HRB400-6D18-R 的试验现象

这四根试件具有相同的截面面积，试验现象及规律基本相同，分为三个阶段：钢板与砂浆应变以相同速率增加阶段、砂浆应变增加钢板应变恒定阶段、砂浆受压破坏阶段。

加载初期，裂缝随着首次受弯试验产生的裂缝向上开展，没有新裂缝产生，钢板与砂浆粘贴紧密，砂浆应变与钢板应变基本相同。当施加在 NPR735-4D18-R 和 HRB400-6D18-R 上的弯矩达到 120kN·m 左右、施加在 NPR735-5D18-R 和 NPR735-6D18-R 上的弯矩达到 125kN·m 左右时，钢板与砂浆的应变开始出现差异，表明二者开始发生相对错动，它们之间的抗剪连接开始发生破坏。然后砂浆应变继续增大，钢板应变基本保持不变，随着弯矩的增加，钢板与砂浆在接触面的应变差距也越来越大。

当施加在 NPR735-4D18-R、NPR735-5D18-R 和 NPR735-6D18-R 上的弯矩分别达到 460kN·m、498kN·m 和 550kN·m 时，承载力开始基本不变，挠度继续增大，此时肉眼可以看到钢板与砂浆之间存在 1mm 左右的缝隙；而当施加在 HRB400-6D18-R 上的弯矩达到 375kN·m 时，挠度继续增大，承载力的增长速度放缓，与三根 NPR735

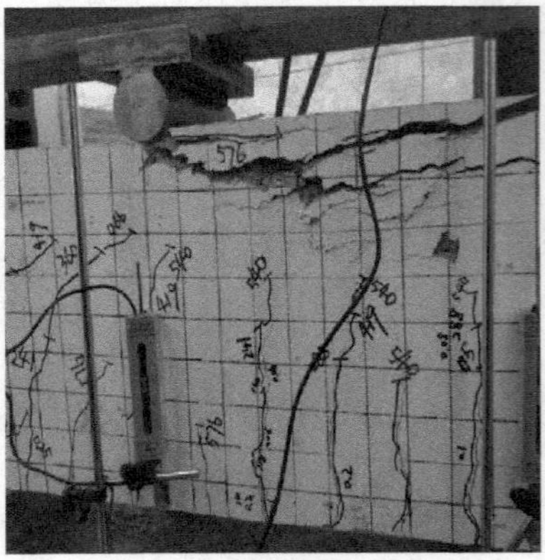

(a) NPR735-4D18-O破坏现象

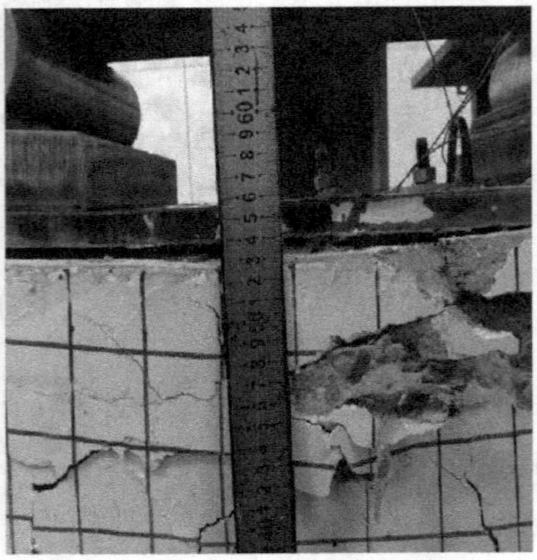

(b) NPR735-4D18-R破坏现象

(c) NPR735-5D18-O破坏现象

(d) NPR735-5D18-R破坏现象

(e) NPR735-6D18-O破坏现象

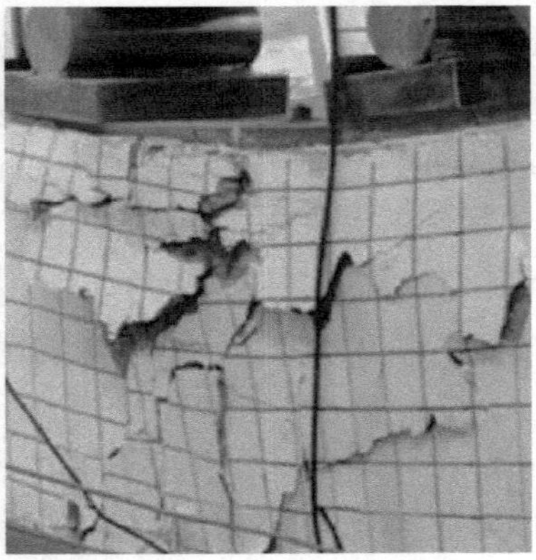

(f) NPR735-6D18-R破坏现象

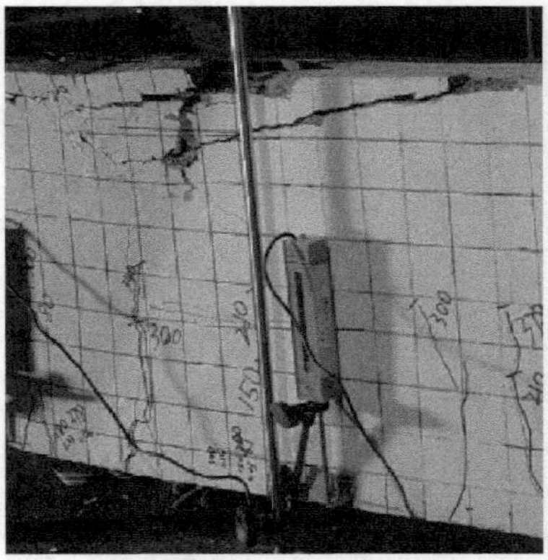
(g) HRB400-6D18-O破坏现象

(h) HRB400-6D18-R破坏现象

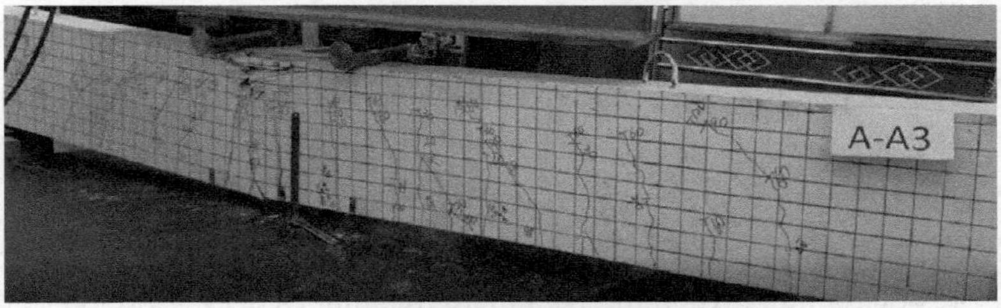

(i) 原钢筋混凝土梁加载变形图

(j) 粘钢再利用梁加载变形图

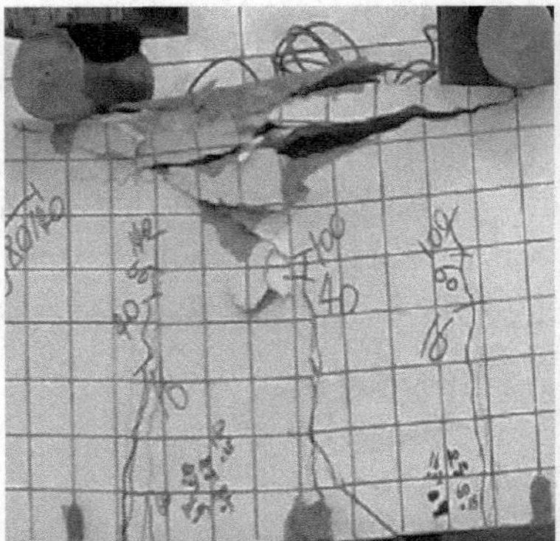
(k) NPR735-2D18A-O破坏现象

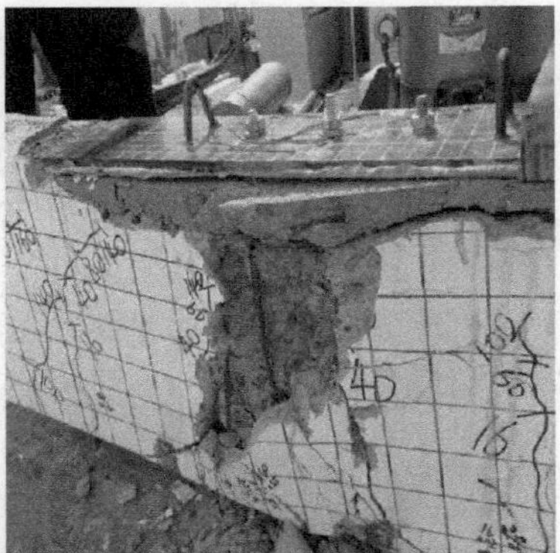
(l) NPR735-2D18A-R破坏现象

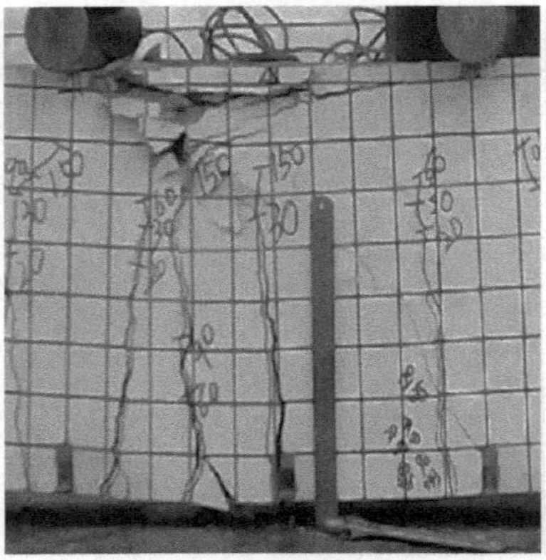

(m) NPR735-2D18B-O破坏现象

(n) NPR735-2D18B-R破坏现象

图 3-38　试验梁破坏图

粘钢再利用梁试验过程的不同之处在于 HRB400-6D18-R 的承载力依然继续增大，这是由于 HRB400-6D18-O 钢筋混凝土梁在首次受弯试验时 HRB400 钢筋已达到屈服并进入强化阶段，钢筋受拉硬化，强度提高。

当 NPR735-4D18-R、NPR735-5D18-R、NPR735-6D18-R 和 HRB400-6D18-R 的挠度分别达到 106mm、100mm、93mm 和 82.5mm 时，砂浆开始被压碎，挠度急剧增加，承载力开始下降，梁发生破坏。

2. NPR735-2D18A-R 和 NPR735-2D18B-R 的试验现象

NPR735-2D18A-R 和 NPR735-2D18B-R 的加载现象与上述四根梁不同，由于它们的承载力较小，砂浆与钢板一直粘贴紧密，它们之间的抗剪连接始终没有破坏，应变一直保持基本相同。其试验现象主要包括两个阶段：承载力上升阶段、承载力保持不变阶段。

加载开始时，NPR735 钢筋的拉应变导致挠度增加，梁的刚度逐渐下降。裂缝沿着首次加载产生的裂缝发展，没有新的裂缝产生。当弯矩分别达到 90kN·m 和 95kN·m 时，裂缝开始向上发展，承载力继续增大；当弯矩分别达到 115kN·m 和 127kN·m 时，挠度分别为 68mm 和 44mm，承载力开始基本保持不变，挠度继续增大；当挠度分别达到 76mm 和 81mm 时，砂浆开始被压碎，挠度开始急剧增大，承载力急速下降，试件发生破坏。

通过对比钢筋混凝土梁和粘钢再利用梁的挠度，可以明显地观察到经粘钢修复后，梁的极限挠度大大增加，延性得到了显著提高。

3.4.3　弯矩-挠度曲线分析

通过分析粘钢再利用梁的弯矩-挠度曲线，可以得到抗弯承载力、延性及刚度等信息，并通过弯矩-挠度曲线对比分析钢筋混凝土梁和粘钢再利用梁的抗弯性能差异。

1. 抗弯承载力分析

将粘钢再利用梁与钢筋混凝土梁的弯矩-挠度曲线进行对比，如图 3-39 所示。整体上看，经粘钢修复后延性都得到了较大的提升，承载力基本在钢筋混凝土梁的 90%以上。为了更直观地观察粘钢加固前后的承载力变化，将钢筋混凝土梁和粘钢再利用梁的屈服承载力和极限承载力进行对比，如表 3-17 所示，$M_{\text{y-O}}$ 和 $M_{\text{y-R}}$ 分别表示钢筋混凝土梁和粘钢再利用梁的屈服弯矩，$M_{\text{u-O}}$ 和 $M_{\text{u-R}}$ 分别表示钢筋混凝土梁和粘钢再利用梁的极限弯矩，具体分析如下。

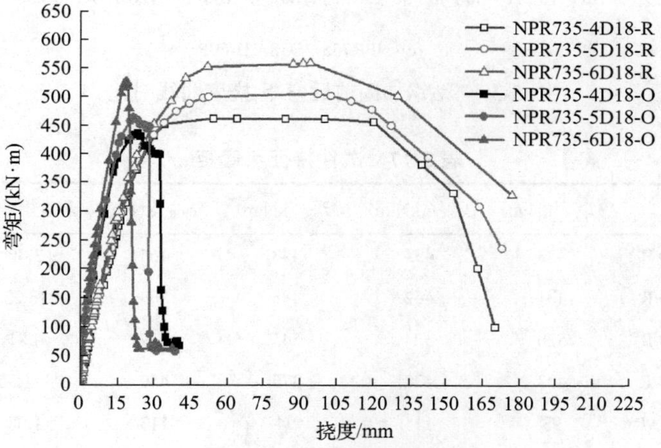

(a) NPR735-4/5/6D18-O/R

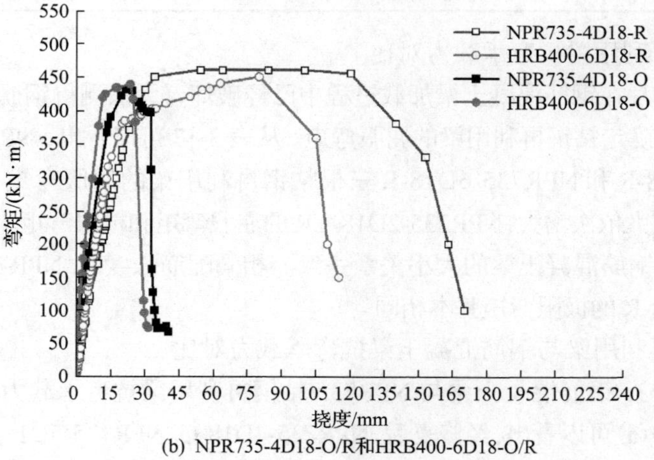

(b) NPR735-4D18-O/R和HRB400-6D18-O/R

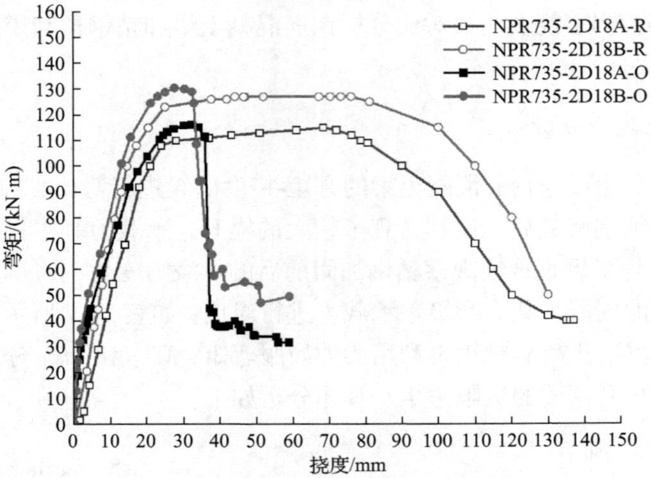

(c) NPR735-2D18A/B-O/R

图 3-39　粘钢加固前后弯矩-挠度曲线对比

表 3-17　试件特征点弯矩

试件编号	$M_{y\text{-}O}$/(kN·m)	$M_{u\text{-}O}$/(kN·m)	$M_{y\text{-}R}$/(kN·m)	$M_{u\text{-}R}$/(kN·m)	$M_{y\text{-}R}$增幅/%	$M_{u\text{-}R}$增幅/%
NPR735-4D18-O/R	433	434	448	465	3.46	7.14
NPR735-5D18-O/R	431	462	488	503	13.23	8.87
NPR735-6D18-O/R	520	524	545	557	4.81	6.30
HRB400-6D18-O/R	423	438	375	450	−11.35	2.74
NPR735-2D18A-O/R	93	115	94	113	1.08	−1.74
NPR735-2D18B-O/R	104	132	102	128	−1.92	−3.03

1）粘钢再利用梁抗弯承载力对比

钢筋应变片在钢筋混凝土梁加载过程中已经破坏，无法测得钢筋的应变，故通过几何图解法确定粘钢再利用梁的屈服弯矩。从表 3-17 可以看出，NPR735-4D18-R、NPR735-5D18-R 和 NPR735-6D18-R 三根粘钢再利用梁的屈服弯矩和极限弯矩随着配筋率的增大依次增大，NPR735-2D18A-R 的屈服弯矩和极限弯矩均小于 NPR735-2D18B-R，与钢筋混凝土梁的大小关系一致。相同配筋强度的 NPR735-4D18-R 和 HRB400-6D18-R 的极限弯矩基本相同。

2）粘钢再利用梁与钢筋混凝土梁抗弯承载力对比

（1）NPR735 钢筋混凝土梁与 NPR735 粘钢再利用梁抗弯承载力对比。

从图 3-39（a）可以看出，经修复后，NPR735-4D18-O、NPR735-5D18-O 和 NPR735-6D18-O 三根梁的抗弯刚度比钢筋混凝土梁要低，但屈服弯矩和极限弯矩有所上升。

此外，粘钢再利用梁的延性明显优于钢筋混凝土梁，具体指数在后面进行分析。

NPR735-2D18A-O/R 和 NPR735-2D18B-O/R 都是接近于少筋的适筋梁，受拉区均配置了两根直径为 18mm 的 NPR735 钢筋，NPR735-2D18A-O/R 的截面为 150mm×380mm，NPR735-2D18B-O/R 的截面为 150mm×420mm，因此二者的截面高度不同导致承载力有所不同。从图 3-39(c)可以看出，NPR735-2D18A-O 和 NPR735-2D18B-O 的屈服弯矩分别为 93kN·m 和 104kN·m，NPR735-2D18A-R 和 NPR735-2D18B-R 的屈服弯矩分别为 94kN·m 和 102kN·m，NPR735-2D18A-O 和 NPR735-2D18B-O 的极限弯矩分别为 115kN·m 和 132kN·m，NPR735-2D18A-R 和 NPR735-2D18B-R 的极限弯矩分别为 113kN·m 和 128kN·m。因此，对于配筋率较低的适筋梁，粘钢修复后的极限承载力将低于原来的钢筋混凝土梁。

(2)与 HRB400 钢筋混凝土梁和 HRB400 粘钢再利用梁抗弯承载力对比。

NPR735-4D18-R 和 HRB400-6D18-R 的抗弯刚度均低于钢筋混凝土梁，但屈服弯矩和极限弯矩略有提高，延性得到了较大提高。从图 3-39(b)可以看出，NPR735-4D18-O 和 HRB400-6D18-O 的极限弯矩分别为 434kN·m 和 438kN·m，NPR735-4D18-R 和 HRB400-6D18-R 的极限弯矩分别增加到 465kN·m 和 450kN·m，同样粘钢再利用梁的延性大大提高。

3)粘钢再利用梁抗弯承载力理论计算

根据《混凝土结构加固设计规范》(GB 50367—2013)[143]，如图 3-40 所示，得到粘钢再利用梁的抗弯承载力计算公式：

$$M_{\mathrm{u,R}} = \alpha_1 f_{\mathrm{c0}} bx\left(h - \frac{x}{2}\right) + f'_{\mathrm{sp}} A'_{\mathrm{sp}} h - f_{\mathrm{y0}} A_{\mathrm{s0}}(h - h_0) \tag{3-38}$$

$$\alpha_1 f_{\mathrm{c0}} bx = f_{\mathrm{y0}} A_{\mathrm{s0}} - f'_{\mathrm{sp}} A'_{\mathrm{sp}} \tag{3-39}$$

式中，$M_{\mathrm{u,R}}$ 为正截面抗弯承载力；x 为混凝土受压区高度；b、h 为矩形截面宽度和高度；f'_{sp} 为受压钢板的压应力，当黏结层抗剪承载力超过钢板抗压承载力时取钢板屈服应力，当黏结层抗剪承载力小于钢板抗压承载力时取黏结层抗剪承载力和螺栓提供的抗剪承载力之和除以受压钢板截面面积；A'_{sp} 为受压钢板截面面积；A_{s0} 为原试件受拉钢筋截面面积；h_0 为试件加固前的截面有效高度。

经过计算，得到各个粘钢再利用梁的抗弯承载力计算值，并与试验值进行对比，如表 3-18 所示。可以看出，NPR735 钢筋混凝土梁的抗弯承载力试验值大于等于计算值，因此 NPR735 粘钢再利用梁的抗弯承载力可用《混凝土结构加固设计规范》公式计算。对于超筋梁，粘钢后抗弯承载力有所提升，这是因为 NPR735

钢筋的高强度和高延伸率得到发挥，使得结构安全性有所保证。

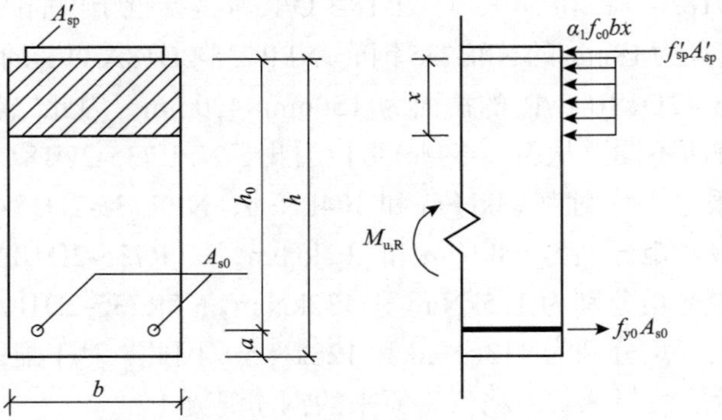

图 3-40　粘钢再利用梁计算简图

表 3-18　粘钢再利用梁抗弯承载力计算值与试验值

试件编号	试验值/(kN·m)	计算值/(kN·m)
NPR735-4D18-R	465	285
NPR735-5D18-R	503	353
NPR735-6D18-R	557	424
NPR735-2D18A-R	113	125
NPR735-2D18B-R	128	135

2. 延性分析

钢筋混凝土梁的屈服挠度 $\omega_{y\text{-}O}$ 等于受拉区钢筋屈服时的挠度，粘钢再利用梁的屈服挠度 $\omega_{y\text{-}R}$ 由弯矩-挠度曲线经几何作图法得出，各梁的极限挠度($\omega_{u\text{-}O}$ 或 $\omega_{u\text{-}R}$)为梁的极限弯矩对应的挠度，将钢筋混凝土梁和粘钢再利用梁特征点挠度值进行对比，如表 3-19 所示。

表 3-19　特征点挠度值对比

试件编号	$\omega_{y\text{-}O}$/mm	$\omega_{u\text{-}O}$/mm	$\omega_{u\text{-}O}/\omega_{y\text{-}O}$	$\omega_{y\text{-}R}$/mm	$\omega_{u\text{-}R}$/mm	$\omega_{u\text{-}R}/\omega_{y\text{-}R}$	l/200/mm
NPR735-4D18-O/R	23.5	23.5	1.00	30.8	106.0	3.44	17.5
NPR735-5D18-O/R	16.3	22.0	1.35	45.2	100.0	2.21	17.5
NPR735-6D18-O/R	17.3	19.0	1.10	50.3	93.0	1.85	17.5
HRB400-6D18-O/R	13.0	23.1	1.78	27.5	82.5	3.00	17.5
NPR735-2D18A-O/R	16.2	32.5	2.01	29.0	69.0	2.38	17.5
NPR735-2D18B-O/R	13.1	29.4	2.24	25.0	75.0	3.00	17.5

将极限荷载作用下的挠度与屈服挠度的比值($\omega_{u\text{-}R}/\omega_{y\text{-}R}$)定义为延性指数。从表 3-19 可以得到，钢筋混凝土梁的延性指数在 1.00～2.24，粘钢再利用梁的延性指数在 1.85～3.44，NPR735 粘钢再利用梁的延性高于钢筋混凝土梁，说明此粘钢再利用方法可以更好地发挥 NPR735 钢筋的高延伸率，使粘钢再利用梁能在较大变形下不破坏，提高结构的安全性，是一种安全的修复再利用方法。

从表 3-19 可以看出，除 NPR735-4D18-O/R 外，钢筋混凝土梁在屈服荷载下的挠度符合《混凝土结构设计标准》要求，小于跨度的 1/200，即增加配筋面积可有效减小混凝土梁挠度；而粘钢再利用梁在屈服荷载下的挠度大于跨度的 1/200，这意味着粘钢再利用梁在屈服时的挠度大于正常使用条件下的极限挠度，因此这种修复方式只能满足在紧急情况下(如灾害袭击地区、紧急救援中)快速修复结构，而长期使用在一般建筑物中是不满足变形要求的。要想满足使用荷载时的挠度要求，应修复受拉区的残余变形并对裂缝进行修复，以此来提高修复后钢筋混凝土梁的抗弯刚度。

3. 刚度分析

抗弯刚度取弯矩-挠度曲线在弹塑性阶段的斜率平均值，如表 3-20 所示，E_O 为钢筋混凝土梁的抗弯刚度，E_R 为粘钢再利用梁的抗弯刚度。

表 3-20　试件抗弯刚度

试件编号	E_O/(10^3kN·m/mm)	E_R/(10^3kN·m/mm)	E_R/E_O
NPR735-4D18-O/R	22.15	18.09	0.82
NPR735-5D18-O/R	23.47	19.30	0.82
NPR735-6D18-O/R	30.04	21.66	0.72
HRB400-6D18-O/R	29.89	20.79	0.70
NPR735-2D18A-O/R	5.11	4.69	0.92
NPR735-2D18B-O/R	6.92	5.75	0.83

NPR735-4D18-O/R、NPR735-5D18-O/R、NPR735-6D18-O/R 三组梁随着配筋率的增大，抗弯刚度依次增大。NPR735-6D18-O 与 HRB400-6D18-O 配筋面积相同，抗弯刚度也基本相同。通过比较钢筋混凝土梁与粘钢再利用梁的抗弯刚度，经粘钢修复后钢筋混凝土梁的抗弯刚度有所降低，这可能是由于加固时梁裂缝没有修复。

3.4.4　应变分析

为了检测试验过程中钢板与砂浆接触面的应变变化情况，观察钢板与砂浆之间抗剪连接的变化过程，在钢板上部和砂浆侧面粘贴应变片并结合受力过程得到钢板与砂浆接触部位的应变-弯矩曲线，如图 3-41 所示。

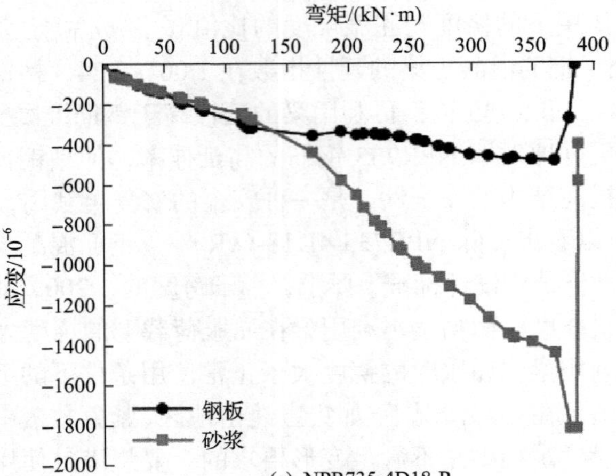

(a) NPR735-4D18-R

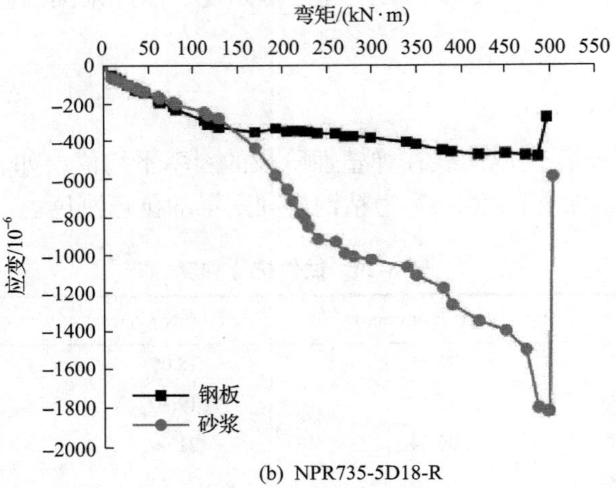

(b) NPR735-5D18-R

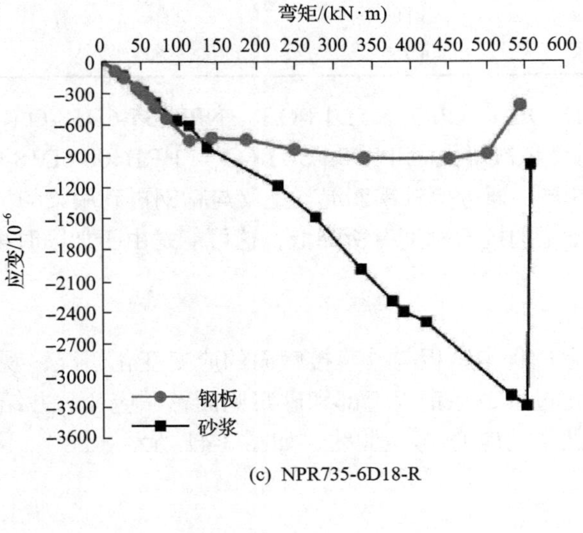

(c) NPR735-6D18-R

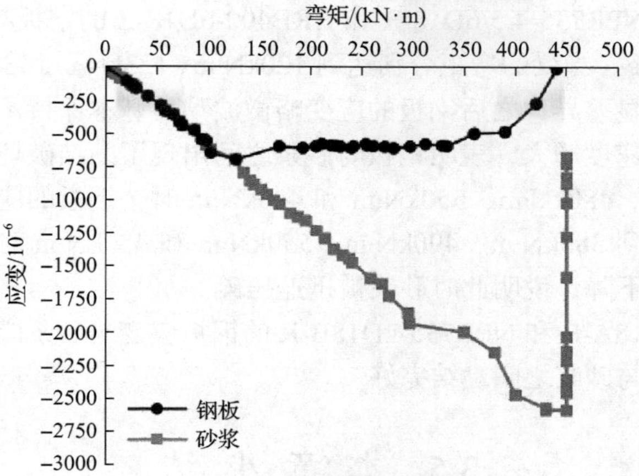

(d) HRB400-6D18-R

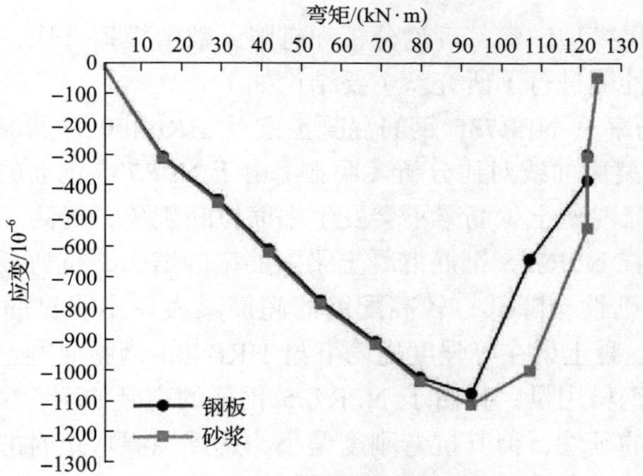

(e) NPR735-2D18A-R

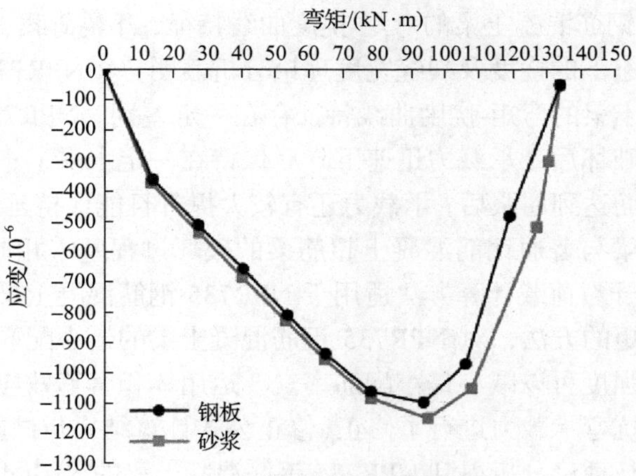

(f) NPR735-2D18B-R

图 3-41　钢板与砂浆接触处的应变-弯矩曲线

加载初期，NPR735-4/5/6D18-R 和 HRB400-6D18-R 的钢板与砂浆黏结牢固，应变发展规律一致。当梁的弯矩分别达到 120kN·m、123kN·m、138kN·m、128kN·m 时，曲线出现明显差异，之后钢板的应变略微波动后基本保持不变，砂浆的应变则继续以更快的速度增大，表明钢板与砂浆之间出现了黏结破坏。当梁的弯矩分别达到 370kN·m、480kN·m、550kN·m 和 440kN·m 时，钢板的应变达到峰值。当梁的弯矩分别达到 380kN·m、490kN·m、550kN·m 和 450kN·m 时，砂浆应变达到峰值并开始迅速下降，说明此时砂浆被迅速压碎。

NPR735-2D18A-R 和 NPR735-2D18B-R 的钢板应变与砂浆应变发展规律基本一致，表明钢板与砂浆之间黏结完好。

3.5 本章小结

本章采用足尺模型试验、理论分析和有限元数值模拟方法，对 NPR735 钢筋混凝土梁的抗弯性能进行了研究。主要结论如下。

(1) 不同配筋率下 NPR735 钢筋混凝土梁及 HRB400 钢筋混凝土梁的试验现象、应变及弯矩-挠度曲线对比分析表明：①由于 NPR735 钢筋的高强度及高延伸率，NPR735 钢筋混凝土少筋梁不会发生钢筋拉断现象，提高了钢筋混凝土结构的安全性；②随着 NPR735 钢筋混凝土梁配筋率的增大，抗弯承载力提高，抗弯刚度会增大，但延性会降低，较高配筋的超筋梁表现出明显的脆性破坏特征；③NPR735 钢筋混凝土梁在等强度配筋下与 HRB400 钢筋混凝土梁的屈服弯矩基本相等，可降低钢材用量，且由于 NPR735 钢筋的高延伸率，NPR735 钢筋混凝土梁表现出更好的延性，但其抗弯刚度偏小，达到屈服弯矩时的挠度和裂缝宽度偏大。

(2) NPR735 钢筋混凝土梁的弯矩-挠度曲线特征、开裂荷载、正截面抗弯承载力、正常使用状态下的挠度及裂缝宽度理论分析表明：①NPR735 钢筋混凝土梁与普通钢筋混凝土梁的弯矩-挠度曲线特征存在一定差别。NPR735 钢筋混凝土少筋梁在发生脆性破坏后，承载力迅速下降后保持在一定水平上；NPR735 钢筋混凝土适筋梁在钢筋达到屈服后，承载力还有较大提升且能保持延性破坏；NPR735 钢筋混凝土超筋梁与普通钢筋混凝土超筋梁的破坏过程基本相同，都表现出明显的脆性。②现有开裂荷载计算方法适用于 NPR735 钢筋混凝土梁。通过截面开裂弯矩等于极限弯矩的方法，对 NPR735 钢筋混凝土梁的最小配筋率进行理论分析并得出提高钢筋强度可以减小最小配筋率。③运用体积套箍效应系数对 NPR735 钢筋混凝土梁的抗弯承载力进行了修正，修正公式计算结果与试验结果吻合良好。对受压区高度进行理论分析得到 NPR735 钢筋混凝土梁的界限配筋率为 $0.048f_c\%$。结合 NPR735 钢筋混凝土梁的最小配筋率要求，得到 NPR735 钢筋混凝土梁的配筋率范围为 max(0.06f_t%, 0.2%)<ρ<0.048f_c%。④NPR735 钢筋混凝土受弯梁在正常使用状态下的挠度可按照现行规范计算。计算得到 NPR735 钢筋混凝土梁在极限状态下的挠度值满足屋盖、楼盖及楼梯试件的挠度限值(l_0/200)，但高于吊车梁的挠度限值(l_0/500)。⑤NPR735 钢筋混凝土梁在正常使用状态 0.5M_u 下的最大裂缝宽度实测值可满足一类环境裂缝宽度限值要求，但在正常使用极限状态下不满足这一条件。

(3)通过有限元参数分析，得到了混凝土强度及预应力对 NPR735 钢筋混凝土梁抗弯性能的影响规律：①提高混凝土强度能够提高钢筋混凝土梁的抗弯承载力，且配筋率越高，提高混凝土强度对其极限承载力的提升幅度越大，能够更好地发挥 NPR735 钢筋的高强性能；②预应力可提高 NPR735 钢筋混凝土梁的开裂弯矩；③为防止预应力过大导致 NPR735 钢筋混凝土梁上部混凝土开裂，应保证预应力在抗裂验算边缘产生的混凝土预压应力 σ_{pc} 小于素混凝土梁开裂时的名义弯曲抗拉强度 $\gamma_m f_t$；④预应力有利于 NPR735 钢筋发挥其高强度，提高 NPR735 钢筋混凝土梁的承载力，也可提高 NPR735 钢筋混凝土梁的抗弯刚度，减小钢筋混凝土梁正常使用状态下的挠度值，在 400MPa 预应力下各试件的挠度计算值和模拟值均小于 l_0/500，达到了吊车梁的挠度限值要求。

(4)对 NPR735 钢筋混凝土破坏梁的受压区进行粘钢修复，对粘钢再利用梁进行抗弯性能研究，并将钢筋混凝土梁和粘钢再利用梁的试验现象、抗弯承载力、刚度、延性及应变进行对比分析，可知：①对于承载力较高的梁，受压区压应力超过钢板与砂浆之间的抗剪连接，其试验过程分为三个阶段，即钢板与砂浆应变以相同速率增加阶段、砂浆应变增加而钢板应变恒定阶段和砂浆受压破坏阶段。对于承载力较低的梁，试验全过程钢板与砂浆粘贴紧密，其试验过程分为两个阶段：承载力上升阶段和承载力保持不变阶段。②经粘钢修复的再利用梁的极限抗弯承载力能达到原钢筋混凝土梁的 90%以上，NPR735 钢筋混凝土粘钢梁的抗弯承载力可按照《混凝土结构加固设计规范》进行计算。③钢筋混凝土梁的延性指数在 1.00～2.24，NPR735 钢筋混凝土梁经粘钢修复后，得到的粘钢再利用梁的延性指数在 1.85～3.44，因此粘钢再利用梁在延性方面表现出较好的优势，能很好地发挥 NPR735 钢筋的高延伸率优势，使粘钢再利用梁在较大变形下不破坏。④粘钢再利用梁在正常使用阶段的挠度值大于规范规定的挠度限值，抗弯刚度比钢筋混凝土梁有所下降，因此这种修复再利用方式可用于快速修复结构进行抢险救援的情况。要想提高粘钢再利用梁的抗弯刚度、减小在正常使用阶段的挠度，让粘钢再利用梁能作为永久试件使用，应同时修复受拉区裂缝，使梁的受拉区刚度有所恢复。

第 4 章　NPR735 钢筋混凝土柱受力性能

4.1　偏心受压性能试验

4.1.1　试验方案

1. 试件设计及制作

共设计 6 个偏心受压柱试件，其中 4 个 NPR735 钢筋混凝土柱，2 个普通钢筋混凝土柱。试件均为矩形截面，宽 300mm，高 400mm，柱高 1.8m，混凝土保护层厚度取 25mm，混凝土强度等级为 C35。为实现偏心加载，在试件两端设计了牛腿，并在牛腿部分配置加密箍筋，加密箍筋间距为 50mm；轴力作用位置设置预埋钢板，以防止端部发生局压破坏。试件设计参数如表 4-1 所示，试件尺寸及配筋图如图 4-1 所示。NPR735 钢筋、HRB400 钢筋以及 C35 混凝土与混凝土梁试验试件为同一批次。

NPR735 钢筋混凝柱试件的制作过程为：先加工钢筋笼，并在柱中部位置钢筋表面粘贴应变片；随后将钢筋笼放入模板中固定，浇筑混凝土，自然养护。试验试件混凝土强度等级为 C35。试件脱模后，为准确描绘加载过程中试件裂缝和破坏的具体位置，在混凝土表面刷白并画上 50mm×50mm 的方格进行定位，如图 4-2 所示。

2. 试验装置及加载方案

1)试验装置

试验在 1000t 反力架上进行。柱上下两端均安装铰支座，加载点到试件形心

表 4-1　偏心受压柱试件设计参数

试件编号	偏心距/mm	纵筋			箍筋	
		类别	直径/mm	配筋率/%	类别	直径/mm
B-Z1	100	NPR735	12D18	1.27	NPR735	D8@100
B-Z2	200	NPR735	12D18	1.27	NPR735	D8@100
B-Z3	300	NPR735	12D18	1.27	NPR735	D8@100
B-Z4	400	NPR735	12D18	1.27	NPR735	D8@100
B-Z5	100	HRB400	12D18	1.27	HRB400	D8@100
B-Z6	400	HRB400	12D18	1.27	HRB400	D8@100

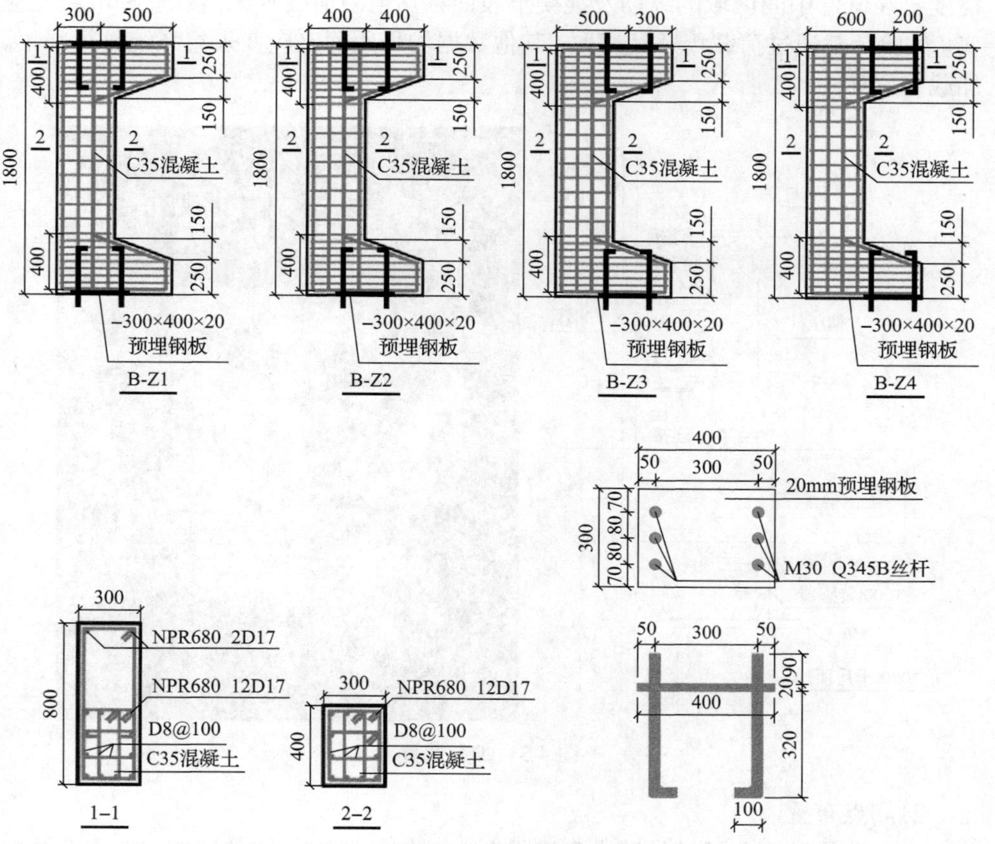

图 4-1　偏心受压柱尺寸及配筋图(单位：mm)

图 4-2　试验试件加工制作图

的距离为加载的偏心距。柱受拉侧对称布置 5 个拉线式位移计，测量试件的侧向挠度，在试件中间区域的纵筋及混凝土表面粘贴电阻应变片测量纵筋和混凝土应变。试验荷载通过荷载传感器读取，其他数据均采用静态应变采集系统进行采集。加载装置如图 4-3 所示。

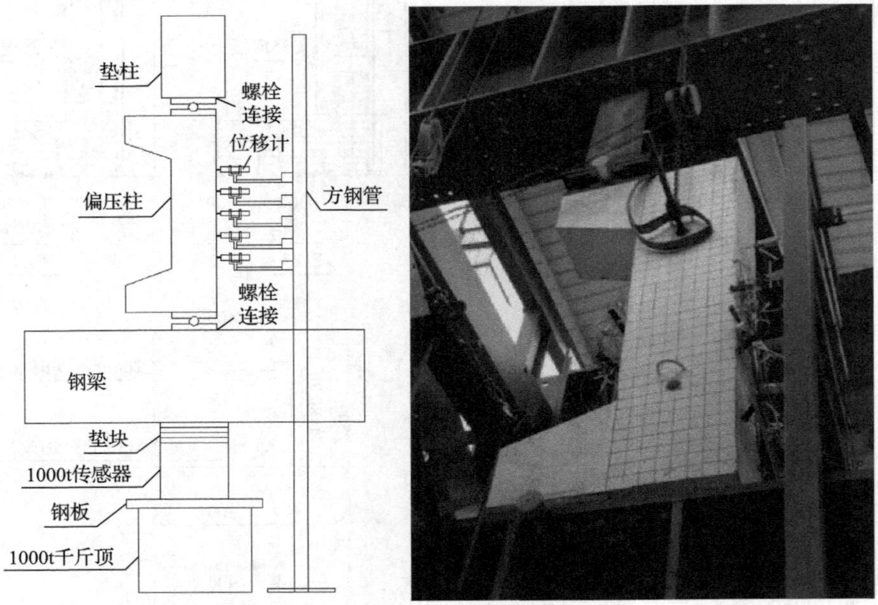

图 4-3　加载装置

2）测点布置

试验测量数据包括试件跨中和四等分点处侧向挠度，试件钢筋笼跨中及各向上下偏移 200mm、400mm 处钢筋应变，试件受压侧、受拉侧以及侧面混凝土应变，应变测点布置如图 4-4 和图 4-5 所示。试验过程中及时拍照记录试件的破坏过程和破坏形态，并做好时间备注、裂缝标记、过程说明等。

3）加载方案

试件采用单调静力加载，采用先力控制后位移控制的加载制度。正式加载前，先预加载至承载力估计值的 20%，使试件进入正常工作状态，并观察数据是否合理，检查应变片及仪器设备有无问题，及时校正试件和仪器仪表使其对中后卸载。正式加载时先用力控制加载，初始加载值为计算荷载的 10%，当加载值达到计算荷载的 60%后，以计算荷载的 5%对试件进行分级加载。保持每级荷载持荷 10min，确保在当前荷载下试件变形稳定后，再继续施加下一级荷载。当加载值达到计算荷载的 90%后，加载方式采取等位移连续加载，加载速率为 1mm/min。当试件荷载下降到峰值荷载的 70%时，认为试件发生破坏，停止加载。

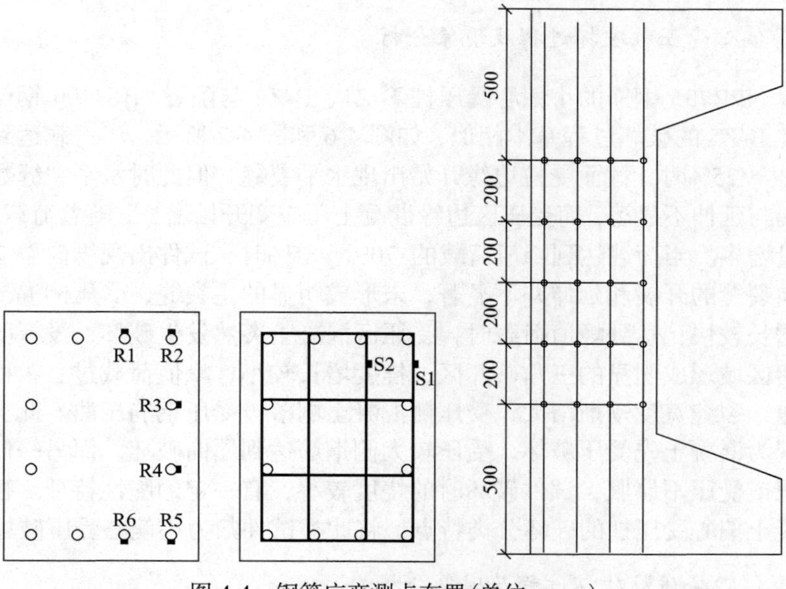

图 4-4　钢筋应变测点布置(单位：mm)

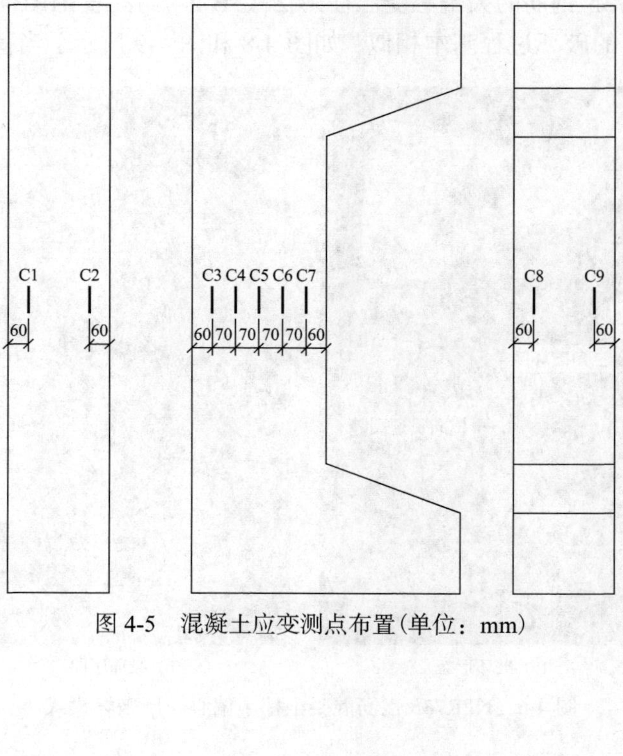

图 4-5　混凝土应变测点布置(单位：mm)

4.1.2　偏心受压柱破坏过程及现象分析

1. 小偏心受压柱破坏过程及现象分析

配置 NPR735 钢筋的小偏心受压柱 B-Z1、B-Z2 与配置 HRB400 钢筋的小偏心受压柱 B-Z5 的破坏过程基本相似，如图 4-6 和图 4-7 所示。当荷载达到峰值荷载的 15%～25%时，截面受拉边缘开始出现水平裂缝，但此时水平裂缝数量少，裂缝开展与延伸不显著，而受压区边缘混凝土压应变开始增长；随着荷载的增加，裂缝数量增多。当荷载达到峰值荷载的 70%～85%时，试件出现纵向裂缝，而受拉侧横向裂缝的开展和延伸并不显著，未形成明显的主裂缝，受压侧混凝土边缘压应变增长较快；达到峰值荷载时，受压区混凝土突然发生破坏，没有明显的预兆，压溃区域形成明显的三角破坏区，挠度增长较小；峰值荷载过后，横向裂缝发展迅速，裂缝宽度逐渐增大，受压侧混凝土剥落，受压钢筋压曲。此类试件破坏时表现为混凝土先受压破坏，受压较大侧钢筋达到屈曲破坏，而另一侧钢筋受拉不屈服或受压不屈服，试件破坏时的挠度较小，有一定的脆性特征。根据普通钢筋混凝土偏心受压柱的破坏分类特点，将此类试件归为小偏心受压破坏。

2. 大偏心受压柱破坏过程及现象分析

配置 NPR735 钢筋的大偏心受压柱 B-Z3、B-Z4 与配置 HRB400 钢筋的大偏心受压柱 B-Z6 的破坏过程基本相似，如图 4-8 和图 4-9 所示。当荷载达到峰值荷

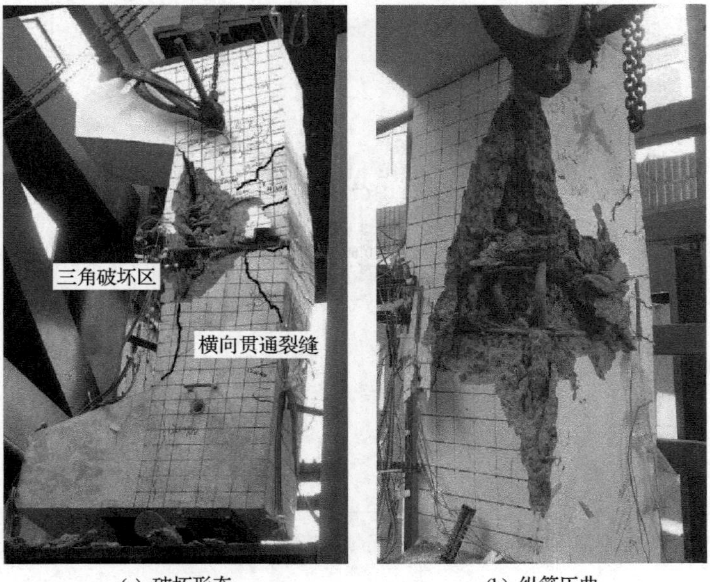

(a) 破坏形态　　　　　　(b) 纵筋压曲

图 4-6　NPR735 钢筋混凝土柱小偏心受压破坏模式

(a) 破坏形态　　(b) 纵筋压曲

图 4-7　HRB400 钢筋混凝土柱小偏心受压破坏模式

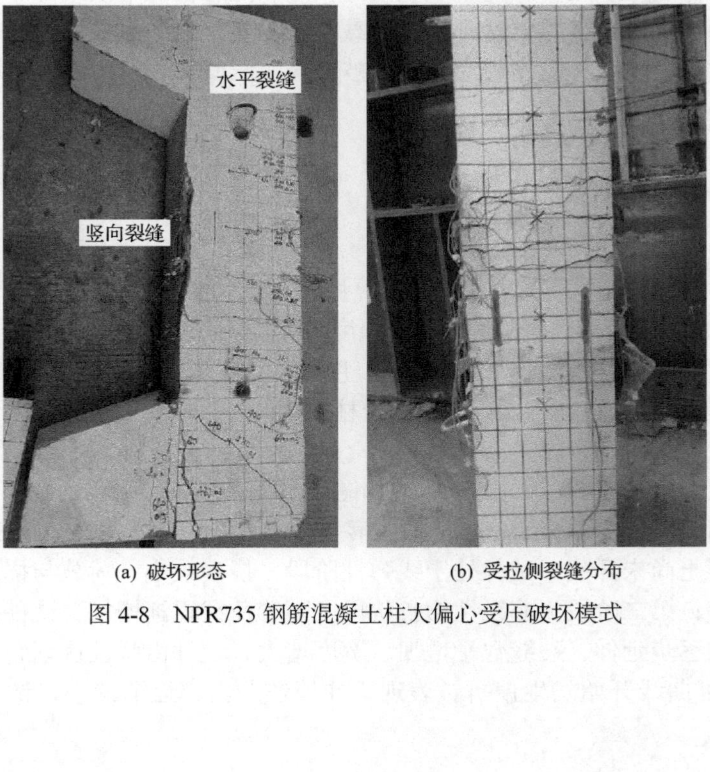

(a) 破坏形态　　(b) 受拉侧裂缝分布

图 4-8　NPR735 钢筋混凝土柱大偏心受压破坏模式

图 4-9　HRB400 钢筋混凝土柱大偏心受压破坏模式

载的 25%时，柱中部受拉侧有肉眼可见的裂缝出现。随着荷载的增加，裂缝不断开展，且数量不断增多。当荷载达到峰值荷载的 80%左右时，试件出现纵向裂缝。受拉侧水平裂缝继续延伸，跨中裂缝接近贯通。随着荷载继续增加，裂缝向两侧延伸，侧面有斜裂缝产生。达到破坏荷载时，受拉钢筋达到屈服，横向裂缝宽度增加，试件挠度增大，受压边缘混凝土被压碎，压溃段较长，试件破坏。

4.1.3　偏心受压柱试验结果分析

1. 荷载-挠度关系

1) 侧向挠度曲线

沿偏心受压柱全长布置五个位移计，图 4-10 为加载过程中不同荷载作用下的侧向挠度曲线，横坐标代表试件中截面挠度，纵坐标代表挠度测点位置。由图可知，偏心受压柱挠度曲线基本呈对称分布，挠度最大值出现在跨中部位。偏心受压时，NPR735 钢筋混凝土柱与普通钢筋混凝土柱的侧向挠度曲线变化规律一致。

2) 荷载-侧向挠度曲线

钢筋混凝土柱荷载-侧向挠度曲线如图 4-11 和图 4-12 所示。由图可知，荷载-侧向挠度曲线大致可以分为三个阶段：第一阶段为线性增长阶段，此时荷载较小，受拉区混凝土尚未开裂，试件处于线弹性阶段，挠度较小，荷载与挠度变化大致呈线性相关；第二阶段为非线性增长阶段，随着荷载逐渐增加，试件受拉侧出现水平裂缝并逐步延伸，裂缝数量增加、宽度增大，试件由弹性逐渐转为塑性，荷载-侧向挠度曲线开始发生偏折，表现为非线性，斜率逐渐减小，试件的刚度逐

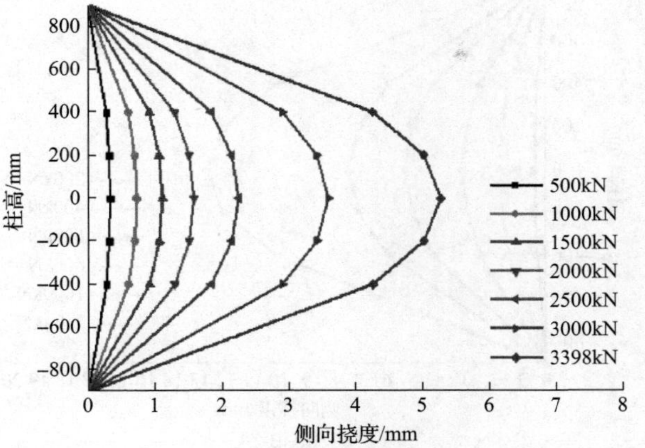

(a) B-Z1

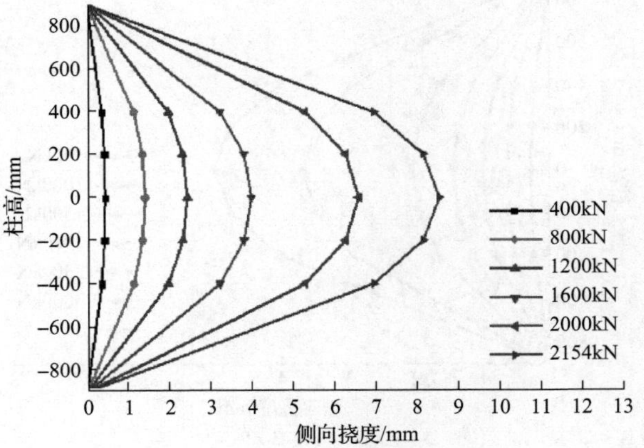

(b) B-Z2

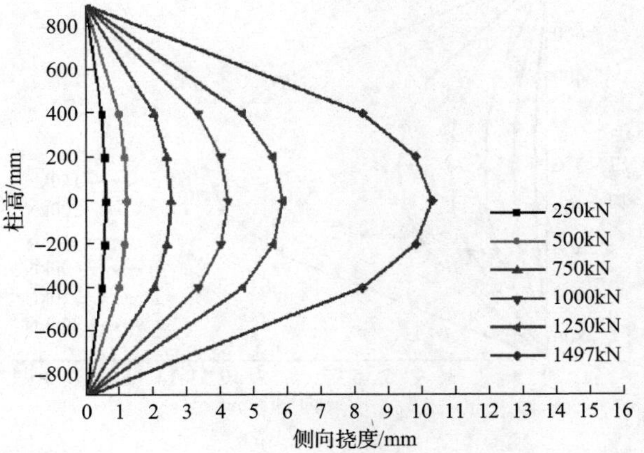

(c) B-Z3

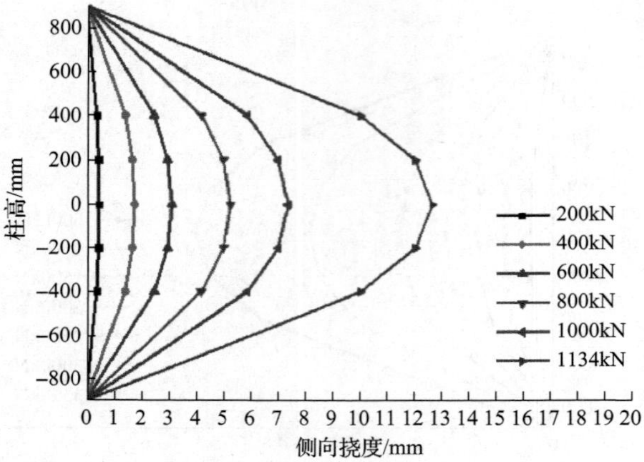

(d) B-Z4

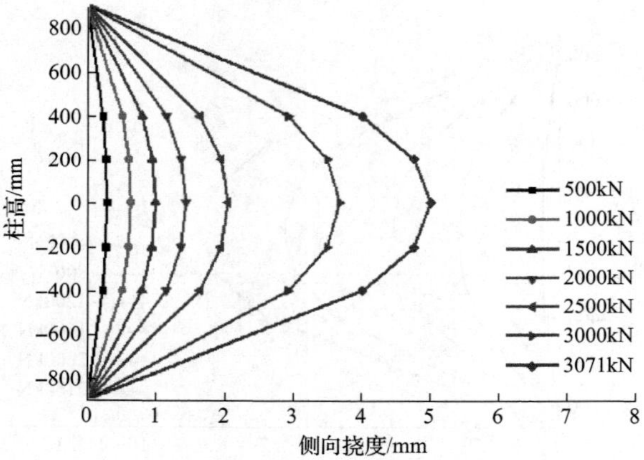

(e) B-Z5

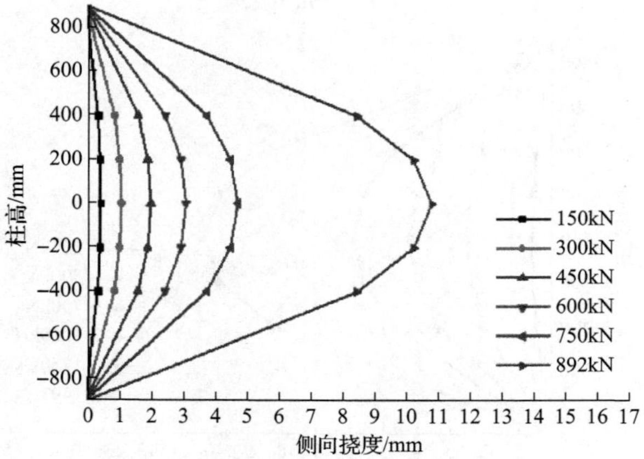

(f) B-Z6

图 4-10　偏心受压柱侧向挠度曲线

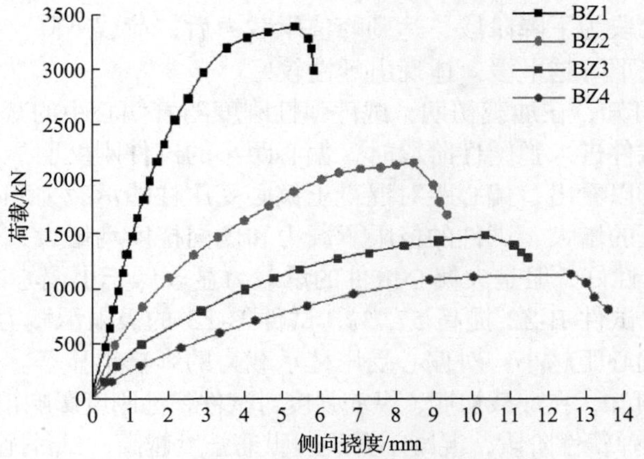

图 4-11　偏心受压柱荷载-侧向挠度曲线(偏心距不同)

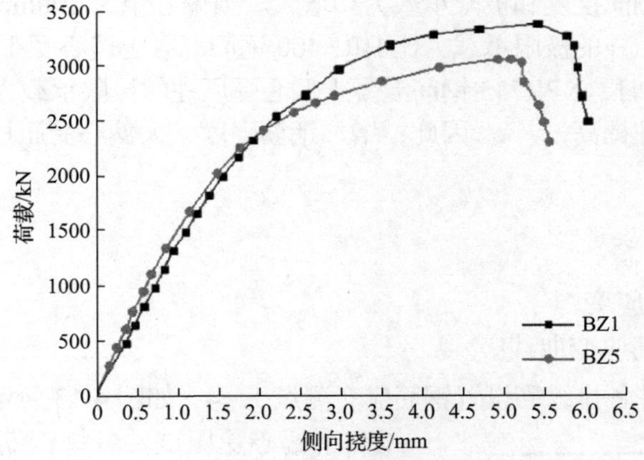

(a) e=100mm

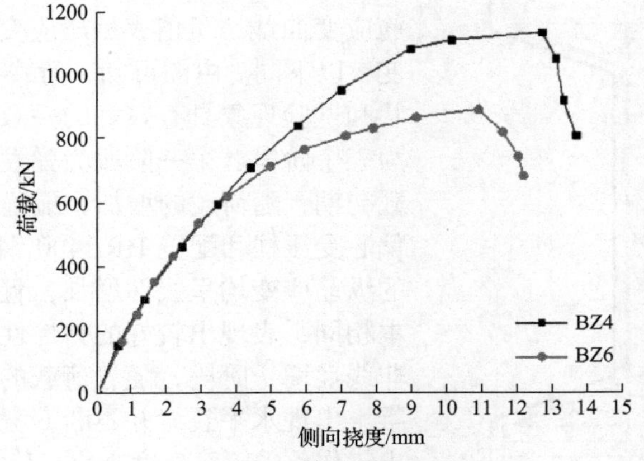

(b) e=400mm

图 4-12　偏心受压柱荷载-侧向挠度曲线(纵筋强度不同)

渐下降；第三阶段为下降阶段，达到峰值承载力后，荷载下降。一般来说，箍筋强度越高，曲线下降越平缓，体现出延性较好。

由图 4-11 可知，在加载初期，试件弹性刚度随着偏心距的减小而增大，随着荷载的增加，试件进入弹塑性阶段时，偏心距小的试件刚度明显高于偏心距大的试件刚度。还可以看出，偏心距对混凝土偏心受压柱的承载力和变形具有显著影响。随着偏心距的增大，试件的极限承载力和侧向挠度均增大，荷载下降段趋于平缓，试件的延性好，但是大偏心试件的承载力显著低于小偏心试件。试件 B-Z1 的极限承载力比试件 B-Z2 提高 57.7%，试件 B-Z3 的极限承载力比试件 B-Z4 提高 32%，因此偏心距越小，对偏心受压柱承载力的影响越显著。

由图 4-12 可知，在加载初期，纵筋强度对试件弹性刚度影响很小。随着荷载的增加，试件进入弹塑性阶段，混凝土开裂，纵筋强度越高，试件刚度越大。还可以看出，纵筋强度对混凝土偏心受压柱的承载力和变形具有显著影响。随着纵筋强度的增加，试件的侧向挠度和极限承载力均增大。当偏心距为 100mm 时，NPR735 钢筋混凝土偏心受压柱的极限承载力比 HRB400 钢筋混凝土偏心受压柱提高 10.6%；当偏心距为 400mm 时，NPR735 钢筋混凝土偏心受压柱的极限承载力比 HRB400 钢筋混凝土偏心受压柱提高 27%。因此，增加钢筋强度，大偏心受压柱极限承载力提高更加显著。

2. 荷载-应变关系

1) 荷载-纵筋应变

(1) 荷载-纵筋应变曲线。

在偏心受压柱各排纵筋设置钢筋应变测点 1～4，如图 4-13 所示。根据大偏心受压和小偏心受压试件各排钢筋的实测应变和各级荷载，图 4-14 给出了偏心受压柱的荷载-纵筋应变曲线，负值表示压应变，正值表示拉应变，以下同。由图可知，荷载-纵筋应变曲线形状和试验现象具有较好的一致性，大致可以分为三个阶段。第一阶段为弹性工作阶段，在加载初期，随荷载的增加，配置 NPR735 钢筋的偏心受压柱和配置 HRB400 钢筋的偏心受压柱的纵筋应变均呈线性增长，且应变增长速度基本相同，表现出较好的弹性性能；第二阶段为非线性增长阶段，随着荷载的增加，受拉侧混凝土出现水平裂缝并不断变宽，开裂混凝土退出工作，受压区高度减小，荷载-纵筋应变曲线呈非线性变化并达到屈服，如图 4-14(b) 中受拉

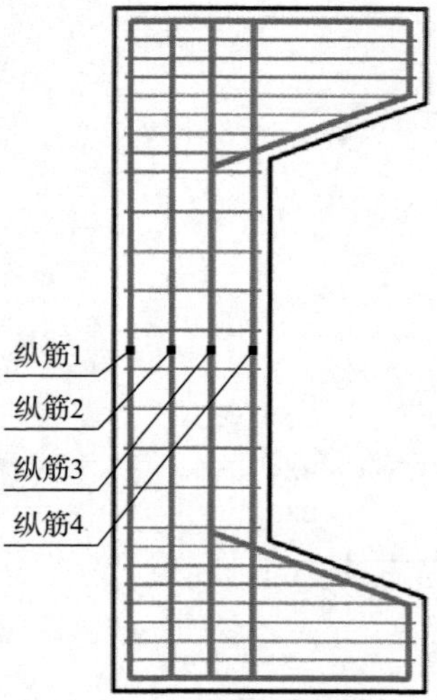

图 4-13　钢筋测点位置

钢筋应变上的圆圈所示；第三阶段为破坏阶段，接近极限荷载时，增加较小荷载值，纵筋应变增长较快，大偏心受压柱荷载-纵筋应变曲线近似水平发展。

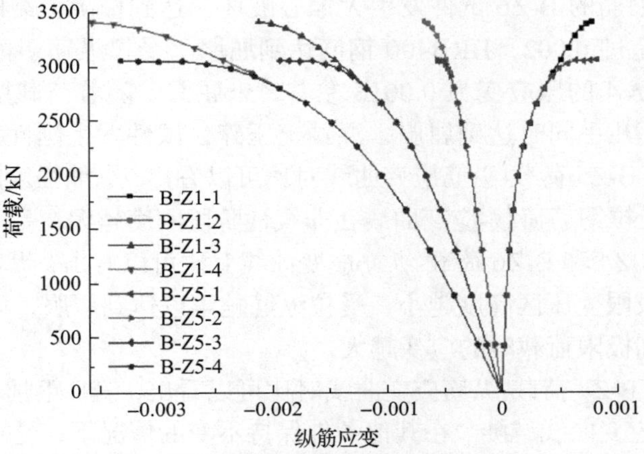

(a) 小偏心受压柱(B-Z1和B-Z5)

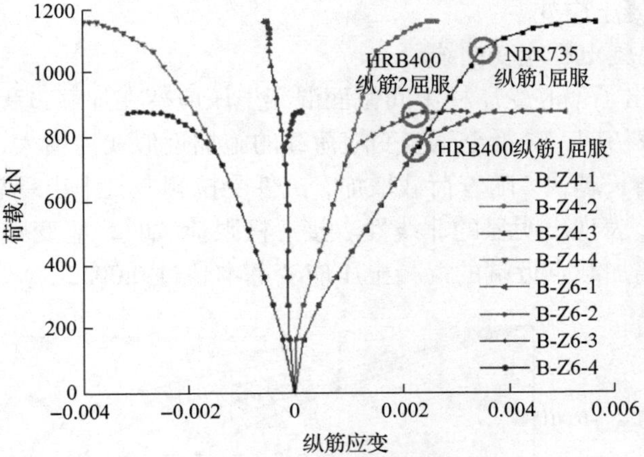

(b) 大偏心受压柱(B-Z4和B-Z6)

图 4-14　偏心受压柱荷载-纵筋应变曲线

(2) 高强钢筋在混凝土中的性能发挥。

配置 NPR735 钢筋的 B-Z1 试件发生小偏心破坏，达到极限荷载时，受压纵筋 4 的压应变达到 0.0035，受压钢筋发生屈服，此时受拉钢筋未达到屈服，试件发生受压脆性破坏。配置 HRB400 钢筋的 B-Z5 试件发生小偏心破坏，达到极限荷载时，受压纵筋 4 的压应变达到 0.0033，受压钢筋发生屈服，此时受拉钢筋未达到屈服，试件发生受压脆性破坏。

配置 NPR735 钢筋的 B-Z4 试件发生大偏心破坏，达到极限荷载时，受拉纵筋 1 的拉应变已经超过 0.0037，NPR735 钢筋达到屈服。受拉纵筋 1 刚刚达到屈服荷载时，受压纵筋 4 的压应变为 0.0024 左右，未屈服。随着荷载增加，受拉纵筋 1 应变增速加快，直至受压侧纵筋屈服，混凝土压碎，试件发生延性破坏。配置 HRB400 钢筋的 B-Z6 试件发生大偏心破坏，达到极限荷载时，受拉纵筋 1 的拉应变已经超过 0.002，HRB400 钢筋达到屈服。受拉纵筋 1 刚刚达到屈服荷载时，受压纵筋 4 的压应变为 0.0016 左右，未屈服。随着荷载增加，受压纵筋 3 和受拉纵筋 1 几乎同时达到屈服，混凝土压碎，试件发生延性破坏。

从 B-Z1 和 B-Z5 荷载-纵筋应变曲线对比可以看出，纵筋强度越高，极限荷载越大，受压和受拉钢筋荷载-应变曲线在非线性阶段刚度越大，受压纵筋的极限压应变越大。从 B-Z4 和 B-Z6 荷载-纵筋应变曲线对比可以看出，纵筋强度越高，极限荷载越大，极限受压区高度越小，受拉纵筋越难以达到屈服，同时，受拉纵筋和受压纵筋达到极限荷载时的应变越大。

从 B-Z1 和 B-Z4 荷载-纵筋应变曲线对比可以看出，偏心距越小，极限荷载越小，荷载-纵筋应变曲线越陡。在其他条件保持不变的情况下，受拉和受压纵筋的极限压应变随着偏心距的增大而增大。

2) 荷载-混凝土应变

(1) 荷载-混凝土压应变曲线。

图 4-15 给出了偏心受压柱中间截面混凝土压应变在加载过程中的变化曲线。可以看出，加载初期，混凝土压应变随荷载的施加近似线性增大，距柱左端越远，混凝土压应变增长越快。随着荷载增加，试件受拉侧混凝土出现裂缝，裂缝发展，曲线斜率减小，表现出明显的非线性。接近极限荷载时，应变增长加快，达到极限荷载时，距离加载点近端的混凝土压应变基本超过 0.0033。

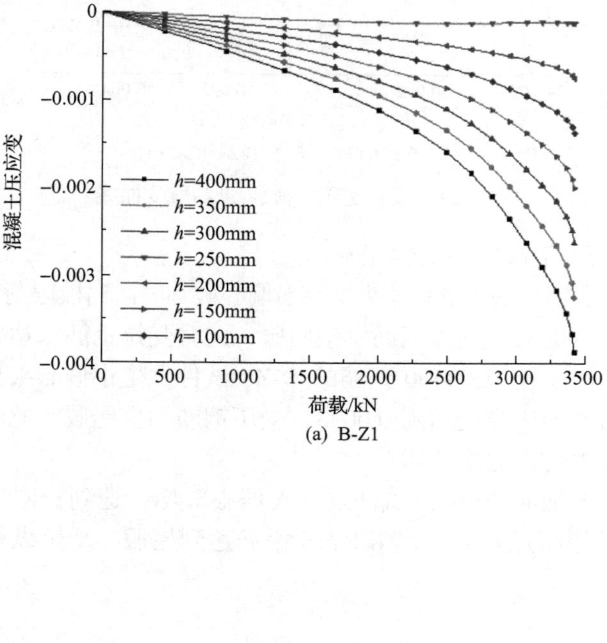

(a) B-Z1

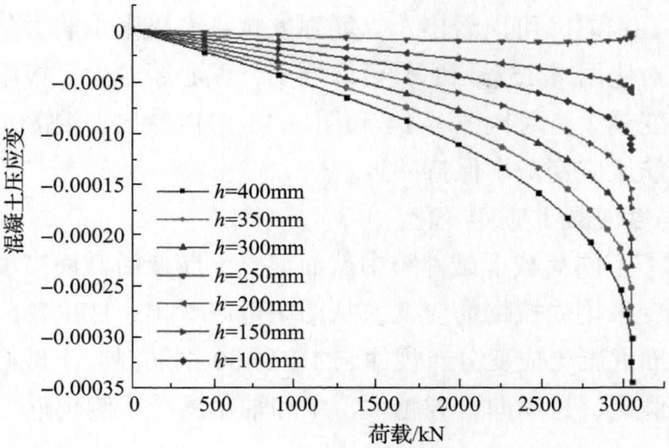

(b) B-Z5

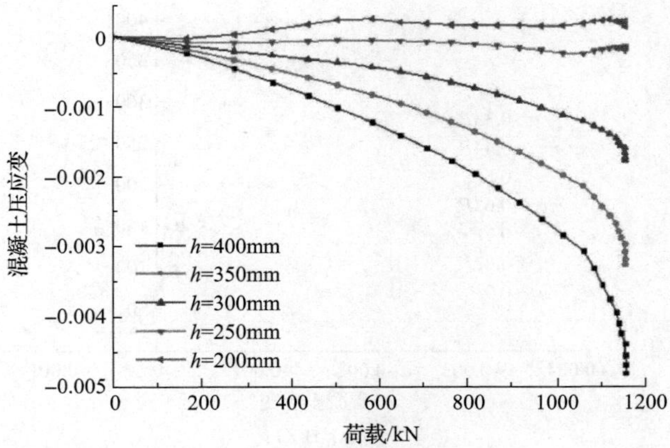

(c) B-Z4

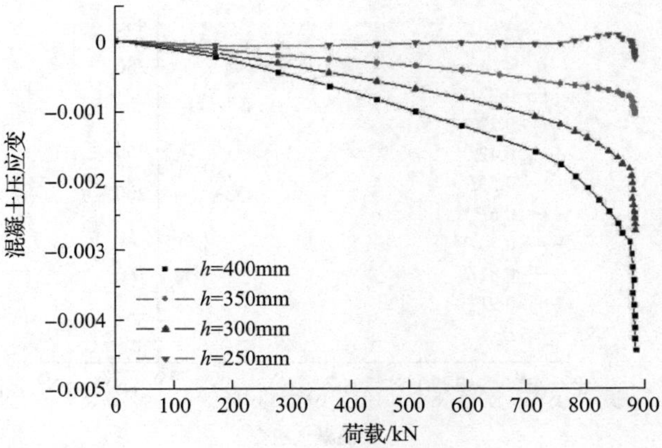

(d) B-Z6

图 4-15　偏心受压柱荷载-混凝土压应变曲线

h 为距柱左端的距离

对比图 4-15(a)和(b)可以看出，纵筋强度越高，极限承载力越大，混凝土极限压应变越大。对比图 4-15(a)和(c)可以看出，偏心距越大，极限承载力越小，混凝土极限压应变越大。对比图 4-14 和图 4-15 可以看出，混凝土压应变的大小与相近位置处纵筋压应变基本保持一致。

(2)沿截面高度混凝土应变变化。

图4-16给出了不同荷载下试件跨中截面混凝土应变沿截面高度的分布。其中，受拉侧混凝土应变采用受拉钢筋应变。从图中可以看出，NPR735 钢筋混凝土偏心受压柱跨中截面混凝土应变分布规律与 HRB400 钢筋混凝土偏心受压柱相似，基本符合平截面假定，且纵向荷载越大，中和轴距离受压侧越近。

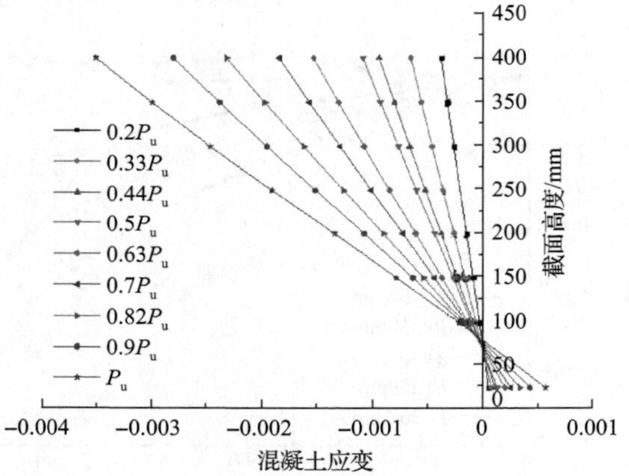

(a) B-Z1

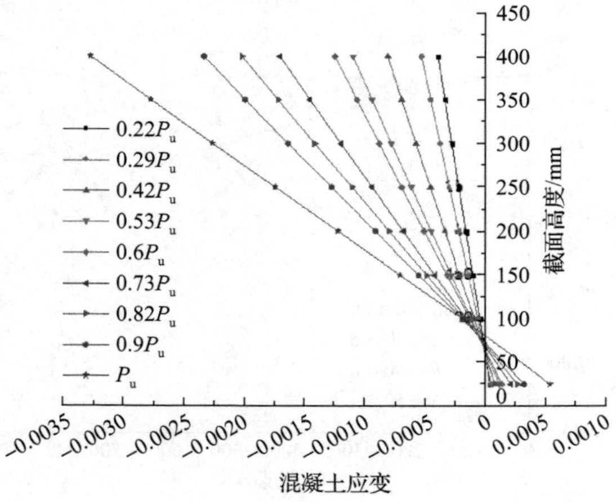

(b) B-Z5

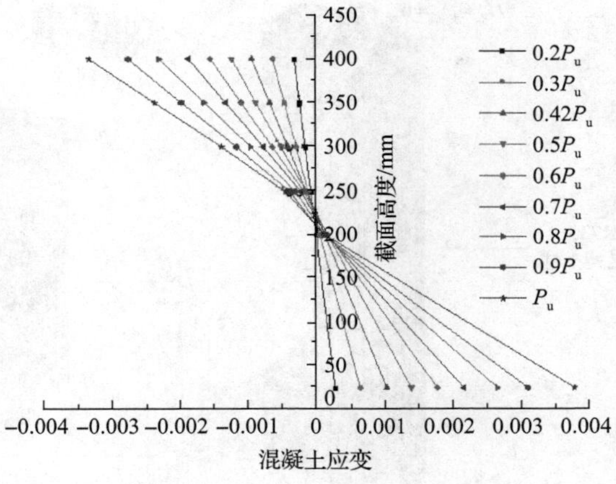

(c) B-Z5

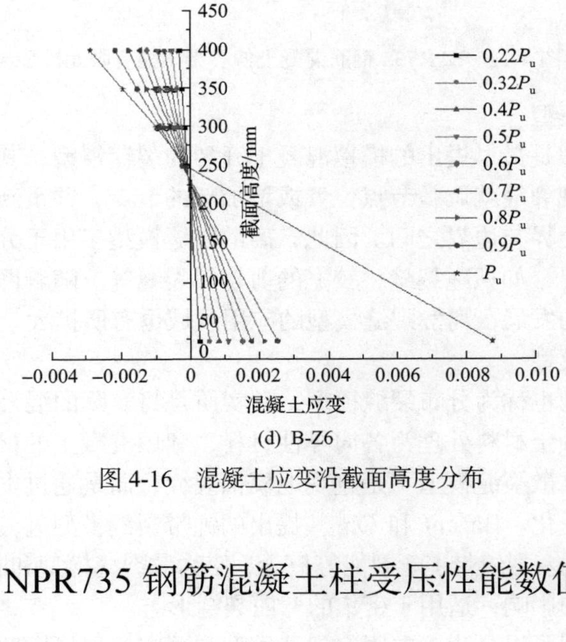

(d) B-Z6

图 4-16　混凝土应变沿截面高度分布

4.2　NPR735 钢筋混凝土柱受压性能数值分析

4.2.1　有限元模型

NPR735 钢筋混凝土偏心受压柱有限元模型如图 4-17 所示。

1. 混凝土本构关系

混凝土的开裂通过单元的裂缝应变来表示，裂缝分布在单元内，位于积分点位置。裂缝模型分为离散裂缝模型和弥散裂缝模型。

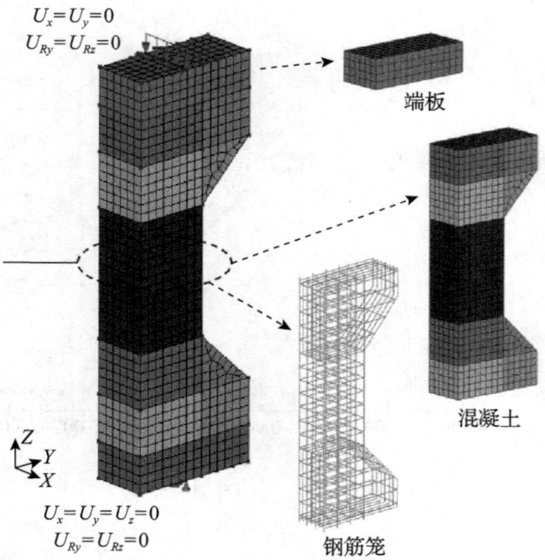

图 4-17　NPR735 钢筋混凝土偏心受压柱有限元模型

1) 离散裂缝模型

离散裂缝模型是最早提出的模拟混凝土开裂的裂缝模型，其将裂缝处理为单元边界，一旦出现裂缝就调整节点位置或增加新的节点，并重新划分单元网格，使裂缝处于单元边界与边界之间。因此，离散裂缝模型多用于分析只有一条或几条关键裂缝的情况，如坝踵裂缝、较宽的剪切斜裂缝等。随着网格划分技术及无网格有限元技术的发展，离散裂缝模型的应用领域也有所扩大。

2) 弥散裂缝模型

弥散裂缝模型也称为分布裂缝模型，其实质是将实际的混凝土裂缝弥散到整个单元中，将混凝土材料处理为各向异性材料，利用混凝土的材料本构模型来模拟裂缝的影响。弥散裂缝模型不是直观地模拟裂缝，而是通过本构模型模拟裂缝后混凝土性能的退化。Bažant 和 Oh[144]提出的钝带裂缝模型进一步发展了传统的弥散裂缝模型，引入裂缝带、断裂能等概念，使弥散裂缝模型和断裂力学相结合，减小了单元尺寸的影响，适用于密集的弯曲裂缝形态。

弥散裂缝模型可以分为多向固定裂缝模型和总应变裂缝模型，而总应变裂缝模型可以进一步根据裂缝是否正交，分为前川模型、固定裂缝模型和转动裂缝模型。在固定裂缝模型中，一旦确定了裂缝方向，就不再发生方向的变化；在转动裂缝模型中，裂缝方向随着主应变的方向发生变化。

固定裂缝模型和转动裂缝模型在积分点上的第一个裂缝总是发生在主应变方向。混凝土在发生裂缝前具有各向同性特点，在发生裂缝后具有各向异性特点。对发生裂缝后的混凝土使用正交异性材料，并计算裂缝面上的法向应力和剪切应力。因为固定裂缝模型认为初始裂缝的方向不再发生变化，所以会产生图 4-18(a)所示的裂缝面法向应力和剪切应力。但是在转动裂缝模型中，忽略了剪切发生的裂缝而认为只在主应变发生新的裂缝，如图 4-18(b)所示，在裂缝面上只产生法向应力。转动裂缝模型保持主应力方向和裂缝方向始终一致，在新的主应力下生成新的开裂本构矩阵，不再考虑原有的裂缝，可以模拟更复杂的开裂行为。本书采用转动裂缝模型。

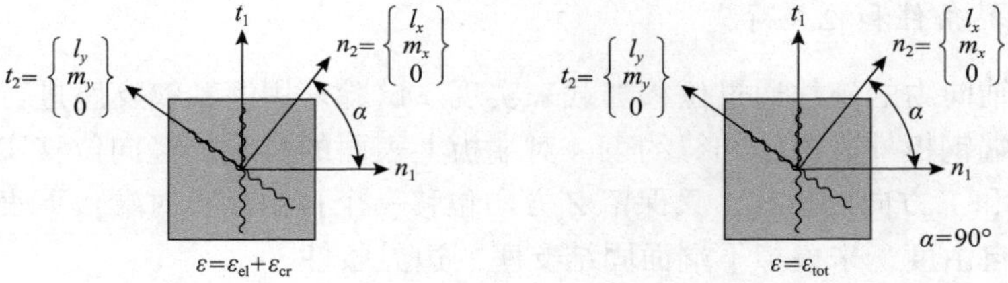

(a) 固定裂缝模型　　(b) 转动裂缝模型

图 4-18　弥散裂缝模型单元

混凝土受压模型主要有抛物线模型、Thorenfeldt 模型、Hognestad 抛物线模型、CEB-FIP 模型、Meakawa 模型、EN 1992 模型等，受拉模型主要有多折线模型、指数模型、Hordijk 软化模型、JSCE 软化模型、JSCE 硬化模型等。本书混凝土受压模型采用抛物线模型，受拉模型采用指数模型。

2. 钢筋本构关系

钢筋主要有两种方式，一种是离散式钢筋，另一种是嵌入式钢筋。离散式钢筋采用 Beam 梁单元或 Truss 桁架单元建模，通过钢筋节点合并的方式与混凝土单元进行耦合。离散式钢筋适用于分析单根预应力钢筋的黏结滑移问题。

嵌入式钢筋应用范围较广，根据建模功能、形状、几何束型赋予的不同分为 Bar 单元和 Grid 单元两类，Bar 单元适用于二维、三维模型，对纵向钢筋等数量较多的纵筋模拟较好，本书采用 Bar 单元进行模拟。

钢筋材料模型有线弹性本构模型、单轴非线性弹性模型、von Mises 塑性屈服模型、JSCE 塑性模型、黏结滑移模型、EN 1992-1-2 钢规模型等。本书采用 von Mises 塑性屈服模型。

3. 单元类型和网格划分

有限元类型中，单元类型包括混凝土、钢筋和端板，如图 4-17 所示。其中，混凝土和端板采用 8 节点六面体单元 HX24L 模拟，钢筋采用 Bar 单元模拟，认为应力沿着该单元为常应力。

网格划分对有限元模型的计算精度及收敛速度有重要影响。如果网格过大，会导致计算时间缩短，但是计算结果不够精确，如果网格过小，会导致计算时间过长，并且可能造成模型不收敛。采用结构化网格划分技术，网格大小根据试件尺寸进行局部划分，避免整体划分导致网格大小不均匀。本章根据试件尺寸，分别沿柱长和截面方向上取 1/15～1/10 的长度，使单元尺寸在 30～50mm，这种单元尺寸的计算精度是可以保证的。

4. 边界条件和施加荷载

试件轴向力的施加通过位移加载来实现。试验采用滚轴铰支座进行加载，在试件上下端钢板外表面施加线约束，对端板上表面的线施加竖向位移实现加载，并限制 X 和 Y 方向的位移，只保留 Z 方向位移一个自由度；对端板下表面的线限制所有的自由度，来模拟下端面固结支座的边界条件。

4.2.2　有限元模型验证

1. 破坏模式对比

选取标准试件 BZ1 和 BZ4 的有限元模拟结果与试验结果进行对比验证，由于小偏心破坏主要表现为混凝土压溃，大偏心破坏主要表现为受拉侧混凝土开裂，这里仅对比试件裂缝宽度和应力。

图 4-19 为小偏心受压试件 BZ1 有限元模拟结果与试验结果对比。由图可知，试件基本处于全截面受压状态且混凝土强度大于轴心抗压强度，受压区混凝土发生强度破坏；试件受压侧出现三角压溃区，受拉侧裂缝数量少、长度短。有限元模拟结果与试验结果相符合。

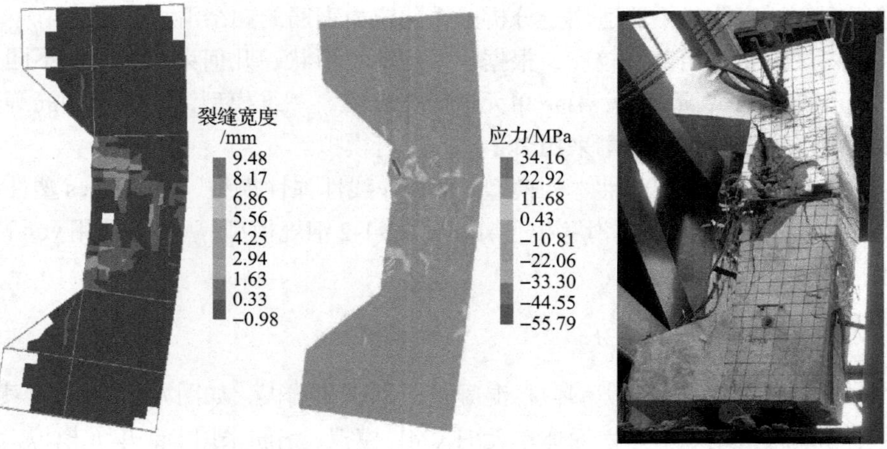

(a) 模拟结果　　(b) 试验结果

图 4-19　小偏心受压试件 BZ1 有限元模拟结果与试验结果对比

图 4-20 为大偏心受压试件 BZ4 有限元模拟结果与试验结果对比。由图可知，裂缝开展较为明显，试件截面大部分处于受拉状态，受拉侧形成宽度较大的拉裂缝，大致可以分为中部区域的拉裂缝和角部区域的斜拉裂缝。而混凝土受压区很小，有限元模拟结果与试验结果较为吻合。

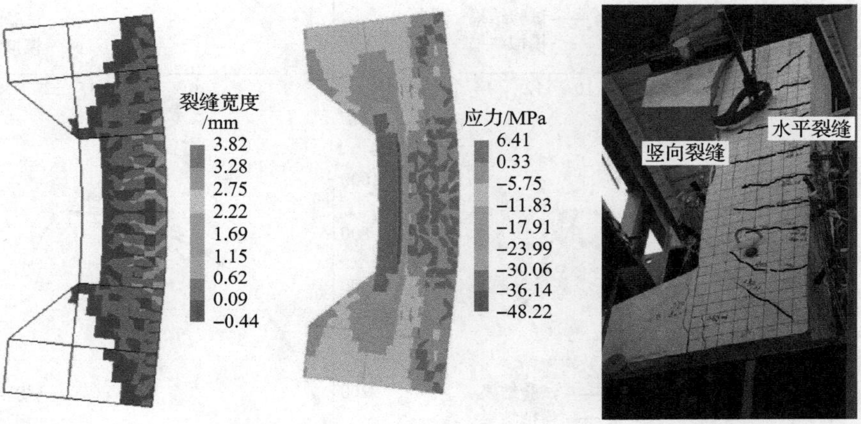

(a) 模拟结果　　(b) 试验结果

图 4-20　大偏心受压试件 BZ4 有限元模拟结果与试验结果对比

2. 荷载-侧向挠度曲线对比

图 4-21 给出了偏心受压柱荷载-侧向挠度曲线有限元模拟结果与试验结果对比。由于试件的制作误差，相比试验曲线，有限元模拟的大部分试件弹性刚度更大，峰值荷载更大。总体来说，试验曲线和模拟曲线在弹性刚度、极限荷载和峰值荷载对应的挠度吻合良好，说明有限元模型可以有效地对钢筋混凝土偏心受压柱进行模拟。

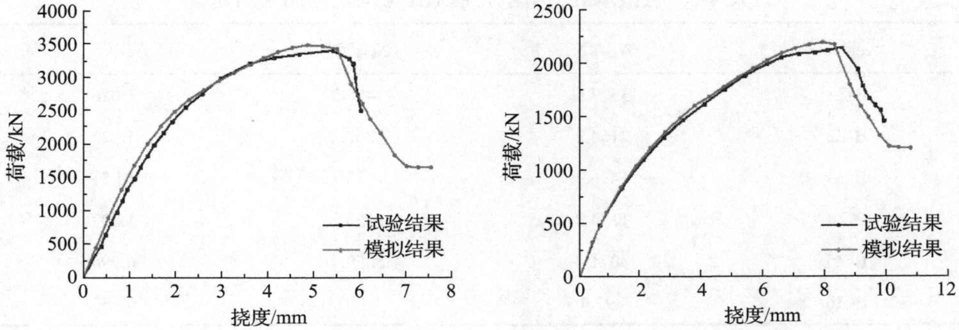

(a) BZ1　　(b) BZ2

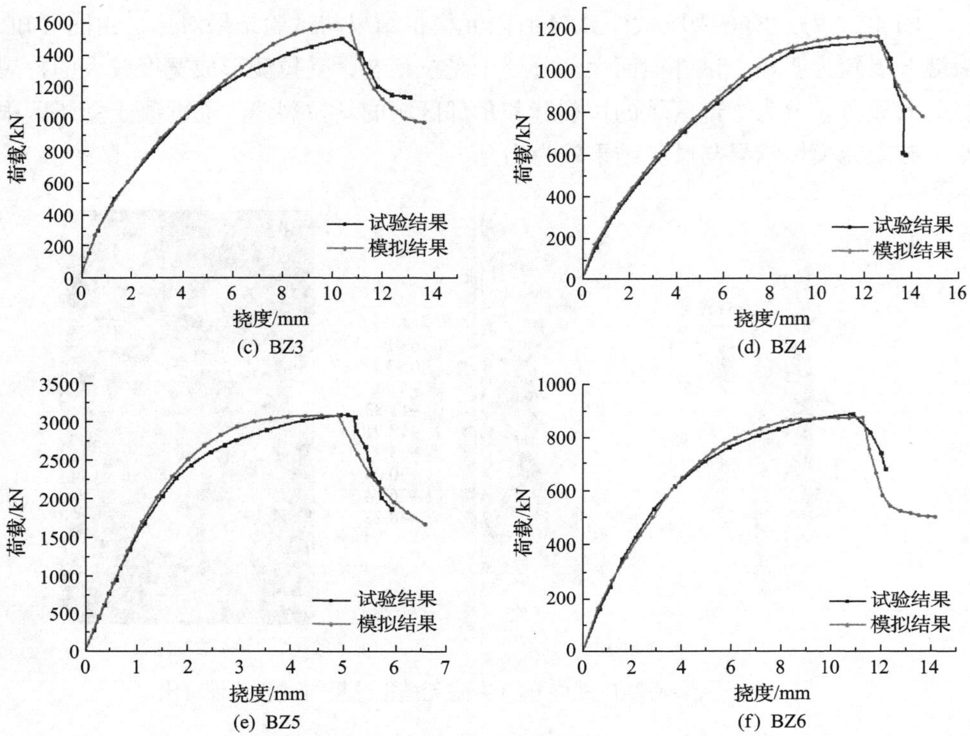

图 4-21　偏心受压柱荷载-侧向挠度曲线有限元模拟结果与试验结果对比

3. 承载力对比

钢筋混凝土偏心受压柱极限承载力有限元模拟结果与试验结果对比如表 4-2 所示，$N_{u,s}$ 表示试验值，$N_{u,m}$ 表示模拟值。模拟值与试验值比值的平均值为 1.0165，方差为 0.0022，表明模拟结果与试验结果吻合良好。

表 4-2　极限承载力有限元模拟结果与试验结果对比

试件编号	$N_{u,s}$/kN	$N_{u,m}$/kN	$N_{u,m}/N_{u,s}$
B-Z1	3397.6	3485.2	1.026
B-Z2	2154.2	2202.2	1.022
B-Z3	1496.7	1573.2	1.051
B-Z4	1134.2	1158.7	1.022
B-Z5	3071.2	3059.7	0.996
B-Z6	892.4	876.1	0.982

4.2.3　受力机理有限元分析

1. 荷载-挠度特征曲线

取偏心受压试件 BZ1(小偏心受压)和 BZ3(大偏心受压)的荷载-挠度曲线作为典型曲线，根据加载过程中不同时期的受力情况，将曲线按照特征点(*A*、*B*、*C* 和 *D*)划分为三个受力阶段，如图 4-22 所示。

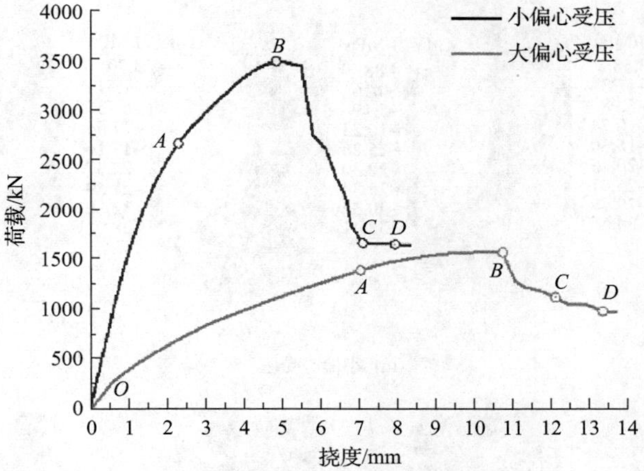

图 4-22　荷载-挠度曲线

弹性阶段(*OA* 段)：试件荷载-挠度曲线呈线性关系，各点切线斜率近似相同，应力和应变数值较小，混凝土与钢筋均处于弹性受力状态。

弹塑性阶段(*AB* 段)：随着荷载增加，试件弹塑性特征逐渐明显，荷载-挠度曲线上各点的切线斜率逐渐减小，荷载增加幅度降低直至达至峰值荷载。在这个阶段，小偏心受压试件受拉侧钢筋应变增长较慢，而受压侧钢筋和混凝土应变增长较快，受压侧混凝土和钢筋先后进入塑性阶段，达到 *B* 点峰值荷载时，受压侧钢筋达到屈服，受压侧混凝土达到极限压应变而发生破坏，在这个过程中，截面大部分处于受压状态。大偏心受压试件则不同，相比受压侧，受拉侧钢筋应变增长较快，在接近 *B* 点峰值荷载时，受拉侧钢筋首先达到屈服，进入流幅阶段，受拉变形比受压变形大，中和轴上升，混凝土受压区高度迅速减小。当达到 *B* 点时，受压侧混凝土达到极限压应变而发生破坏。

下降阶段(*BD* 段)：试件达到峰值荷载之后，受压区混凝土压溃，承载力急剧下降，部分钢筋出现压区现象。下降至 *C* 点后，曲线下降更加平缓，应变不断增大，达到 *D* 点。*C*、*D* 两点承载力相近。

根据标准试件小偏心受压和大偏心受压过程中的应力分布变化和整体形变，

对混凝土和钢筋分别进行受压全过程应力分析。

2. 混凝土应力变化过程

图 4-23 为 NPR735 钢筋混凝土偏心受压柱在加载全过程中的混凝土应力发展情况，图中给出了混凝土整体应力分布情况。

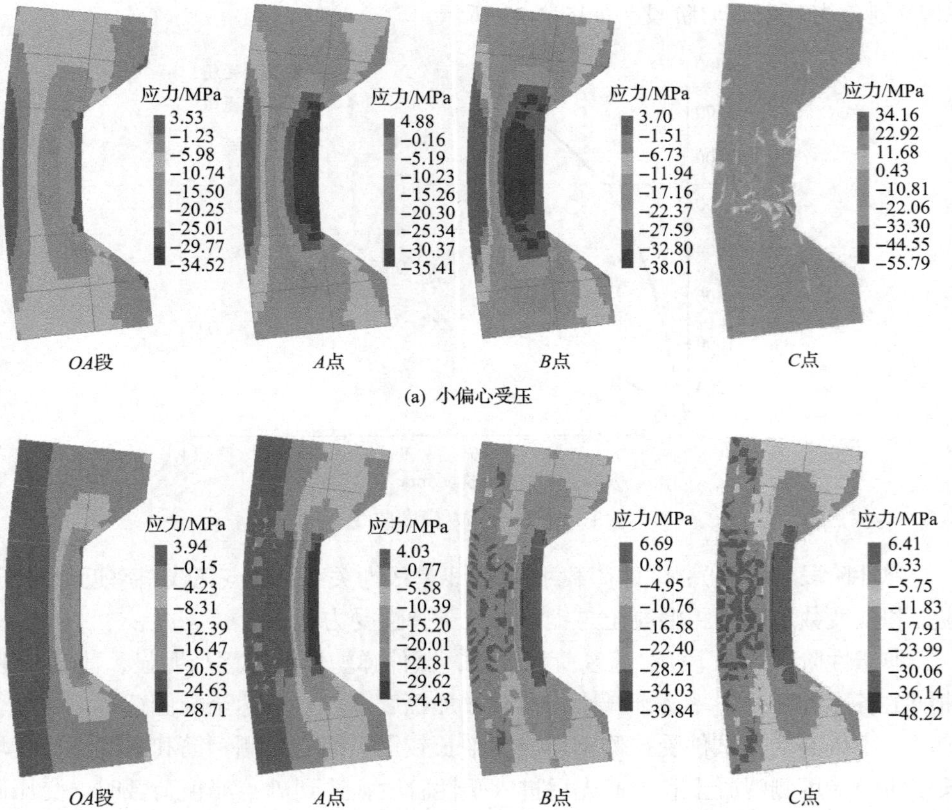

(b) 大偏心受压

图 4-23　混凝土应力发展情况

弹性阶段（*OA* 段）：混凝土应力较小，小偏心受压试件受压区部分混凝土最大应力为 34.52MPa，整个试件处于弹性阶段，随着荷载的增加，相对受压区高度增大，加载至 *A* 点时，受压区部分混凝土最大应力为 35.41MPa；加载至 *A* 点时，大偏心受压试件受压区部分混凝土最大应力为 34.43MPa，达到混凝土的轴心抗压强度 33.4MPa，但其他部位核心混凝土低于混凝土的轴心抗压强度，因此 *OA* 段混凝土整体处于弹性工作阶段，且混凝土截面受拉区面积超过受压区面积。

弹塑性阶段（*AB* 段）：到达 *B* 点峰值荷载时，从中部截面应力分布可知，小偏心受压试件截面大部分受压区混凝土应力都超过轴心抗压强度，受压侧边缘最大应力为 38.01MPa，表示混凝土已经压溃；大偏心受压试件截面受压侧混凝土超过轴心抗压强度，最大应力为 39.84MPa，表示混凝土已经压溃。

下降阶段(*BD*)：在 *C* 点处，小偏心受压试件受压区部分裂缝处压应力较大，但大部分混凝土应力逐渐降低；大偏心受压试件受拉区混凝土应力都超过轴心抗压强度，受压区部分混凝土由于挤压，局部压应力过大，大部分受压区混凝土应力逐渐降低。*D* 点应力变化与 *C* 点相差不大。

3. 纵筋应力变化过程

图 4-24 为 NPR735 钢筋混凝土偏心受压柱在加载全过程中钢筋应力发展情况。

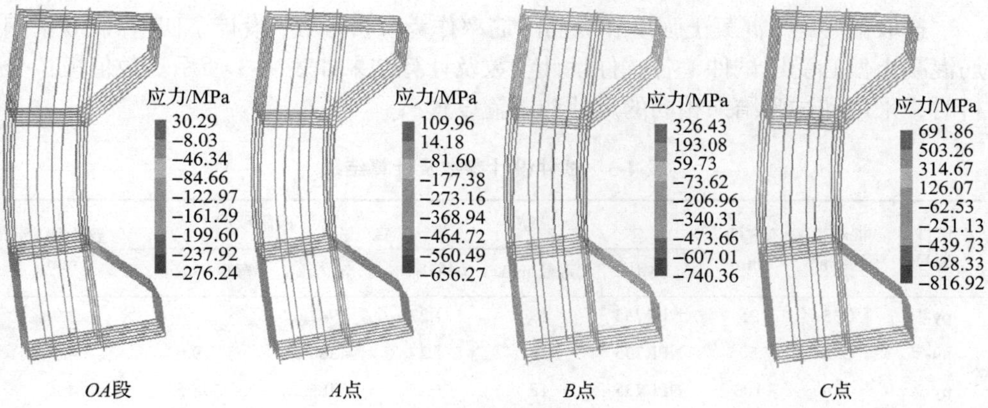

(a) 小偏心受压

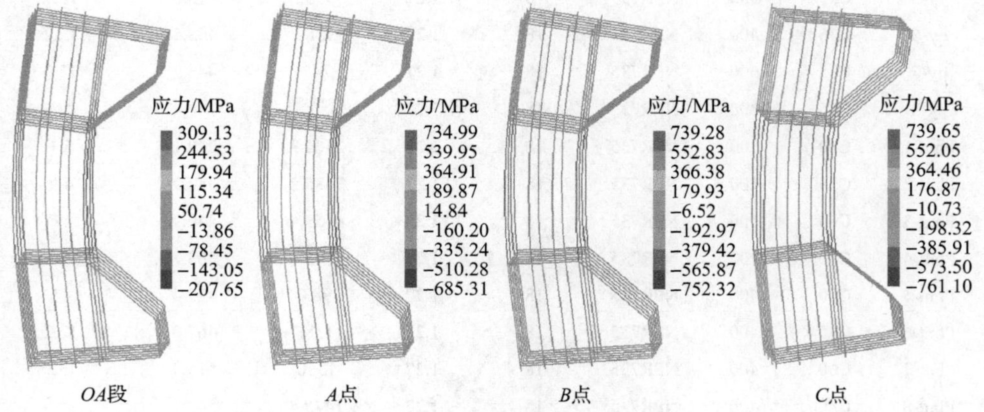

(b) 大偏心受压

图 4-24　钢筋应力发展情况

由图 4-24 可知，在 A 点弹性阶段，受拉侧纵筋和受压侧纵筋的应力都较小，小偏心受压试件受压侧纵筋应力明显高于受拉侧纵筋，而大偏心受压试件受压侧纵筋与受拉侧纵筋应力相差不大。到达 B 点峰值荷载时，小偏心试件受压侧纵筋应力达到最大值，而受拉侧纵筋应力最大为 109.96MPa，未达到屈服强度；大偏心受压试件受压侧纵筋和受拉侧纵筋都达到屈服强度。到达 C 点处，小偏心受压试件受压侧纵筋应力逐渐增加进入强化阶段，受拉侧纵筋应力继续增大；大偏心受压试件受压侧纵筋和受拉侧纵筋应力都逐渐增加进入强化阶段。D 点钢筋应力在 C 点基础上进一步发展强化，小偏心受压试件受压侧纵筋压曲，受拉侧纵筋达到或接近屈服强度，大偏心受压试件受压钢筋应力则进一步强化。

4.2.4 偏心受压受力性能有限元参数分析

选取偏心距、混凝土强度和纵筋配筋率作为分析参数，设计了四组共 30 个钢筋混凝土偏心受压试件，各试件设计参数及计算结果如表 4-3 所示。数值模拟分析时，采用和试验结果相同的尺寸和配箍设置。

表 4-3 试件设计参数及计算结果

试件编号	混凝土强度等级	偏心距/mm	纵筋			极限承载力		跨中挠度/mm
			类别	直径/mm	配筋率/%	轴力/kN	弯矩/(kN·m)	
py-1	C35	25	NPR735	18	1.27	4943.6	123.6	3.9
py-2	C35	50	NPR735	18	1.27	4380.6	219.0	4.3
py-3	C35	100	NPR735	18	1.27	3485.2	348.5	4.9
py-4	C35	200	NPR735	18	1.27	2202.2	440.4	7.9
py-5	C35	300	NPR735	18	1.27	1573.2	472.0	10.7
py-6	C35	400	NPR735	18	1.27	1158.7	463.5	12.2
py-7	C35	600	NPR735	18	1.27	747	448.2	17.2
py-8	C35	800	NPR735	18	1.27	550.5	440.4	19.4
Phnt-1	C20	100	NPR735	18	1.27	2564.3	249.1	5.1
Phnt-2	C35	100	NPR735	18	1.27	3485.2	347.9	4.9
Phnt-3	C60	100	NPR735	18	1.27	4653.4	440.9	4.7
Phnt-4	C80	100	NPR735	18	1.27	5508.6	563.7	4.6
Phnt-5	C20	400	NPR735	18	1.27	983	429.4	11
Phnt-6	C35	400	NPR735	18	1.27	1158.7	467.0	12.2
Phnt-7	C60	400	NPR735	18	1.27	1350	515.4	13.9
Phnt-8	C80	400	NPR735	18	1.27	1445.4	543.5	15.3
Pzj-1	C35	100	NPR735	10	0.79	2648.8	264.9	5.2
Pzj-2	C35	100	NPR735	12	1.13	2733	288.1	5.1

续表

试件编号	混凝土强度等级	偏心距/mm	纵筋			极限承载力		跨中挠度/mm
			类别	直径/mm	配筋率/%	轴力/kN	弯矩/(kN·m)	
Pzj-3	C35	100	NPR735	14	1.54	3105.4	310.5	5
Pzj-4	C35	100	NPR735	16	2.01	3300.2	330.0	4.9
Pzj-5	C35	100	NPR735	18	2.54	3485.5	350.0	4.9
Pzj-6	C35	100	NPR735	20	3.14	3696.2	369.6	4.8
Pzj-7	C35	400	NPR735	10	0.79	580.7	232.3	11.4
Pzj-8	C35	400	NPR735	12	1.13	673.7	281.5	17.7
Pzj-9	C35	400	NPR735	14	1.54	836.5	334.6	15.2
Pzj-10	C35	400	NPR735	16	2.01	982.1	392.8	13.4
Pzj-11	C35	400	NPR735	18	2.54	1137.0	454.8	12.2
Pzj-12	C35	400	NPR735	20	3.14	1307.3	522.9	11
Pzj-13	C35	100	HRB400	18	1.27	3065	306.5	4.9
Pzj-14	C35	400	HRB400	18	1.27	877	350.8	11.3

1. 混凝土强度

1)混凝土强度对荷载-挠度曲线的影响

图 4-25(a)给出了不同混凝土强度下小偏心受压试件荷载-挠度曲线。由图可知，随着混凝土强度增加，试件荷载-挠度曲线变陡。由于混凝土强度越高，试件脆性越大，达到峰值荷载时，试件挠度减小。

图 4-25(b)给出不同混凝土强度下大偏心受压试件荷载-挠度曲线。由图可知，随着混凝土强度增加，试件荷载-挠度曲线变陡，达到峰值荷载时，试件挠度增大，这是由于大偏心受压试件发生延性破坏，其极限承载力由纵筋屈服决定，混凝土强度越高，试件相对受压区高度越小，挠度越大，延性越好。

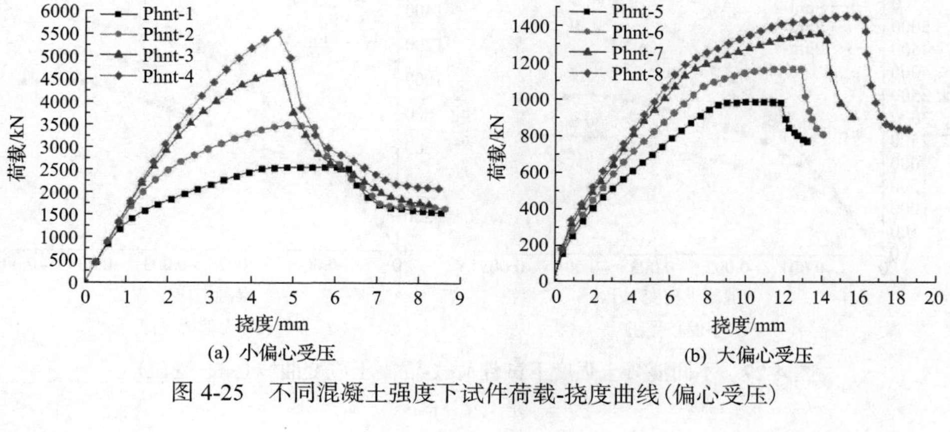

图 4-25　不同混凝土强度下试件荷载-挠度曲线(偏心受压)

2) 混凝土强度对承载力的影响

在相同配筋率下，偏心受压柱正截面受压极限承载力随混凝土强度等级的提高呈线性增长，如图 4-26 所示。偏心距越小，混凝土强度对柱极限承载力的影响越大。当偏心距为 400mm 时，混凝土强度等级由 C20 增大至 C80，极限承载力提高了 47%；当偏心距为 100mm 时，混凝土强度等级由 C20 增大至 C80，极限承载力提高了 115%。因此，设计钢筋混凝土小偏心受压柱适宜采用高强混凝土。

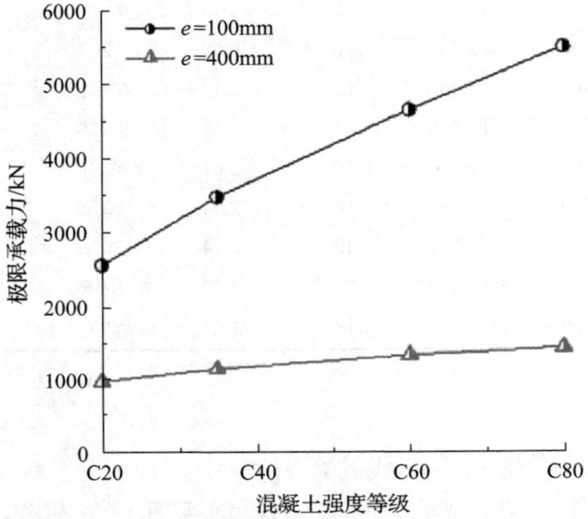

图 4-26　极限承载力与混凝土强度关系曲线

3) 混凝土强度对应变的影响

(1) 混凝土应变。

试件在大偏心受压和小偏心受压破坏时，随着混凝土强度的提高，试件脆性增强，荷载-混凝土应变曲线变陡，试件发生破坏时的极限压应变减小，如图 4-27 所

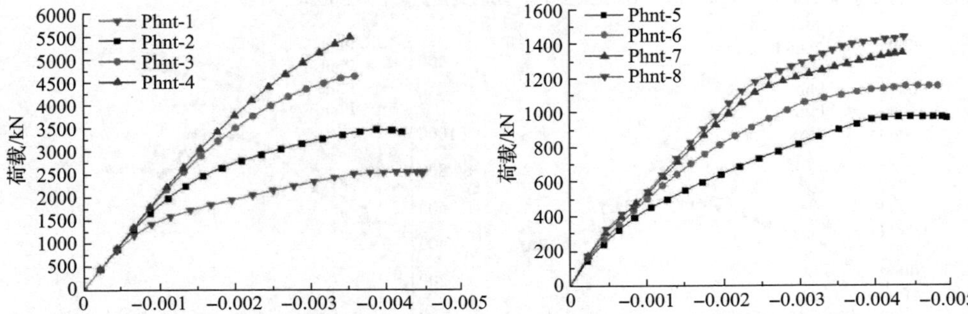

图 4-27　不同混凝土强度下试件荷载-混凝土应变曲线(偏心受压)

示。大偏心受压试件极限压应变大于小偏心受压试件，这是由于大偏心受压试件发生延性破坏，在达到峰值荷载时发生较大变形，进而极限压应变较大。

(2) 纵筋应变。

不同混凝土强度下试件荷载-纵筋应变曲线如图 4-28 所示。由图可知，对于 NPR735 钢筋混凝土偏心受压柱，无论是大偏心受压还是小偏心受压，受压纵筋均可达到屈服，而受拉纵筋仅在大偏心破坏时才能屈服。

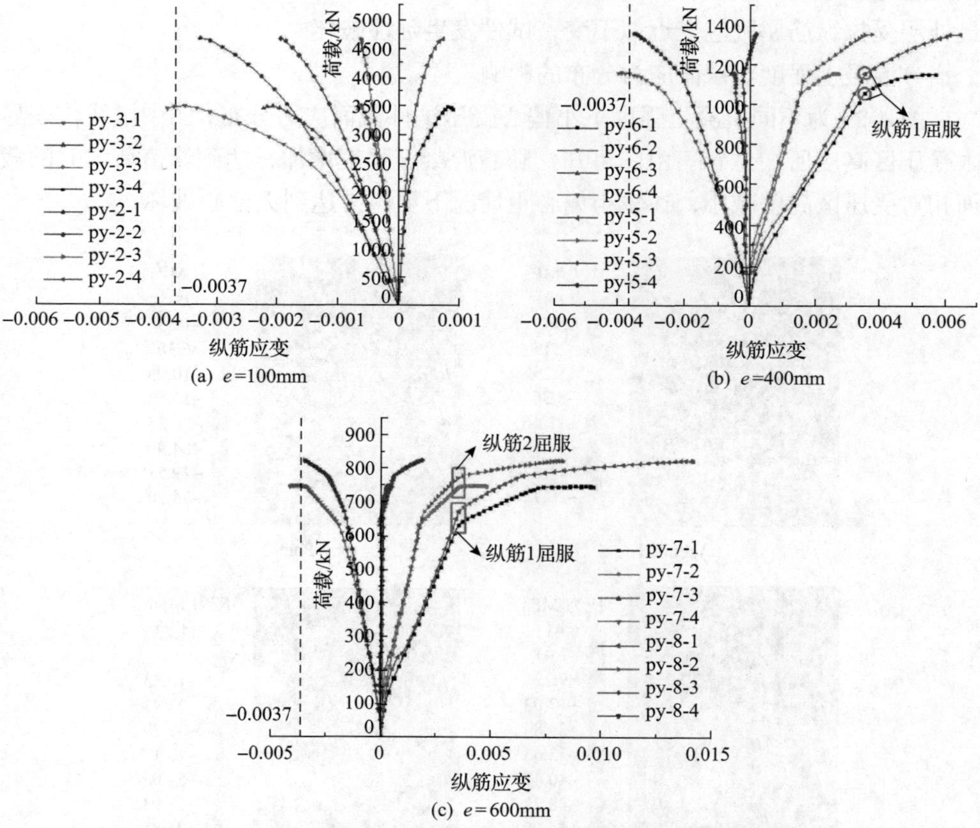

(a) $e=100\text{mm}$ (b) $e=400\text{mm}$ (c) $e=600\text{mm}$

图 4-28 不同混凝土强度下试件荷载-纵筋应变曲线(偏心受压)

由图 4-28(a)可知，增加混凝土强度对试件的初始刚度影响很小，小偏心受压试件的纵筋应变与荷载呈线性相关。随着荷载增加，试件受拉区开裂，进入弹塑性发展阶段，此时混凝土强度越大，刚度越大，最终试件发生脆性破坏。当混凝土强度等级为 C35 时，发生破坏时受压纵筋极限压应变为 0.0036；当混凝土强度等级为 C60 时，发生破坏时受压纵筋极限压应变为 0.0033。因此，对于小偏心受压破坏，增大混凝土强度，荷载-纵筋应变曲线变陡，受压纵筋极限压应变减小，试件脆性增强。

由图 4-28(b)和(c)可知，增加混凝土强度对试件的初始刚度影响很小，纵筋应变与荷载呈线性相关。随着荷载增加，试件受拉区开裂，进入弹塑性发展阶段，此时混凝土强度越大，刚度越大。受拉钢筋应变增长迅速，当压应变达到 0.0037 时，最外层受拉纵筋 1 首先达到屈服，如图 4-28(b)所示。当偏心距较大时，受拉纵筋 2 也发生屈服，如图 4-28(c)所示。混凝土强度等级由 C35 增大至 C60 时，最外层受拉纵筋屈服应变近似不变，试件发生延性破坏。

4)混凝土强度对截面应力分布的影响

图 4-29 为不同混凝土强度下小偏心受压试件截面应力分布，图中虚线代表界限受压区高度所在位置。由图可知，随着混凝土强度增加，达到峰值荷载时的截面相对受压区高度减小，在较小偏心距情况下更容易达到大偏心破坏。

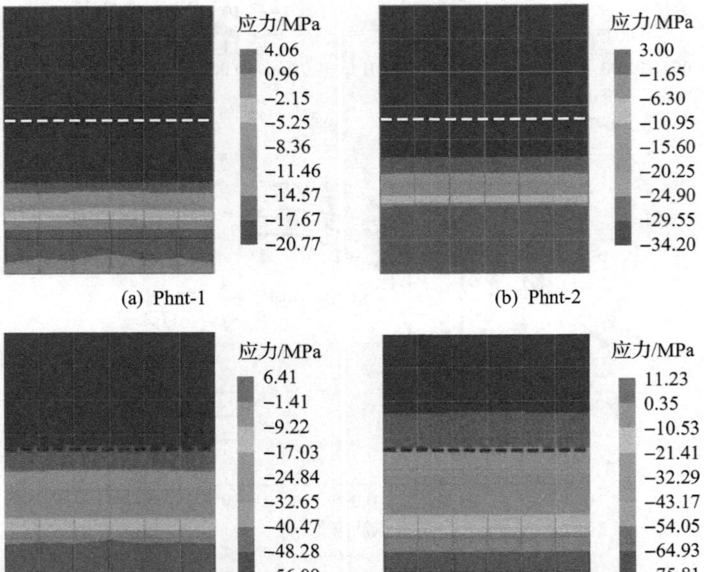

(a) Phnt-1　(b) Phnt-2　(c) Phnt-3　(d) Phnt-4

图 4-29　不同混凝土强度下小偏心受压试件截面应力分布(e=100mm)

图 4-30 为不同混凝土强度下大偏心受压试件截面应力分布，图中虚线代表界限受压区高度所在位置。由图可知，随着混凝土强度增加，达到峰值荷载时的截面相对受压区高度减小，截面受拉区高度增大，裂缝开展更加显著。

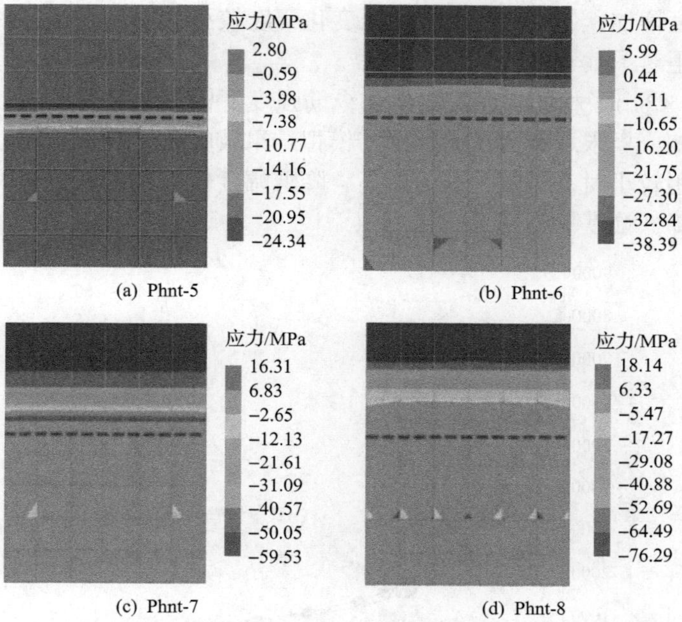

图 4-30　不同混凝土强度下大偏心受压试件截面应力分布(e=400mm)

2. 偏心距

1) 偏心距对荷载-挠度曲线的影响

图 4-31 为不同偏心距下试件荷载-挠度曲线。由图可知，小偏心受压时，随着偏心距增大，荷载-挠度曲线变缓，试件初始刚度降低，承载力降低，挠度增加。大偏心受压时，随着偏心距增大，荷载-挠度曲线变缓，试件初始刚度降低，承载

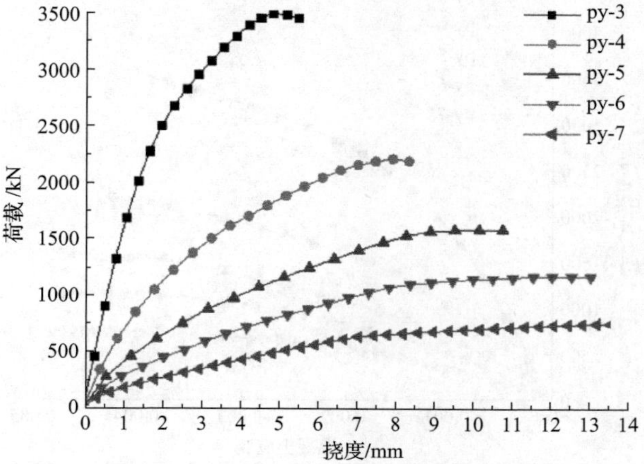

图 4-31　不同偏心距下试件荷载-挠度曲线(偏心受压)

力降低，挠度增加，但相比小偏心受压变化幅度较小。

2) 偏心距对承载力的影响

图 4-32 给出了相同纵筋配筋率和纵筋强度下极限承载力随偏心距的变化曲线。由图可知，极限承载力试验结果与模拟结果较吻合，并随着偏心距的增大而减小，偏心距较小时，极限承载力较高，降低幅度较大；偏心距较大时，极限承载力较小，降低幅度较小。

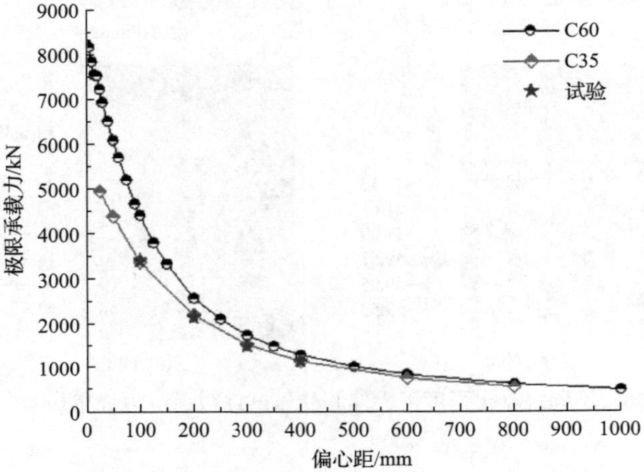

图 4-32　极限承载力与偏心距关系曲线

3) 偏心距对应变的影响

(1) 混凝土应变。

图 4-33 为不同偏心距下试件荷载-混凝土应变曲线。由图可知，试件在大偏

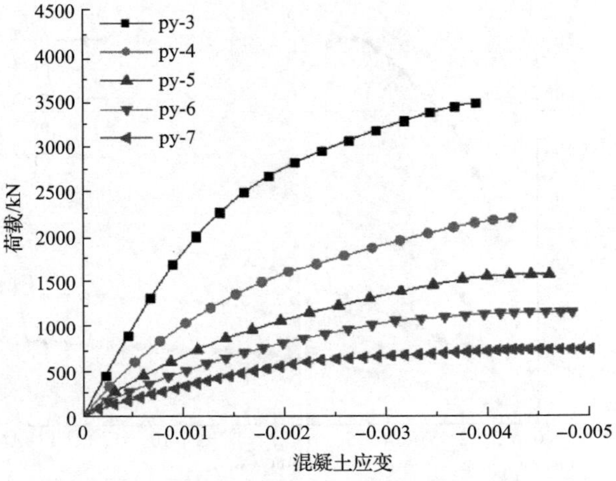

图 4-33　不同偏心距下试件荷载-混凝土应变曲线

心受压和小偏心受压破坏时，混凝土极限压应变均超过 0.0033。当试件为小偏心受压时，随着偏心距增大，试件极限承载力减小，发生破坏时的极限压应变增大。当试件为大偏心受压时，随着偏心距增大，试件极限承载力减小，发生破坏时的极限压应变增大，但承载力和极限压应变变化幅度比小偏心受压破坏时有所降低。

(2) 纵筋应变。

图 4-34 为不同偏心距下试件荷载-纵筋应变曲线，应变采集点与前面相同。由图可知，在其他参数保持不变的情况下，偏心距越大，试件的承载力越低，荷载-纵筋应变关系越趋于平缓。在相同荷载下，随着偏心距的增大，受拉纵筋和受压纵筋的应变增大，破坏时受压纵筋应变随偏心距的增大而减小。另外，大偏心破坏时，受拉纵筋和受压纵筋的应变均超过 0.0037，已达到屈服，说明在大偏心破坏时，NPR735 钢筋无论作为受压纵筋还是受拉纵筋都能充分发挥其强度；小偏心破坏时，从应变数值上看，受压纵筋均达到屈服，而受拉纵筋的应变较小，未达到屈服强度，这与普通钢筋混凝土偏心受压柱破坏情形一致。

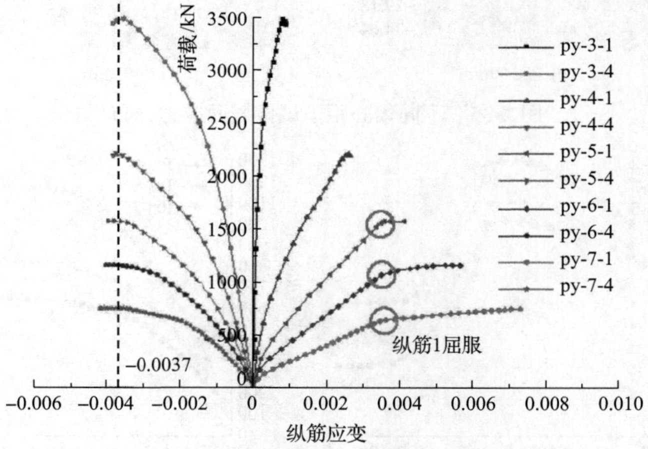

图 4-34　不同偏心距下试件荷载-纵筋应变曲线

4) 偏心距对截面应力分布的影响

图 4-35 为不同偏心距下试件截面应力分布，图中虚线代表界限受压区高度所在位置。由图可知，随着偏心距的增加，达到峰值荷载时的截面相对受压区高度减小，极限压应变增大，试件延性增加。当偏心距为 300mm 时，试件接近于界限破坏状态。

3. 纵筋配筋率

1) 纵筋配筋率对荷载-挠度曲线的影响

图 4-36 为不同纵筋配筋率下试件荷载-挠度曲线。由图可知，在小偏心受压

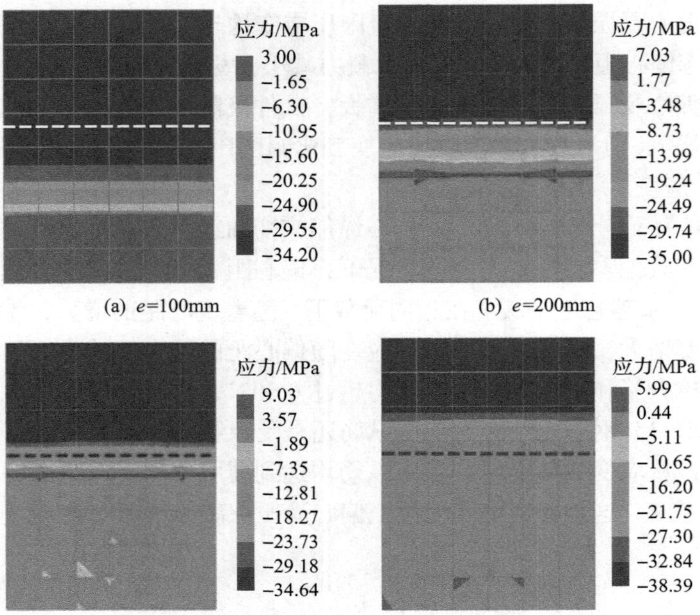

(a) e=100mm　(b) e=200mm

(c) e=300mm　(d) e=400mm

图 4-35　不同偏心距下试件截面应力分布

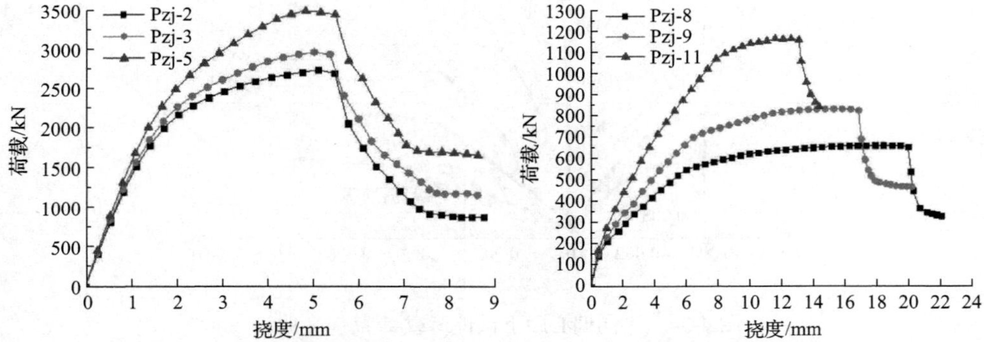

(a) 小偏心受压　(b) 大偏心受压

图 4-36　不同纵筋配筋率下试件荷载-挠度曲线(偏心受压)

状态下，随着纵筋配筋率增大，弹性刚度几乎保持不变，试件进入弹塑性受力阶段，纵筋配筋率越高，试件刚度越大，承载力越高，挠度变化不大。在大偏心受压状态下，随着纵筋配筋率增大，荷载-挠度曲线变陡，承载力增大，挠度减小，这是由于减小纵筋直径时，相同荷载下的纵筋应变较大，试件延性较大，挠度增加。

2)纵筋配筋率对承载力的影响

图 4-37 给出了相同混凝土强度下受压承载力随纵筋配筋率的变化曲线。由图

可知，承载力随着纵筋配筋率的提高而提高，而且偏心距越大，提高幅度越大。当偏心距为 100mm 时，纵筋配筋率由 0.79%增大至 3.14%时，承载力增大了 40%；当偏心距为 400mm 时，纵筋配筋率由 0.79%增大至 3.14%时，承载力增大了 125%。

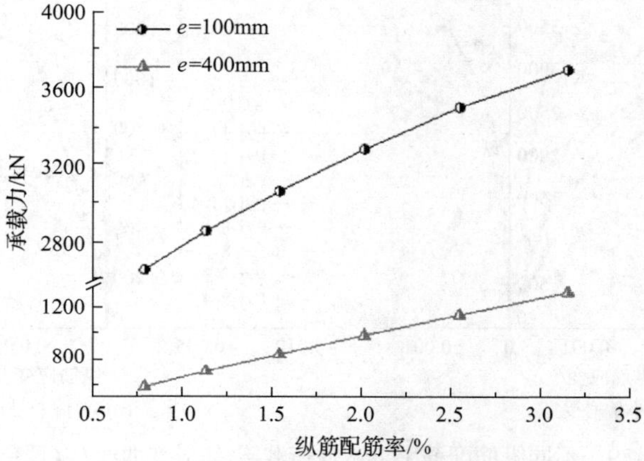

图 4-37　承载力与纵筋配筋率关系曲线(偏心受压)

3) 纵筋配筋率对应变的影响

(1) 混凝土应变。

图 4-38 为不同纵筋配筋率下试件荷载-混凝土应变曲线。由图可知，试件在大偏心受压和小偏心受压破坏时，混凝土极限压应变均超过 0.0033。在相同荷载下，纵筋配筋率越大，混凝土应变增长越慢。随着纵筋配筋率增大，试件极限承载力增大，发生破坏时的极限压应变几乎不变。

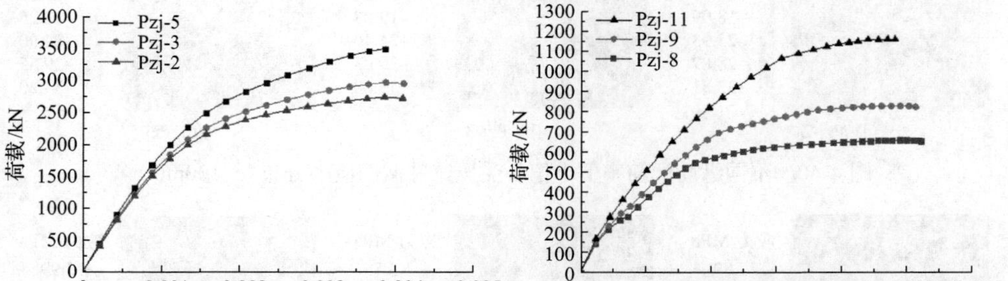

图 4-38　不同纵筋配筋率下试件荷载-混凝土应变曲线

(2) 纵筋应变。

图 4-39 为不同纵筋配筋率下试件荷载-纵筋应变曲线。由图可知，纵筋配筋率越大，荷载-纵筋应变关系曲线越陡；在相同荷载下，纵筋配筋率越大，受拉纵

筋和受压纵筋的应变越小。试件为小偏心受压时，破坏时受拉纵筋应变都很小，而受压纵筋 4 都能达到屈服。试件为大偏心受压时，破坏时受拉纵筋发生屈服，而受压纵筋 4 最后能够达到屈服。

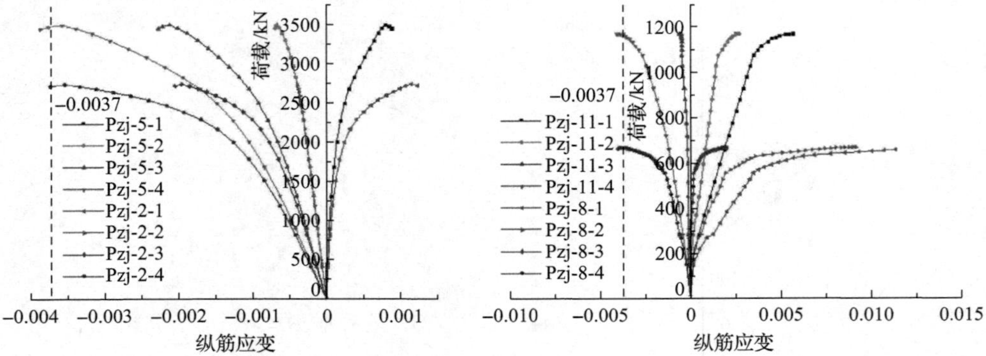

(a) 小偏心受压　　(b) 大偏心受压

图 4-39　不同纵筋配筋率下试件荷载-纵筋应变曲线(偏心受压)

4) 纵筋配筋率对截面应力分布的影响

图 4-40、图 4-41 给出了不同纵筋配筋率下试件截面应力分布，图中虚线代表界限受压区高度所在位置。由图可知，当试件处于小偏心受压状态时，随着纵筋

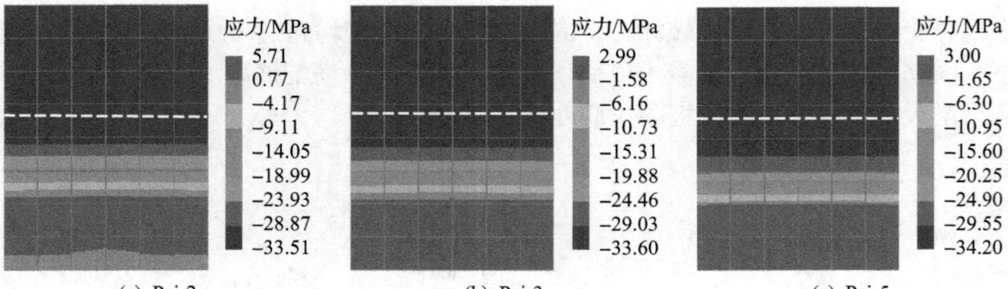

(a) Pzj-2　　(b) Pzj-3　　(c) Pzj-5

图 4-40　不同纵筋配筋率下小偏心受压试件截面应力分布(e=100mm)

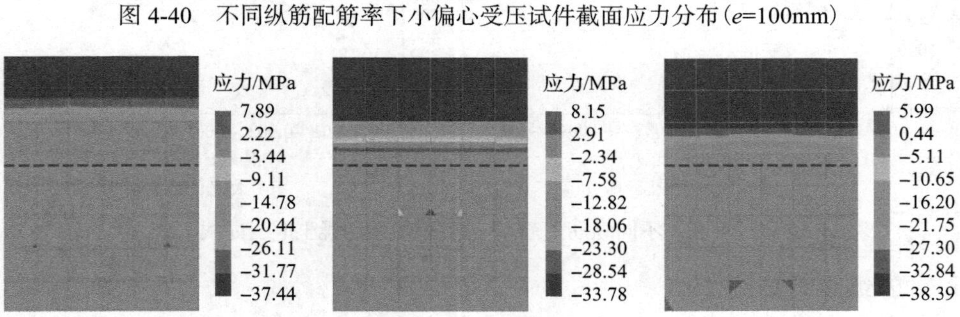

(a) Pzj-8　　(b) Pzj-9　　(c) Pzj-11

图 4-41　不同纵筋配筋率下大偏心受压试件截面应力分布(e=400mm)

配筋率的增加，达到峰值荷载时截面相对受压区高度略有增加，极限压应变略有增大，增幅不高，试件延性几乎保持不变。当试件处于大偏心受压状态时，随着纵筋配筋率的增加，达到峰值荷载时截面相对受压区高度减小，极限压应变略有减小，试件延性减小。

4. 纵筋强度

1）纵筋强度对荷载-挠度曲线的影响

图 4-42 为不同纵筋强度下试件荷载-挠度曲线。由图可知，当试件处于小偏心受压状态时，随着纵筋强度的增加，弹性刚度几乎不发生变化，试件进入弹塑性受力阶段时，纵筋强度越高，试件刚度越大，承载力越高，挠度有所增加，这是由于增加纵筋强度，受压侧承载力增大，混凝土极限压应变增大。当试件处于大偏心受压状态时，随着纵筋强度的增加，弹性刚度几乎不发生变化，试件进入弹塑性受力阶段时，纵筋强度越高，试件刚度越大，承载力越高，挠度减小，这是由于增加纵筋强度，相对受压区高度增加，试件延性降低，挠度减小。

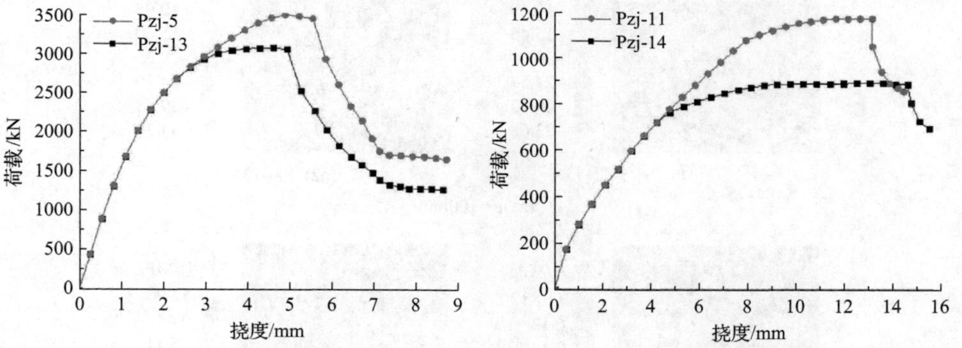

(a) 小偏心受压　(b) 大偏心受压

图 4-42　不同纵筋强度下试件荷载-挠度曲线(偏心受压)

2）纵筋强度对钢筋应变的影响

图 4-43 为不同纵筋强度下试件荷载-纵筋应变曲线。由图可知，纵筋强度对试件初始刚度影响不大。随着荷载的增加，试件进入弹塑性受力阶段，纵筋强度越大，试件刚度越大，极限承载力越高。试件为小偏心受压时，破坏时受拉纵筋应变很小，而受压纵筋 4 都能达到屈服，而 HRB400 试件受压纵筋屈服应变小于 NPR735 试件。试件为大偏心受压时，破坏时受拉纵筋发生屈服，而受压纵筋 4 最后能够达到屈服。由于 HRB400 试件屈服强度较小，相对受压区高度较小，因此纵筋 1、2 均发生屈服。

3）纵筋强度对截面应力分布的影响

图 4-44 为不同纵筋强度下试件截面应力分布，图中虚线代表界限受压区高度

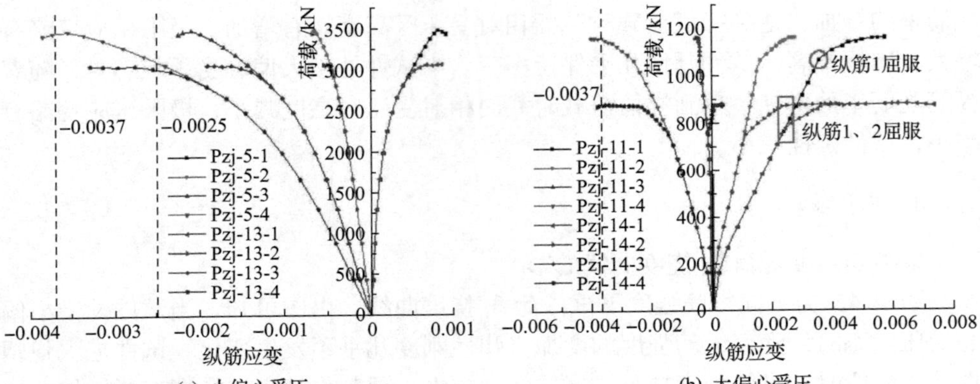

(a) 小偏心受压　　　　(b) 大偏心受压

图 4-43　不同纵筋强度下试件荷载-纵筋应变曲线(偏心受压)

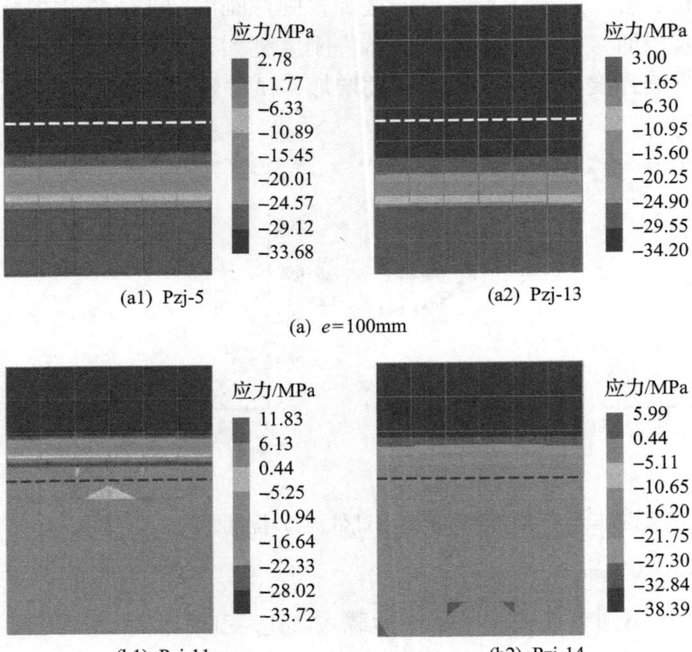

(a1) Pzj-5　　　　(a2) Pzj-13

(a) e=100mm

(b1) Pzj-11　　　　(b2) Pzj-14

(b) e=400mm

图 4-44　不同纵筋强度下试件截面应力分布

所在位置。由图可知，当试件处于小偏心受压状态时，随着纵筋强度的增加，达到峰值荷载时截面相对受压区高度增加，极限压应变略有增加。当试件处于大偏心受压状态时，随着纵筋强度的增加，达到峰值荷载时截面相对受压区高度增加，极限压应变略有增加。试件延性随着纵筋强度的变化改变不明显。

4.2.5　轴心受压受力性能有限元参数分析

1. 有限元模型

当偏心距为 0 时，试件处于轴心受压状态，因此采用偏心受压柱试验验证过的有限元模型，使偏心距为 0，进行参数分析。参数分析时考虑以下基本假定：

(1) 钢筋和混凝土本构关系与偏心受压柱相同。

(2) 不考虑混凝土与钢筋之间的相对滑移。

(3) 纵筋和箍筋只考虑纵向变形，忽略横向的剪切能力。

(4) 构件两端为铰接。

选取混凝土强度、纵筋强度、纵筋配筋率、箍筋强度、体积配箍率作为分析参数，设计了四组共 21 个钢筋混凝土轴心受压试件，各试件设计参数如表 4-4 所示。

表 4-4　NPR735 钢筋混凝土轴心受压短柱有限元计算参数

试件编号	混凝土强度等级	纵筋			箍筋			
		类别	直径/mm	配筋率/%	类别	直径/mm	间距/mm	体积配箍率/%
Zhnt-1	C35	NPR735	18	2.54	NPR735	8	100	1.38
Zhnt-2	C60	NPR735	18	2.54	NPR735	8	100	1.38
Zhnt-3	C80	NPR735	18	2.54	NPR735	8	100	1.38
Zhnt-4	C35	NPR735	18	2.54	NPR735	8	50	2.76
Zhnt-5	C60	NPR735	18	2.54	NPR735	8	50	2.76
Zhnt-6	C80	NPR735	18	2.54	NPR735	8	50	2.76
Zgj-1	C35	NPR735	18	2.54	NPR735	8	100	1.38
Zgj-2	C35	NPR735	18	2.54	HRB600	8	100	1.38
Zgj-3	C35	NPR735	18	2.54	HRB400	8	100	1.38
Zzj-1	C35	NPR735	18	2.54	NPR735	8	100	1.38
Zzj-2	C80	NPR735	18	2.54	NPR735	8	100	1.38
Zzj-3	C35	HRB600	18	2.54	NPR735	8	100	1.38
Zzj-4	C80	HRB600	18	2.54	NPR735	8	100	1.38
Zzj-5	C35	HRB400	18	2.54	NPR735	8	100	1.38
Zzj-6	C80	HRB400	18	2.54	NPR735	8	100	1.38
Zzj-7	C35	NPR735	10	0.79	NPR735	8	100	1.38
Zzj-8	C35	NPR735	14	1.54	NPR735	8	100	1.38
Zzj-9	C35	NPR735	18	2.54	NPR735	8	100	1.38
Zzj-10	C80	NPR735	10	0.79	NPR735	8	100	1.38
Zzj-11	C80	NPR735	14	1.54	NPR735	8	100	1.38
Zzj-12	C80	NPR735	18	2.54	NPR735	8	100	1.38

2. 混凝土强度

1)混凝土强度对荷载-挠度曲线的影响

图 4-45 为不同混凝土强度下试件荷载-挠度曲线。从图中可以看出，试件弹性阶段刚度与峰值荷载随着混凝土强度提高明显增大。试件 Zhnt-1 在弹性阶段荷载-挠度曲线向下偏折，而试件 Zhnt-2、Zhnt-3 荷载-挠度曲线未发生明显偏折，较为平滑。同时试件 Zhnt-2 的峰值荷载比试件 Zhnt-1 增大了 48.9%，比试件 Zhnt-3 减小了 28%。由以上可以看出，混凝土强度较低时，与钢筋匹配性较低，峰值荷载差距较大，NPR735 钢筋不能充分发挥强度，混凝土强度越高，峰值荷载差距越小，位移延性系数越小，试件延性越小。说明在设计 NPR735 钢筋混凝土柱时，尽量采用高强混凝土。

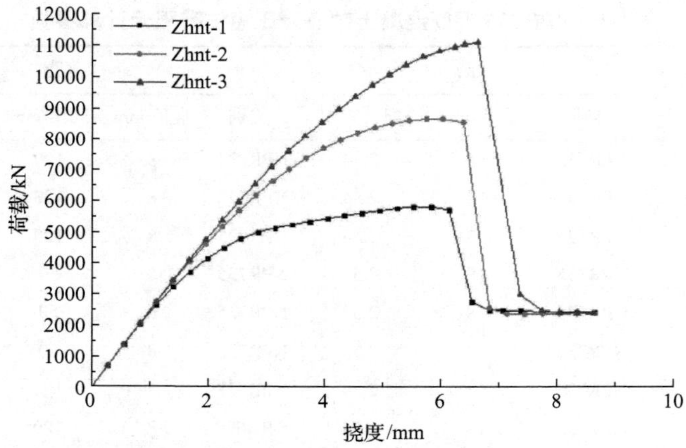

图 4-45　不同混凝土强度下试件荷载-挠度曲线(轴心受压)

2)混凝土强度对应变的影响

图 4-46 给出了不同混凝土强度下试件荷载-应变曲线。由图可知，荷载-纵筋应变曲线与荷载-混凝土应变曲线基本一致，可以判定试件中高强钢筋与混凝土之间的黏结性能良好，二者未发生相对滑移。因此，在后续的应变分析中只分析纵筋应变，受压侧混凝土应变则参考纵筋应变进行判定。

图 4-47 给出了不同混凝土强度下试件荷载-钢筋应变曲线。由图可知，随着混凝土强度的提高，试件弹性刚度变化不大，进入弹塑性阶段后，混凝土强度越大，试件刚度越大，荷载-钢筋应变曲线越陡，试件承载力增大，发生破坏时纵筋极限压应变都约为 0.004，纵筋发生屈服。而箍筋在试件发生破坏时，应变仅为 0.0007 左右，未达到屈服。

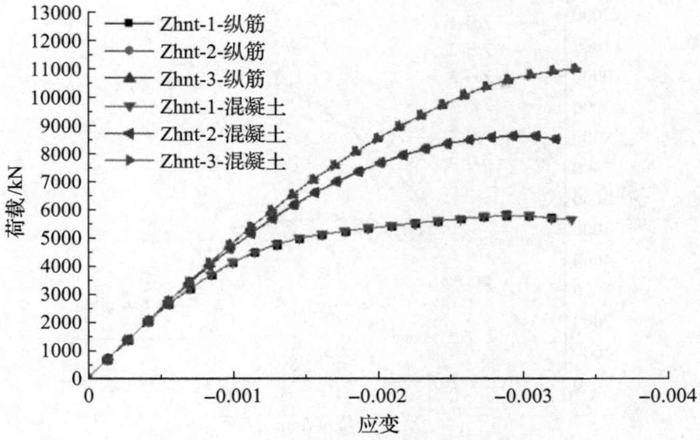

图 4-46　不同混凝土强度下试件荷载-应变曲线

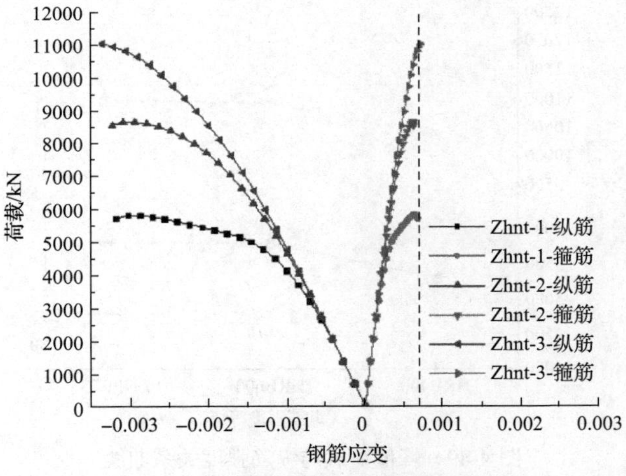

图 4-47　不同混凝土强度下试件荷载-钢筋应变曲线

3. 纵筋强度

1) 纵筋强度对荷载-挠度曲线的影响

图 4-48 给出了不同纵筋强度下试件荷载-挠度曲线，图 4-49 给出了试件峰值荷载与纵筋强度关系曲线。由图可知，混凝土强度相同时，纵筋强度对试件弹性阶段刚度影响不大。在塑性发展阶段，HRB600 试件与 NPR735 试件峰值荷载近似持平，说明试件发生破坏时，HRB600 钢筋与 NPR735 钢筋均未屈服。而 HRB400 试件承载力明显减小，说明试件发生破坏时 HRB400 钢筋发生屈服。因此，轴心受压时，高强钢筋在混凝土中无法充分发挥强度，但使用高强混凝土可以促进纵筋强度的发挥。

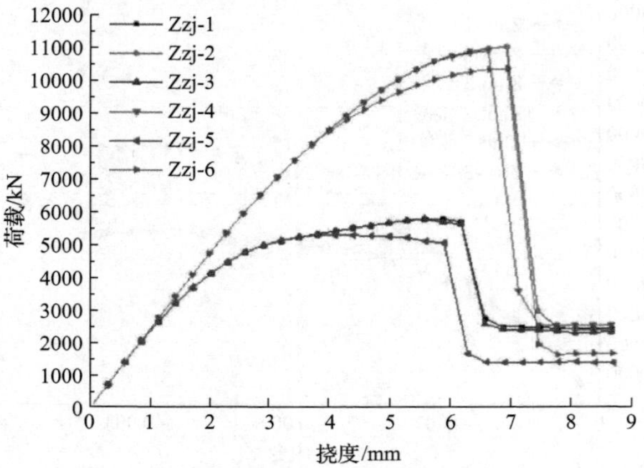

图 4-48　不同纵筋强度下试件荷载-挠度曲线(轴心受压)

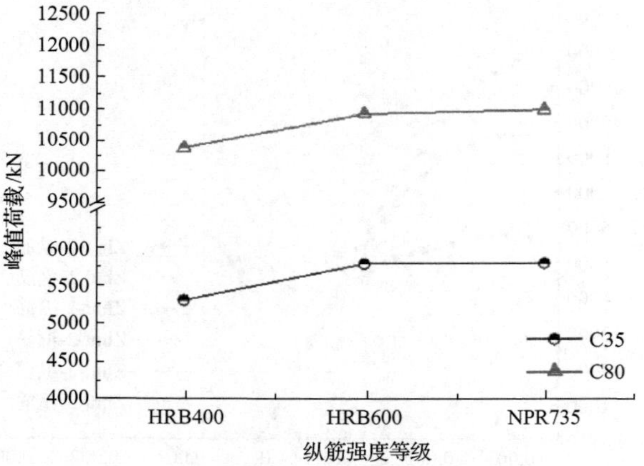

图 4-49　峰值荷载与纵筋强度关系曲线

2)纵筋强度对应变的影响

图 4-50 给出了不同纵筋强度下试件的荷载-钢筋应变曲线。由图可知，混凝土强度相同时，纵筋强度对试件弹性阶段刚度影响不大。当纵筋应变达到 0.002 时，HRB400 试件应变曲线发生明显偏折，说明 HRB400 纵筋发生屈服。在塑性发展阶段，HRB600 试件与 NPR735 试件应变曲线未发生偏折，其中 HRB600 纵筋屈服与混凝土破坏同时发生，而 NPR735 纵筋未达到屈服。因此，轴心受压时，高强钢筋在混凝土中无法充分发挥强度，但使用高强混凝土可以促进纵筋强度的发挥。

4. 纵筋配筋率

1)纵筋配筋率对荷载-挠度曲线的影响

图 4-51 给出了不同纵筋配筋率下试件荷载-挠度曲线，图 4-52 给出了试件峰

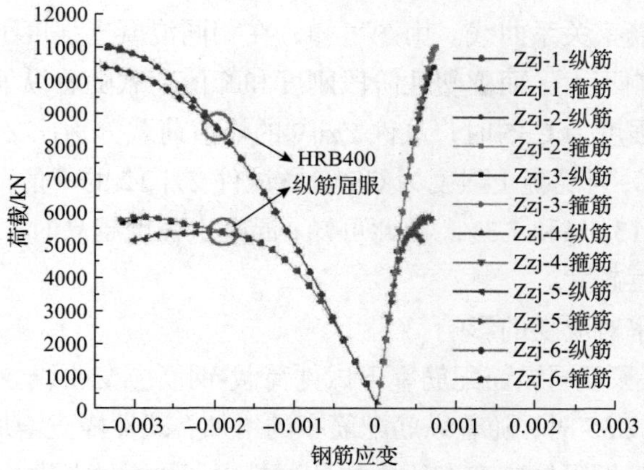

图 4-50　不同纵筋强度下试件荷载-钢筋应变曲线(轴心受压)

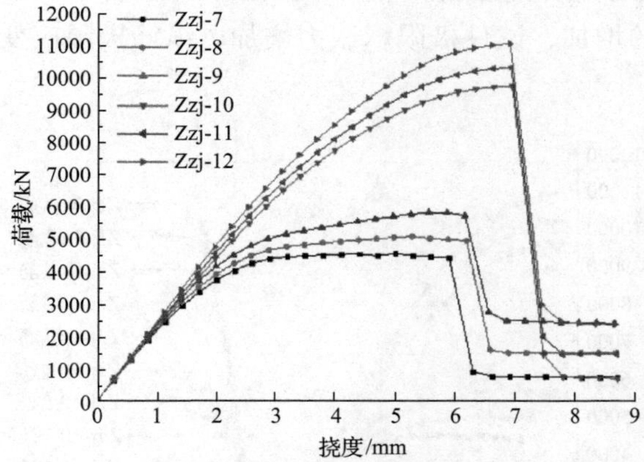

图 4-51　不同纵筋配筋率下试件荷载-挠度曲线(轴心受压)

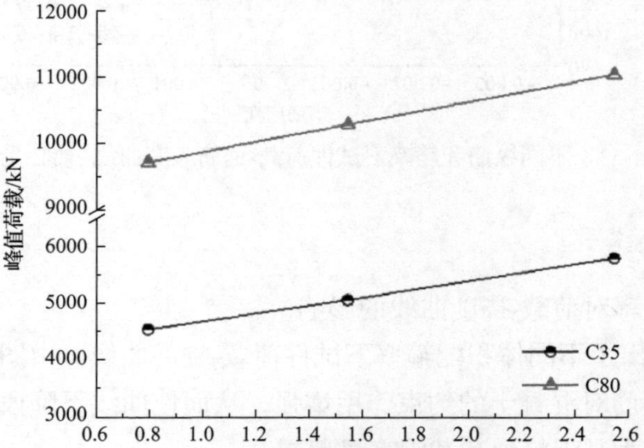

图 4-52　峰值荷载与纵筋配筋率关系曲线(轴心受压)

值荷载与纵筋配筋率关系曲线。由图可知，在相同混凝土强度下，改变纵筋配筋率对弹性刚度影响不大，而弹塑性阶段刚度和峰值荷载随着纵筋配筋率的增大而增大。当混凝土强度为 C35 时，试件 Zzj-9 的峰值荷载分别比 Zzj-7 和 Zzj-8 提高了 27.8%和 14.6%；当混凝土强度为 C80 时，试件 Zzj-12 的峰值荷载分别比 Zzj-10 和 Zzj-11 提高了 13.5%和 7.3%。由此可知，混凝土强度越高时，提高纵筋配筋率，峰值荷载提高幅度越大。

2）纵筋配筋率对应变的影响

图 4-53 给出了不同纵筋配筋率下试件荷载-钢筋应变曲线。由图可知，当混凝土强度等级为 C35 时，随着纵筋配筋率的增加，试件峰值增加，纵筋极限拉应变几乎不变，箍筋极限拉应变有所增加，这是由于承载力增加，试件破坏时横向变形增加，导致箍筋极限应变增加。当混凝土强度等级为 C60 时，试件脆性增强，随着纵筋配筋率的增加，试件极限承载力增加，纵筋极限应变与箍筋极限应变近似相等。

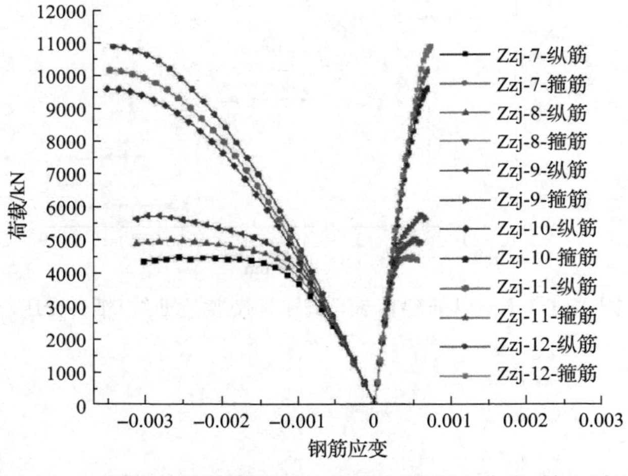

图 4-53　不同纵筋配筋率下试件荷载-钢筋应变曲线（轴心受压）

5. 体积配箍率

1）体积配箍率对荷载-挠度曲线的影响

图 4-54 给出了不同体积配箍率下试件荷载-挠度曲线。由图可知，随着体积配箍率增加，箍筋对混凝土的约束作用增强，从而使曲线下降段斜率略有减小，试件延性略有增大，但峰值荷载没有显著提高。

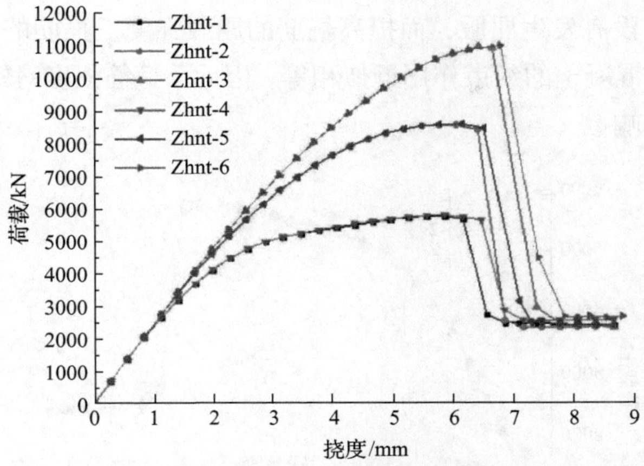

图 4-54　不同体积配箍率下试件荷载-挠度曲线

2) 体积配箍率对应变的影响

图 4-55 给出了不同体积配箍率下试件荷载-钢筋应变曲线。由图可知，随着体积配箍率增加，箍筋对混凝土的约束作用增强，纵筋极限应变略有增加，而箍筋极限应变近似相等。

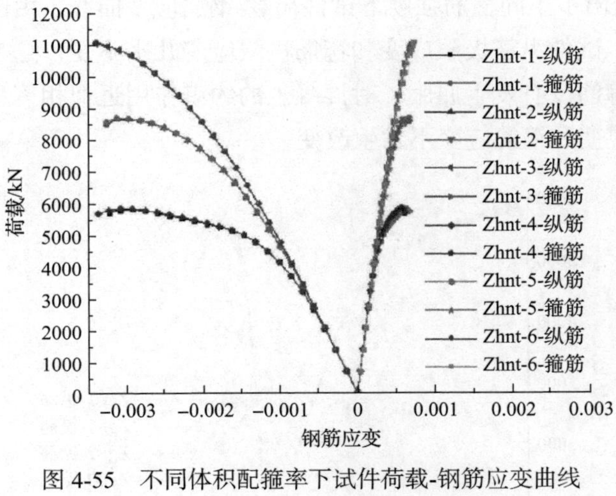

图 4-55　不同体积配箍率下试件荷载-钢筋应变曲线

6. 箍筋强度

1) 箍筋强度对荷载-挠度曲线的影响

图 4-56 给出了不同箍筋强度下试件荷载-挠度曲线。由图可知，随着箍筋强度的增加，试件极限承载力略有增加，但增加幅度非常小，这是因为在轴压柱发

生破坏时，箍筋没有发生屈服，而提高箍筋的屈服强度，箍筋的弹性模量没有发生明显变化，对混凝土的约束作用近似相等。因此，箍筋强度对轴压柱荷载-挠度曲线几乎没有影响。

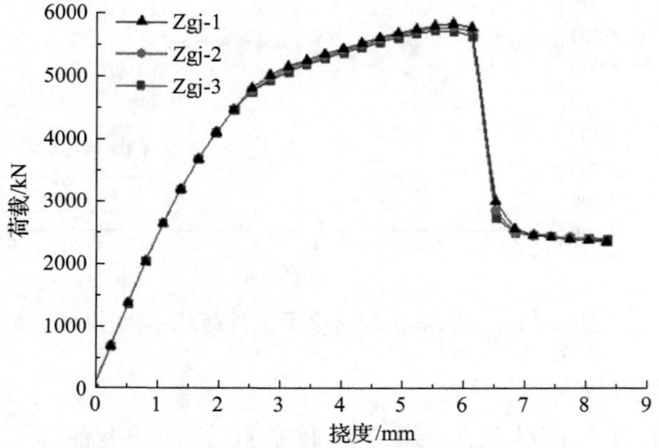

图 4-56 不同箍筋强度下试件荷载-挠度曲线

2) 箍筋强度对应变的影响

图 4-57 给出了不同箍筋强度下试件荷载-钢筋应变曲线。由图可知，随着箍筋强度的增加，试件纵筋极限应变和箍筋极限应变几乎不变，这是因为在轴压柱发生破坏时，箍筋没有发生屈服，对混凝土的约束作用近似相等，因此达到峰值荷载时，纵筋应变和箍筋应变不发生改变。

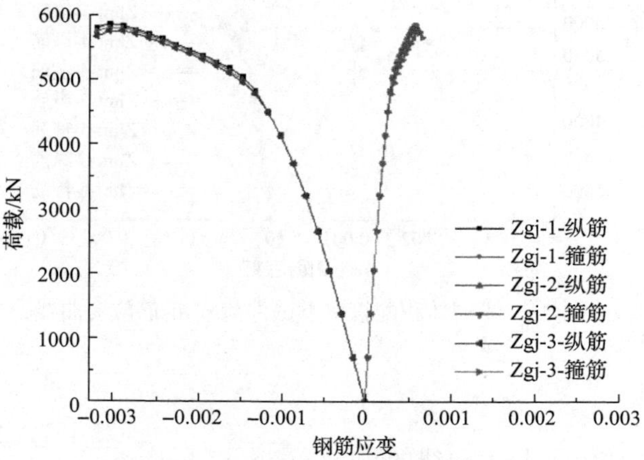

图 4-57 不同箍筋强度下试件荷载-钢筋应变曲线

4.3 NPR735 钢筋混凝土柱计算方法

4.3.1 NPR735 钢筋混凝土柱轴心受压承载力计算方法

1. 各国规范钢筋屈服强度限值对比

各国规范对于钢筋混凝土试件中钢筋屈服强度限值有着各自的要求，具体见表 4-5。

表 4-5 各国规范轴心受压承载力公式中钢筋屈服强度限值 （单位：MPa）

规范	中国规范 GB 50010—2010	中国规程 CECS 356—2013	美国规范 ACI 318-14	欧洲规范 EN 1992-1-1
强度上限值	500	500	550	400～600

从表中可以看出，中国规范和中国规程的抗压强度限值为 500MPa，与美国规范相差不多，欧洲规范则较高，最高可达 600MPa。由此可知，各国规范中，纵筋抗压强度限值均处于 500～600MPa，对于 700MPa 钢筋研究较少。因此，对配置 700MPa 纵筋构件的轴心受压承载力计算是否仍能采用现行规范公式，需要进一步验证。此外，中国规范考虑试件长细比的影响，不考虑箍筋约束作用；美国规范考虑偶然偏心与持续荷载作用的影响，不考虑箍筋约束作用；中国规程考虑箍筋约束对承载力的影响。以下将采用上述三个规范公式计算配置 735MPa 纵筋构件的轴心受压承载力并进行验证。

2. 轴压柱中 NPR735 钢筋设计强度取值

根据中国规范，混凝土压应变可以达到 0.002，配置受压纵筋后，混凝土峰值应变有一定提高，通常可以达到 0.0025；而采用高强箍筋后，NPR735 钢筋混凝土轴压柱的峰值应变能够达到 0.003 以上，接近于 0.0033，说明提高峰值应变能够提高高强钢筋在混凝土中的强度发挥程度，取钢筋的弹性模量为 2×10^5MPa，认为钢筋和混凝土不发生滑移，则压应变相同，考虑实际应用中可能出现误差，保守计算得到钢筋的抗压强度为 $f'_{yk}=600\text{MPa}$。钢筋抗压强度设计值为 $f'_y=f'_{yk}/\gamma_s$，其中 γ_s 为钢筋材料强度分项系数，规范中 HRB500 钢筋的强度分项系数取 1.2，以增加设计时的安全储备。因此，提出 NPR735 钢筋的强度分项系数取 1.2，则其抗压强度设计值为 500MPa。

3. 轴心受压承载力分析

(1) 中国规范中钢筋混凝土轴心受压承载力计算公式为

$$N_{\mathrm{u}} \leqslant 0.9\varphi\left(f_{\mathrm{y}}'A_{\mathrm{s}}' + f_{\mathrm{c}}A\right) \tag{4-1}$$

式中，N_{u} 为轴心受压承载力设计值；0.9 为可靠度调整系数；φ 为钢筋混凝土轴心受压构件的稳定系数；f_{c} 为混凝土的轴心抗压强度设计值；A 为构件截面面积；f_{y}' 为纵筋的抗压强度设计值；A_{s}' 为全部纵筋的截面面积。当纵筋配筋率大于 3%时，式(4-1)中的 A 应改为 $A-A_{\mathrm{s}}'$。

(2) 美国规范推荐对于配置一般箍筋的非预应力钢筋混凝土构件正截面承载力应按照式(4-2)计算：

$$N_{\mathrm{u}} = 0.8\phi\left(0.85f_{\mathrm{c}}'A + f_{\mathrm{y}}'A_{\mathrm{s}}'\right) \tag{4-2}$$

式中，ϕ 为轴心受压构件标准强度转化为设计强度的承载力降低系数，矩形配箍取 0.65，采用材料实测平均强度，不考虑标准强度与设计强度之间的转化；0.8 为考虑荷载产生偶然偏心时的影响系数；0.85 为考虑混凝土在持续作用下的强度折减系数；f_{c}' 为混凝土圆柱体抗压强度；f_{y}' 为钢筋屈服强度。

(3)《高强箍筋混凝土结构技术规程》(CECS 356—2013)[145]考虑箍筋约束作用的轴心受压承载力计算公式为

$$N_{\mathrm{u}} = 0.9\varphi\left(f_{\mathrm{cc}}A_{\mathrm{cor}} + f_{\mathrm{y}}A_{\mathrm{s}}\right) \tag{4-3}$$

式中，φ 为钢筋混凝土轴心受压构件的稳定系数，按照中国规范采用；f_{cc} 为高强箍筋混凝土轴心抗压强度，按照式(4-4)计算，当计算值大于$1.25f_{\mathrm{c}}$ 时取值为 $1.25f_{\mathrm{c}}$；A_{cor} 为构件核心区截面面积，取箍筋内表面截面面积。

$$f_{\mathrm{cc}} = \left(1 + 550\frac{\rho_{\mathrm{sv}}}{f_{\mathrm{c}}}\right)f_{\mathrm{c}} \tag{4-4}$$

式中，ρ_{sv} 为箍筋体积配箍率。

根据各个规范轴心受压承载力计算公式，计算得到 NPR735 钢筋混凝土柱轴心受压承载力，并与试验值进行对比，结果如表 4-6 所示。由表可知，试验值与中国规范计算值之比在 1.27～1.69，平均值为 1.42；试验值与美国规范计算值之比在 1.41～1.68，平均值为 1.53；试验值与中国规程计算值之比在 1.06～1.70，平均值为 1.39。可以看出，采用中国规程计算的承载力和试验值的接近程度比中国规范稍高一些，两者都具有一定的强度储备。这是因为本试验中体积配箍率和箍筋强度都较高，所以计算结果更为接近。采用美国规范计算的轴心受压承载力偏于保守，容易造成材料的浪费。

表 4-6　轴心受压柱承载力试验值与计算值对比

试件编号	N_u/kN	N_u^{GB}/kN	N_u^{ACI}/kN	N_u^{CE}/kN	N_u/N_u^{GB}	N_u/N_u^{ACI}	N_u/N_u^{CE}
Zhnt-1	5784.38	4558.62	4097.22	4762.45	1.27	1.41	1.21
Zhnt-2	8611.66	6178.62	5712.90	6085.30	1.39	1.51	1.42
Zhnt-3	11027.48	7442.22	7018.50	7117.12	1.48	1.57	1.55
Zhnt-4	5783.68	4558.62	4097.22	5431.81	1.27	1.41	1.06
Zhnt-5	8611.50	5098.62	5712.90	5872.76	1.69	1.51	1.47
Zhnt-6	10980.87	7442.22	7018.50	7786.49	1.48	1.56	1.41
Zgj-1	5784.38	4558.62	4097.22	4762.45	1.27	1.41	1.21
Zgj-2	5784.38	4558.62	4097.22	4762.45	1.27	1.41	1.21
Zgj-3	5784.38	4558.62	4097.22	4762.45	1.27	1.41	1.21
Zzj-1	5784.38	4558.62	4097.22	4762.45	1.27	1.41	1.21
Zzj-2	11027.48	7442.22	7018.50	7117.12	1.48	1.57	1.55
Zzj-3	5777.54	4187.48	3767.33	4391.31	1.38	1.53	1.32
Zzj-4	10914.49	7071.08	6688.61	6745.99	1.54	1.63	1.62
Zzj-5	5292.23	3637.66	3278.59	3841.49	1.45	1.61	1.38
Zzj-6	10358.77	6521.26	6199.87	6196.16	1.59	1.67	1.67
Zzj-7	4506.28	3161.46	2855.31	3365.29	1.43	1.58	1.34
Zzj-8	5049.26	3759.99	3387.33	3963.82	1.34	1.49	1.27
Zzj-9	5784.38	4558.62	4097.22	4762.45	1.27	1.41	1.21
Zzj-10	9712.54	6045.06	5776.59	5719.97	1.61	1.68	1.70
Zzj-11	10279.81	6643.59	6308.61	6318.49	1.55	1.63	1.63
Zzj-12	11027.48	7442.22	7018.50	7117.12	1.48	1.57	1.55

注：N_u 为轴心受压承载力试验值；N_u^{GB}、N_u^{ACI}、N_u^{CE} 分别为按中国规范、美国规范、中国规程计算的轴心受压承载力。

4.3.2　NPR735 钢筋混凝土柱偏心受压承载力计算方法

中国规范和美国规范均对偏心受压柱承载力提出了计算公式，美国规范的钢筋屈服强度限值为 550MPa，而中国规范的钢筋屈服强度限值仅为 500MPa。对于 700MPa 钢筋构件的偏心受压承载力计算是否仍能采用现行规范公式，需进一步验证。除此之外，中国规范和美国规范在计算偏心受压承载力方面存在差异。以下将采用上述两个规范公式计算配置 735MPa 纵筋构件的偏心受压承载力并进行验证。

1. 等效矩形应力图法

中国规范和美国规范对于偏心受压柱承载力的计算理论相同，均按等效矩形应力方法计算。其中，矩形应力图宽度为αf_c，深度为βX_n。

中国规范对矩形应力图系数的定义为：当混凝土强度等级不大于 C50 时，α取 1.0，β取 0.80；当混凝土强度等级为 C80 时，α取 0.94，β取 0.74；当混凝土强度等级介于 C50～C80 时，α和β按线性内插法确定。假定混凝土的极限压应变为 0.0033。

美国规范定义系数α为 0.85，假定混凝土极限压应变为 0.003，对于深度系数β的定义如下：

$$\beta=\begin{cases}0.85, & f_c'\leqslant 27.6\text{MPa}\\ 0.85-0.05\dfrac{f_c'-27.6}{6.9}\geqslant 0.65, & f_c'>27.6\text{MPa}\end{cases} \tag{4-5}$$

2. *P*-δ 效应

由于偏心受压试件在受力时会产生侧向弯曲，需要考虑轴向压力在挠曲杆件中产生的二阶效应，即 P-δ 效应。中国规范和美国规范采用不同的方法加以解决，中国规范采用C_m-η_{ns}法，美国规范采用C_m-δ_{ns}法。

1) C_m-η_{ns}法

C_m-η_{ns}法通过C_m、η_{ns}两个参数来考虑二阶效应的影响，试件调整之后的弯矩 M 为

$$M=C_m\eta_{ns}M_2,\quad C_m\eta_{ns}\geqslant 1.0 \tag{4-6}$$

其中，

$$C_m=0.7+0.3\frac{M_1}{M_2}$$

$$\eta_{ns}=1+\frac{1}{1300\left(\dfrac{M_2}{N}+e_a\right)\Big/h_0}\left(\frac{l_c}{h}\right)^2\xi_c$$

$$\xi_c=\frac{0.5f_cA}{N}$$

式中，C_m为试件柱端弯矩调节系数，当$C_m<0.7$时取 0.7；η_{ns}为弯矩增大系数；M_1、M_2为偏心受压试件两端截面弯矩，M_2为绝对值较大者，而本试验中$M_1=M_2=Ne_0$，e_0为初始偏心距；N为M_2对应的轴向压力；e_a为附加偏心距，其值取 20mm 和偏心方向截面最大尺寸的 1/30 两者中的较大值；l_c为试件计算长度；h_0为截面有效高度；ξ_c为截面曲率修正系数，当计算值大于 1.0 时取 1.0。

中国规范规定，对于弯矩作用平面内截面对称的偏心受压试件，当同一主

轴方向的杆端弯矩比 M_1/M_2 不大于 0.9 且轴压比不大于 0.9 时，若试件的长细比满足 $l_c/h \leqslant 5$，可不考虑轴向压力在该方向的 $P\text{-}\delta$ 效应。本书 $l_c/h = 4.5$，因此不考虑 $P\text{-}\delta$ 效应。

由于荷载作用位置不确定、混凝土质量不均匀以及施工偏差等因素，中国规范考虑了附加偏心距 e_a 的影响，即 $e_i = e_0 + e_a$。

2) $C_m\text{-}\delta_{ns}$ 法

$C_m\text{-}\delta_{ns}$ 法为美国规范对于无侧移框架采纳的弯矩系数增大法，简化计算公式为

$$M_c = \delta M_2 \tag{4-7}$$

式中，M_c 为考虑二阶效应的增大弯矩；M_2 为偏心受压试件两端弯矩的较大值，如果横向荷载作用在支点之间，M_2 取试件上的最大值，$M_{2,\max} = N(15.2 + 0.03h)$，$h$ 为截面高度；δ 为弯矩增大系数，计算公式为

$$\delta = \frac{C_m}{\left(2 - P_u/0.75P_c\right)} \geqslant 1.0$$

其中，P_c 为临界荷载，$P_c = \pi^2 EI/\left(kl_u\right)^2$，$l_u$ 为试件的无支撑长度，k 为计算长度调整系数，可取 1.0，$EI = 0.4E_c l_g/\left(1+\beta_{dns}\right)$，$\beta_{dns}$ 为考虑荷载持续作用下的徐变效应，为了简化计算，可以假定 $\beta_{dns} = 0.6$，则 $EI = 0.25E_c I_g$，E_c 为混凝土弹性模量。

美国规范中，对于无侧移框架，在满足 $kl_u/r \leqslant 22$ 时，试件允许忽略二阶效应，其中，r 为试件截面的回转半径，对矩形截面，r 可取稳定方向截面尺寸的 0.3 倍。本书 $kl_u/r = 13.5$，因此可以忽略二阶效应的影响。

美国规范并未提出附加偏心距的概念，而是通过限值偏心距不小于 15.2+0.03h 来考虑荷载作用位置不确定、混凝土质量不均匀等因素的影响，说明最小偏心距主要是为了控制小偏心受压。

3. 偏心受压柱中 NPR735 钢筋强度取值

由图 4-15 可知，NPR735 钢筋混凝土偏心受压柱实测混凝土最大压应变均已经超过中国规范规定的 0.0033，极限压应变增大将进一步增大混凝土的界限受压区高度，同时进一步增大偏心受压柱极限承载力。但由于缺乏足够的数据，本书根据中国规范取混凝土极限压应变为 0.0033。

1) 受拉侧钢筋应力取值

当 $\xi < \xi_b$ 时，发生大偏心受压破坏，由受拉钢筋屈服控制，受拉钢筋应力 $\sigma_s = f_y$。由试验可知，NPR735 钢筋用于偏心受压试件时，其受拉侧钢筋强度能够

得到充分利用，根据中国规范规定的钢筋材料强度分项系数，发现钢筋屈服强度越高，强度分项系数越大，因此适当扩大 HRB500 钢筋的强度分项系数，取值为 1.2，则 NPR735 钢筋在偏心受压试件中的抗拉强度设计值 $f_y = 735/1.2 \approx 600\text{MPa}$，具有较大的安全储备。

当 $\xi > \xi_b$ 时，发生小偏心受压破坏，受拉钢筋未达到屈服，钢筋应力 $\sigma_s < f_y$，此时可以根据平截面假定计算受拉区钢筋应变和应力。

2）受压侧钢筋应力取值

配置纵筋混凝土柱的偏心受压性能与普通钢筋混凝土柱相同，NPR735 钢筋作为受压区纵筋可以达到屈服强度。中国规范规定，当试件为小偏心受压时，受压纵筋可以达到屈服强度，采用屈服强度计算偏心受压承载力；当试件为大偏心受压时，若混凝土受压区等效矩形应力图高度 $x \geqslant 2a_s'$，同样对受压纵筋采用屈服强度计算偏心受压承载力。随着纵筋屈服强度的提高，偏心受压承载力计算时的有关参数也需要变化；根据平截面假定，受压纵筋要达到屈服，混凝土截面受压区高度 x_c 应满足一定的条件。当混凝土极限压应变 ε_{cu} 取 0.0033 时，纵筋达到屈服，屈服应变应 ε_y 取 0.0037，而这是不可能发生的。因此，在混凝土极限压应变取 0.0033 时，偏心受压试件在达到峰值荷载时，受压侧纵筋尚未屈服。当混凝土保护层剥落之后，受压侧纵筋发生压曲，达到屈服强度。

根据平截面假定，受压区钢筋应力根据对应位置的应变 ε_s' 计算。靠近受压区边缘的钢筋压应力最大为

$$\sigma_s' = \varepsilon_s' E_s = \frac{1.25x - a_s'}{1.25x}\varepsilon_{cu} E_s \leqslant 660\text{MPa}$$

由上述公式可知，混凝土受压区高度 x 越大，最外侧受压区钢筋应变越接近。考虑试验测得的受压区混凝土极限压应变大于 0.0033，则受压区钢筋极限压应力不超过 660MPa。基于结构和试件安全性，并考虑尽量充分利用钢筋强度以节省钢筋用量，建议取 NPR735 钢筋的抗压强度设计值 f_y'=600MPa，则 NPR735 钢筋在偏心受压试件中的抗压强度设计值 $f_y = 600/1.2 \approx 500\text{MPa}$。由平截面假定计算得到纵筋受压屈服时混凝土受压区等效矩形应力图高度应满足 $x \geqslant 3.3a_s'$，这与规范 $x \geqslant 2a_s'$ 的取值相近。因此，对配置 NPR735 纵筋的混凝土试件的偏心受压承载力仍可以采用中国规范中偏心受压试件正截面受压承载力相关规定和公式计算，只需将混凝土受压区等效矩形应力图高度限定为 $x \geqslant 3.3a_s'$。

4. 偏心受压承载力分析

本批试件设置四层纵筋，对加载点取距，采用设计截面平衡方程和平截面假

定的迭代计算方法，如图 4-58 所示，该方法主要考虑两种破坏模式，即钢筋受拉破坏和混凝土受压破坏。

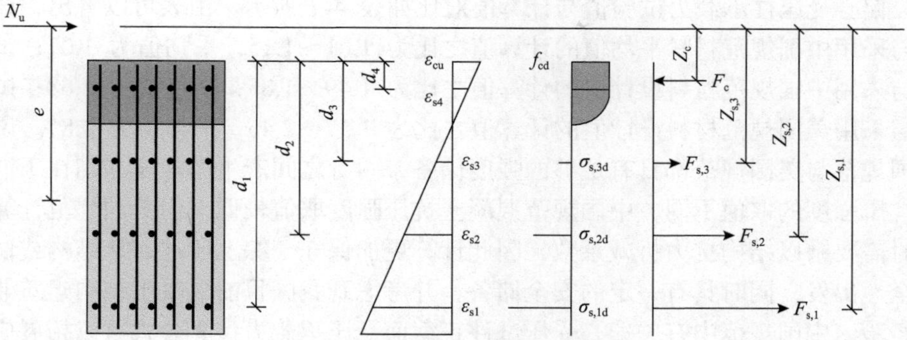

图 4-58　正截面承载力计算简图

计算公式如下：

$$N_{\mathrm{u}} = F_{\mathrm{c}} + \sum F_{\mathrm{s},i} \tag{4-8}$$

$$F_{\mathrm{c}} Z_{\mathrm{c}} + \sum F_{\mathrm{s},i} Z_{\mathrm{s},i} = 0 \tag{4-9}$$

$$F_{\mathrm{s},i} = \sigma_{\mathrm{s,id}} A_{\mathrm{s},i} = E_{\mathrm{s}} \varepsilon_{\mathrm{cu}} \left(\frac{\beta_1 d_i}{x} - 1 \right) A_{\mathrm{s},i} \tag{4-10}$$

$$F_{\mathrm{c}} = \alpha_1 f_{\mathrm{c}} b x \tag{4-11}$$

$$Z_{\mathrm{c}} = \frac{x}{2} + e_0 + e_{\mathrm{a}} - \frac{h}{2} \tag{4-12}$$

$$Z_{\mathrm{s},i} = d_i + e_0 + e_{\mathrm{a}} - \frac{h}{2} \tag{4-13}$$

$$e_0 = \frac{M}{N} \tag{4-14}$$

式中，N_{u} 为受压承载力设计值；F_{c} 为混凝土受压承载力；$F_{\mathrm{s},i}$ 为第 i 层钢筋拉(压)力； Z_{c} 为受压混凝土形心至加载点竖向距离； $Z_{\mathrm{s},i}$ 为第 i 层钢筋至加载点竖向距离；$\sigma_{\mathrm{s},i\mathrm{d}}$ 为第 i 层钢筋应力；d_i 为第 i 层纵筋截面中心至截面受压边缘的距离；$A_{\mathrm{s},i}$ 为第 i 层纵筋的截面面积；α_1 为混凝土受压区等效矩形应力图系数；f_{c} 为混凝土的轴心抗压强度设计值；x 为混凝土受压区高度； e_0 为轴向力对截面重心的偏心距；

e_a 为附加偏心距，其取值为偏心方向截面尺寸的 1/30 和 20mm 中的较大者；M 为控制截面弯矩设计值，考虑 P-δ 效应时，按式(4-6)计算。

偏心受压柱承载力试验值与计算值对比如表 4-7 所示。由表可以看出，试验值与采用中国规范材料平均值的计算值之比为 1.01～1.15，平均值为 1.07；试验值与采用中国规范材料设计值的计算值之比为 1.49～1.85，平均值为 1.68；试验值与采用美国规范材料设计值的计算值之比为 1.57～2.46，平均值为 1.87。说明中国规范与美国规范都具有足够的强度储备，两者之间产生的强度差别在于混凝土抗压强度的取值不同，中国规范混凝土抗压强度取值较低，但美国规范计算弯矩时需要乘以结构抗力折减系数，因此计算更加保守。综上所述，从结构或试件安全性出发，同时具有一定的安全储备，并考虑到我国目前混凝土结构建筑业相关经验，中国规范中有关偏心受压试件正截面受压承载力计算公式可以拓展应用到 735MPa 高强钢筋。

表 4-7　偏心受压柱承载力试验值与计算值对比

试件编号	e_0/mm	破坏模式	N_u/kN	$N_{u,m}^{GB}$/kN	N_u^{GB}/kN	N_u^{ACI}/kN	$N_u/N_{u,m}^{GB}$	N_u/N_u^{GB}	N_u/N_u^{ACI}
B-Z1	100	小偏心	3397.6	3138.8	2021.3	1806.9	1.08	1.68	1.88
B-Z2	200	小偏心	2154.2	1865.8	1269.5	1090.3	1.15	1.70	1.98
B-Z3	300	大偏心	1496.7	1319.4	910.1	953.1	1.13	1.64	1.57
B-Z4	400	大偏心	1134.2	989.0	720.0	634.1	1.15	1.58	1.79
B-Z5	100	小偏心	3071.2	3036.3	1660.9	1678.7	1.01	1.85	1.83
B-Z6	400	大偏心	892.4	849.2	560.5	506.2	1.05	1.59	1.76
py-9	0	小偏心	8611.7	8139.1	4990.6	3498	1.06	1.73	2.46
py-10	5	小偏心	8485.9	8081.8	4726.6	3498	1.05	1.80	2.43
py-11	10	小偏心	8276.4	7882.3	4610.5	3498	1.05	1.80	2.37
py-12	15	小偏心	8145.5	7684.4	4495.3	3498	1.06	1.81	2.33
py-13	20	小偏心	8008.6	7484.7	4378.9	3498	1.07	1.83	2.29
py-14	25	小偏心	7907.6	7283.7	4264.3	3498	1.09	1.85	2.26
py-15	30	小偏心	7647.8	7081.3	4148.2	3498	1.08	1.84	2.19
py-16	40	小偏心	7149	6681.3	3920.1	3498	1.07	1.82	2.04
py-17	50	小偏心	6610.1	6288.2	3695.3	3498	1.05	1.79	1.89
py-18	60	小偏心	6255.4	5901.3	3477.9	3433.3	1.06	1.80	1.82
py-19	75	小偏心	5665.4	5344.7	3168.4	3108.9	1.06	1.79	1.82
py-20	90	小偏心	5065.6	4824.4	2884.9	2804.5	1.05	1.76	1.81

续表

试件编号	e_0/mm	破坏模式	N_u/kN	$N_{u,m}^{GB}$/kN	N_u^{GB}/kN	N_u^{ACI}/kN	$N_u/N_{u,m}^{GB}$	N_u/N_u^{GB}	N_u/N_u^{ACI}
py-21	100	小偏心	4653.4	4505.1	2713.2	2619.4	1.03	1.72	1.78
py-22	125	小偏心	3962.8	3810.4	2345.6	2224.2	1.04	1.69	1.78
py-23	150	小偏心	3427.4	3264.2	2055.5	1920.1	1.05	1.67	1.79
py-24	200	小偏心	2634.3	2508.9	1640.6	1535.3	1.05	1.61	1.72
py-25	250	小偏心	2115.6	2034.3	1357.9	1361.5	1.04	1.56	1.55
py-26	300	大偏心	1750.4	1667.7	1165.1	1133.8	1.05	1.50	1.54
py-27	350	大偏心	1489.3	1383.4	974.4	940.4	1.08	1.53	1.58
py-28	400	大偏心	1288.3	1177.8	837.9	802.7	1.09	1.54	1.60
py-29	500	大偏心	1003.9	911.9	654	621.0	1.1	1.54	1.62
py-30	600	大偏心	823.1	743.7	535.1	508.8	1.10	1.54	1.62
py-31	800	大偏心	589	542.0	394.2	373.4	1.09	1.49	1.58
py-32	1000	大偏心	460.9	426.8	310	295.8	1.08	1.49	1.56

注：e_0 为初始偏心距；N_u 为偏心受压承载力试验值；$N_{u,m}^{GB}$、N_u^{GB}、N_u^{ACI} 分别为按中国规范材料平均值、中国规范材料设计值及美国规范材料设计值计算的偏心受压承载力。

5. N_u-M_u 相关曲线

1) NPR735 钢筋混凝土柱受压区高度分析

偏心受压柱受压区高度试验值与计算值对比如表 4-8 所示。表中，x 为根据沿截面高度混凝土应变分布得到的混凝土受压区高度，x_1 与 x_{1b} 分别为按钢筋强度实测值计算得到的混凝土等效受压区高度及界限混凝土受压区高度，x_2 与 x_{2b} 分别为按钢筋强度设计值计算得到的混凝土等效受压区高度及界限混凝土受压区高度。

表 4-8　偏心受压柱受压区高度试验值与计算值对比

试件编号	e_0/mm	x/mm	破坏模式	x_1/mm	x_{1b}/mm	破坏模式	x_2/mm	x_{2b}/mm	破坏模式
B-Z1	100	305	小偏心	242.7	137.1	小偏心	249	150	小偏压
B-Z2	200	185	小偏心	171.9	137.1	小偏心	180.4	150	小偏压
B-Z3	300	135	大偏心	148.2	137.1	小偏心	157	150	大偏压
B-Z4	400	115	大偏心	134.6	137.1	大偏心	139.5	150	大偏压
B-Z5	100	280	小偏心	241.7	161.9	小偏心	249	185.3	小偏压
B-Z6	400	150	大偏心	115.5	161.9	大偏心	114.8	185.3	大偏压

从表 4-8 可以看出，试验得到的偏心受压柱受压区高度和计算值比较接近，其中试件 B-Z3 按计算得到的破坏模式为小偏压破坏，而实际发生了大偏压破坏，说明在偏心距一定时，规范计算的配筋率偏高，承载力提高较多，因此计算公式具有一定的安全储备。

2）不同规范 N_u-M_u 相关曲线比较

由于试验和模拟试件长细比较小，计算时忽略挠度产生的附加弯矩。根据中国规范 $M = Ne$，计算得到试件跨中截面弯矩 M_u。根据规范计算出试件的正截面承载力 N_u 和 M_u，针对不同偏心距 e，得出偏心受压试件正截面承载力 N_u-M_u 曲线，如图 4-59 所示。由图可知，中国规范使用材料设计值与美国规范确定的 N_u-M_u 曲线较为接近，相比而言，当接近轴心受压时，由于美国规范规定偏心受压试件的受压承载力不得超过轴心受压承载力，偏心受压承载力出现水平段，计算更为保守；中国规范使用材料平均值确定的 N_u-M_u 曲线与试验值符合良好。总体上，采用中国规范可以很好地预测配置 NPR735 纵筋的偏心受压试件正截面承载力。

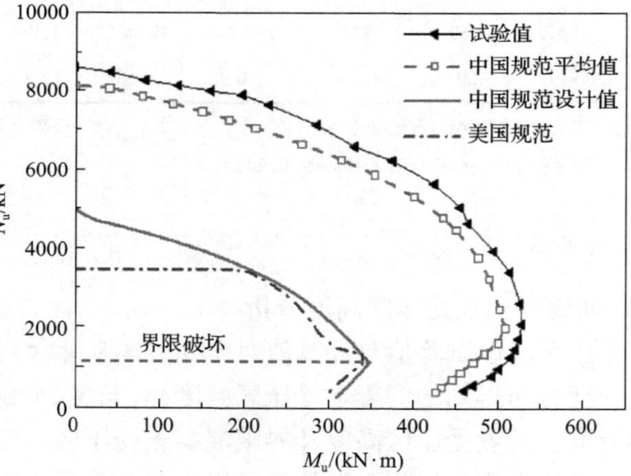

图 4-59　N_u-M_u 曲线

4.4　本 章 小 结

本章对 NPR735 钢筋混凝土柱受力性能进行了研究，论述了 NPR735 钢筋混凝土柱轴心与偏心受压性能试验和有限元分析结果，提出了对应的承载力计算方法，主要结论如下。

(1) 通过 NPR735 钢筋混凝土偏心受压柱的试验研究，可知：①NPR735 钢筋混凝土偏心受压柱受压过程分为三个阶段：弹性增长阶段、非线性增长阶段和下降阶段；破坏模式分为两种：大偏心受压破坏和小偏心受压破坏，这与普通钢筋混凝土偏心受压柱的破坏形态基本一致。②偏心距、纵筋强度是影响NPR735钢筋混凝土偏心受压柱承载力的主要因素。随着偏心距的减小和纵筋强度的增大，NPR735钢筋混凝土偏心受压柱承载力增大，当偏心距增大至300mm时，NPR735钢筋混凝土偏心受压柱接近于界限破坏。③在达到峰值荷载时，无论是大偏心受压还是小偏心受压，NPR735钢筋混凝土偏心受压柱受压侧混凝土均能达到极限压应变，受压侧钢筋未能达到屈服强度；而受拉侧钢筋在大偏心受压情况下都能达到屈服，在小偏心受压情况下都未屈服。通过试件跨中截面混凝土应变沿截面高度的分布验证试件平截面假定，发现截面平均应变呈线性分布，可见平截面假定依然适用于NPR735钢筋混凝土偏心受压柱。

(2)通过有限元参数分析，可知：①试件的极限承载力随着偏心距的增大而减小，随着混凝土强度、纵筋配筋率、纵筋强度的提高而增大；偏心受压柱中，NPR735钢筋在大偏心受压时能够屈服并充分发挥强度，在小偏心受压时受压钢筋能够达到屈服，受拉钢筋不屈服。②当偏心距为0时，偏心受压状态转化为轴心受压状态，试件的极限承载力随混凝土强度、纵筋配筋率、纵筋强度、体积配箍率的提高而增大；NPR735钢筋在轴心受压柱中难以发挥强度，提高混凝土强度，增加混凝土约束可以使这一现象得到改善。

(3)对于轴心受压柱，采用中国规范、美国规范、中国规程分别对轴心受压承载力计算公式进行了验证，发现中国规范适用性较好；对于偏心受压柱，基于中国规范和美国规范的承载力计算公式采用材料平均值、设计值进行计算，对规范中偏心受压承载力计算公式进行了验证，发现中国规范计算值与试验值符合较好，美国规范则过于保守。

第 5 章　NPR735 钢筋混凝土柱抗震性能

5.1　抗震性能试验

5.1.1　试验方案

对 4 根配置 NPR735 钢筋的混凝土柱进行低周往复加载试验，同时作为对比，对 1 根配置 HRB400 普通钢筋的混凝土柱进行试验，研究 NPR735 钢筋混凝土柱的特点。考虑了两种轴压比和两种箍筋间距，研究轴压比和箍筋间距对 NPR735 钢筋混凝土柱地震作用下破坏模式、耗能能力、刚度衰减等的影响。NPR735 钢筋、HRB400 钢筋以及 C35 混凝土与混凝土梁试验试件为同一批次。

1. 试件设计

钢筋混凝土试验柱截面均为矩形，尺寸为 300mm×400mm，从基础梁的上表面至加载梁中心的柱高为 1200mm。混凝土保护层厚度为 25mm。纵筋采用 NPR735 钢筋或 HRB400 普通钢筋，配筋采用 12Φ18；每个试验柱中的箍筋种类与纵筋种类相同，采用 NPR735 钢筋或 HRB400 普通钢筋，配箍为 D8@100 或 D8@50，具体见表 5-1 和图 5-1，试件命名中包含了箍筋间距、轴压比和钢筋种类，如 S100-N03-735 表示箍筋间距 100mm，轴压比为 0.3，钢筋种类为 NPR735。

试验柱与竖向轴压千斤顶采用 6 根 S8.8M20 预埋螺栓连接，与水平推拉千斤顶采用 4 根 S8.8M20 预埋螺栓连接，如图 5-1(b)所示。为避免加载过程中加载位置的混凝土局部压碎，加载位置处预埋 20mm 厚 Q345B 加强钢板，如图 5-1(c)所示。

表 5-1　试验柱参数

试件编号	混凝土强度等级	钢筋种类	箍筋间距/mm	轴压比
S100-N03-735	C35	NPR735	100	0.3
S50-N03-735	C35	NPR735	50	0.3
S100-N05-735	C35	NPR735	100	0.5
S50-N05-735	C35	NPR735	50	0.5
S100-N03-400	C35	HRB400	100	0.3

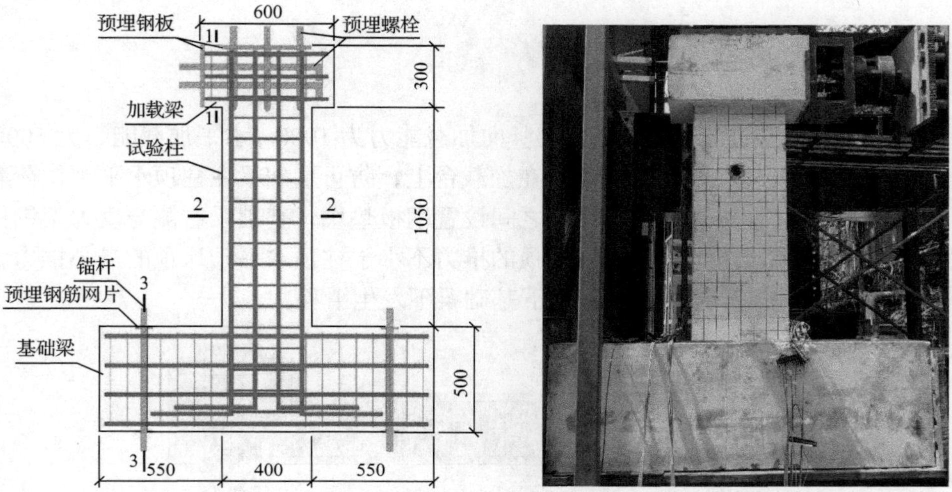

(a) 试验柱正视图

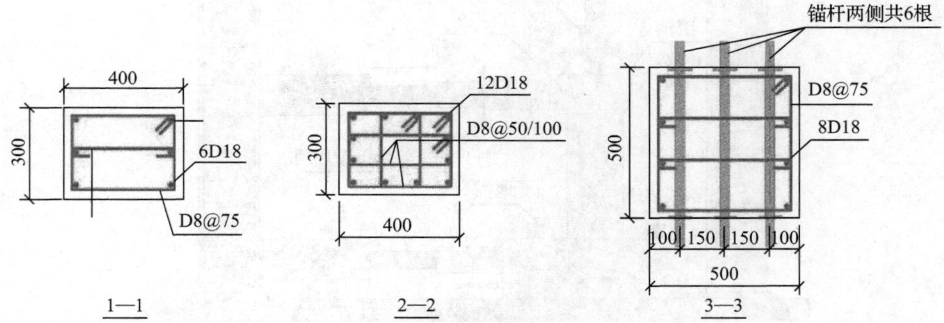

(b) 试验柱剖视图

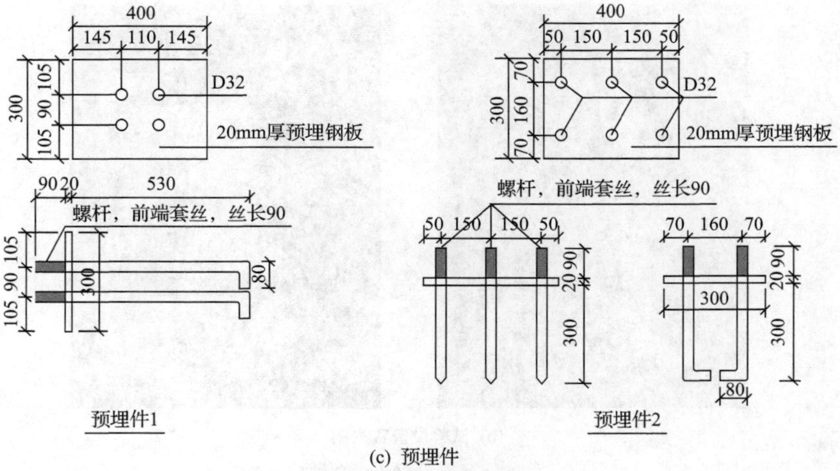

(c) 预埋件

图 5-1　试件构造详图(单位：mm)

2. 试验加载装置及加载制度

1）试验加载装置

图 5-2 为试验加载装置。反力架竖向加载能力为 1000t，水平加载能力为 500t。试验柱的基础梁通过 6 个地锚固定在加载台上，防止基础梁在柱顶水平推拉荷载下翘起。基础梁左侧与反力架钢柱之间设置钢板垫块，基础梁右侧与反力架钢柱之间设置垫梁和液压千斤顶，千斤顶的推力不小于柱顶水平千斤顶的最小推力，确保在柱顶水平千斤顶的推拉作用下基础梁不发生滑移。

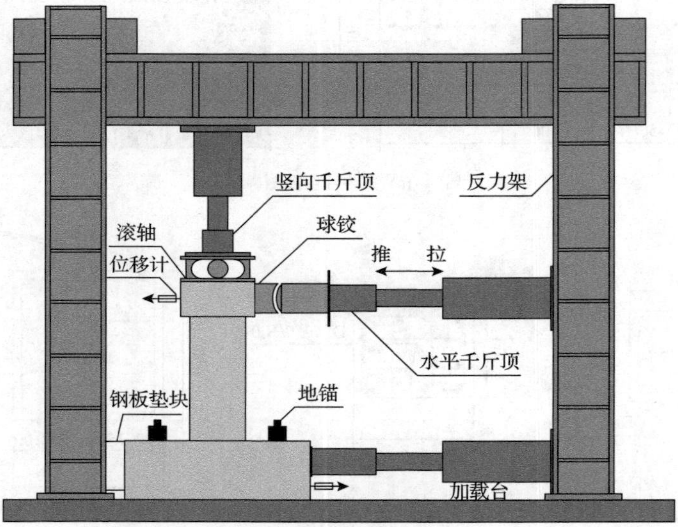

(a) 试验设备示意图

(b) 试验设备实物图

图 5-2　试验加载装置

通过固定在反力架上的竖向千斤顶对试验柱施加轴力，千斤顶加载能力为 500t。竖向千斤顶与试验柱采用滚轴支座连接，如图 5-3 所示，避免柱顶水平位移损坏竖向千斤顶。

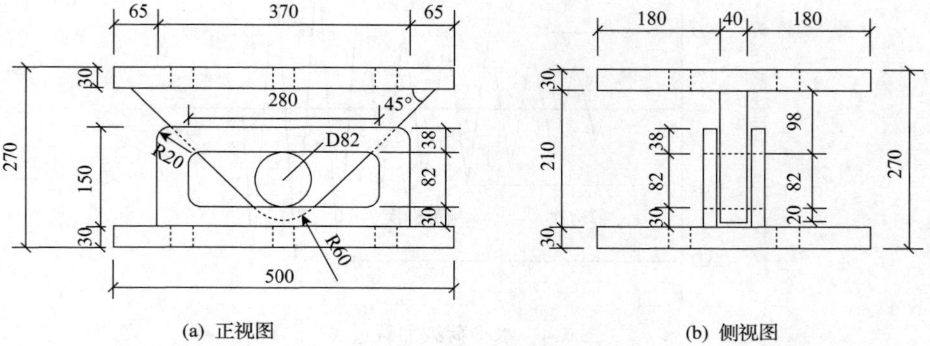

图 5-3　滚轴支座(单位：mm)

试验柱的柱顶往复水平荷载通过固定在反力架钢柱上的水平千斤顶施加，千斤顶加载能力为 500t，加载位移为 400mm，通过伺服油泵控制加载位移和加载推拉力。水平千斤顶通过球铰与混凝土柱顶加载梁相连，如图 5-2 所示，避免柱顶转角损坏水平千斤顶。

2) 加载方案

根据《建筑抗震试验规程》(JGJ/T 101—2015)[146]，试验采用荷载和位移混合控制的方法施加水平荷载，即前期通过荷载来控制加载过程，后期通过位移来控制加载过程。在试验正式开始之前，需要对试件进行预加载，调整好测量设备后将施加在试件的荷载去除，而后测量设备清零正式加载。本次试验竖向千斤顶和水平千斤顶的预加载荷载大小均为 10kN。

正式加载试验时，首先通过竖向千斤顶对试验柱施加 501kN(对应轴压比为 0.3 的试件)或 835kN(对应轴压比为 0.5 的试件)的轴力，并在试验过程中保持不变。

水平荷载加载过程如图 5-4 所示。加载分为两个阶段，第一阶段采用荷载控制，每级荷载增量为 30kN，循环 1 次，加载至试件屈服；第二阶段采用位移控制，每级荷载增量为在水平力作用下的屈服位移 d_y，循环 3 次，加载至试验结束。在试验过程中，当柱无法承受恒定的竖向荷载或者水平横向荷载降低到峰值的 85%时，试验终止。

3) 测量内容及方法

加载过程中主要测量和记录的内容有：柱顶水平力和竖向力(通过与加载千斤顶相连的荷载传感器测量)、柱顶水平位移(通过位移计测量)、柱底纵筋应变和

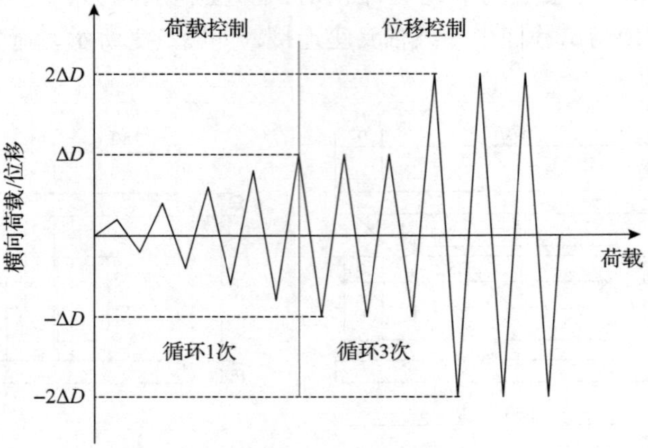

图 5-4　水平荷载加载过程

箍筋应变(通过应变仪测量)、混凝土裂缝宽度(通过裂缝卡测量)，以及试验过程中混凝土柱的裂缝发展、混凝土压碎脱落、钢筋压屈等破坏现象(通过摄像机录像记录)。

混凝土浇筑之前，在混凝土柱底 0～200mm 内的纵筋和箍筋上粘贴应变片，如图 5-5 所示。每根试验试件左右两侧各选 2 根纵筋粘贴应变片，同时在基础梁上第 1 根箍筋的四周布置 4 个应变片，图中 R 代表纵筋，S 代表箍筋。在粘贴应变片之前，需要用砂轮将钢筋粘贴处打磨平整，用酒精将打磨处的杂质擦拭干净，待酒精挥发后，使用 502 胶水将应变片与钢筋平行粘贴。待 502 胶水凝固后，在应变片上涂抹一层保护胶，防止之后混凝土浇筑时损坏应变片。

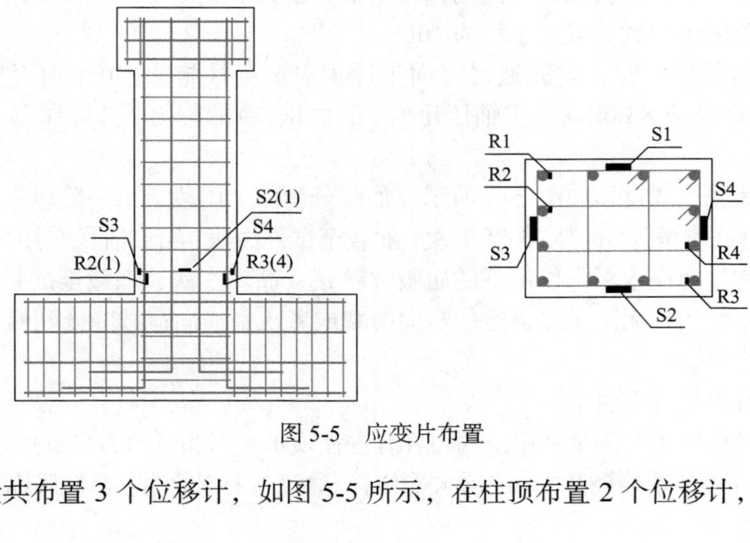

图 5-5　应变片布置

试验共布置 3 个位移计，如图 5-5 所示，在柱顶布置 2 个位移计，用来测量加载过程中柱顶的水平位移；在基础梁侧面布置 1 个位移计，用来测量基础梁的滑移。柱顶水平位移为两个位移计测量结果的平均值减去基础梁的滑移值。

5.1.2　试验现象及结果分析

1. 试验现象

各试件破坏现象如图 5-6～图 5-10 所示。从宏观试验现象方面，各试件的破坏现象基本相同，破坏位置主要位于柱底。随着水平往复荷载的逐步增加，首先在钢筋混凝土柱底部的受拉区出现水平裂缝，并沿斜向朝混凝土柱中性轴处延伸，裂缝的长度和宽度均不断扩展，裂缝数量也不断增多。临近破坏时，纵筋外侧的混凝土保护层脱落，导致钢筋裸露；最后核心区混凝土压碎，纵筋受压屈曲，混凝土柱达到极限状态。但各试件的开裂荷载、极限荷载和极限变形有较大差别，具体分析如下。

(a) 正面　(b) 侧面　(c) 破坏

图 5-6　试件 S100-N03-735 破坏现象

(a) 正面　(b) 侧面　(c) 破坏

图 5-7　试件 S50-N03-735 破坏现象

(a) 正面　　(b) 侧面　　(c) 破坏

图 5-8　试件 S100-N05-735 破坏现象

(a) 正面　　(b) 侧面　　(c) 破坏

图 5-9　试件 S50-N05-735 破坏现象

(a) 正面　　(b) 侧面　　(c) 破坏

图 5-10　试件 S100-N03-400 破坏现象

当加载水平位移为 2mm 时，试件 S100-N03-735 首先在距柱底 200mm 处出现水平裂缝。随着荷载的增加，当加载水平位移增加到 3～5mm 时，裂缝开始向柱中性轴方向延伸，左右两侧水平裂缝相交，并且裂缝宽度不断增大。当加载水平位移为 8～9mm 时，裂缝沿着柱高不断增多，裂缝开始向柱底斜向延伸，由受弯裂缝变为弯剪斜裂缝。当加载水平位移达到 20mm 时，试件底部受压侧混凝土在轴力与弯矩共同产生的压应力作用下沿纵筋外侧开始出现竖向裂缝，如图 5-6(b)所示；随着加载水平位移继续增大，沿纵筋外侧的竖向裂缝向上开展和向外隆起，并最终脱落，导致纵筋和箍筋裸露。最后钢筋混凝土柱底部核心区混凝土被压碎，纵筋失去混凝土保护层而受压鼓曲，如图 5-6(c)所示，试件失去承载能力，达到承载力极限状态。

当加载水平位移为 2mm 时，试件 S50-N03-735 距柱底 200mm 处出现水平裂缝，即开裂时试件 S50-N03-735 与 S100-N03-735 的侧移角相同，表明箍筋间距对柱的水平开裂荷载无影响。随着荷载的增加，当加载水平位移增加到 5～7mm 时，裂缝沿着水平方向延伸，柱左右两侧面的水平裂缝相交，如图 5-7(b)所示。当加载水平位移达到 7mm 时，距柱底 300mm 左右处出现新的水平裂缝。当加载水平位移为 8～9mm 时，裂缝斜向柱底延伸，变为弯剪斜裂缝。当加载水平位移达到 25mm 时，柱底纵筋外侧混凝土出现竖向裂缝，并不断向上方发展；当加载水平位移为 30mm 时，混凝土开始向外鼓出；当加载水平位移为 40mm 时，底部混凝土大面积脱落，纵筋和箍筋露出；当加载水平位移达到 45mm 时，纵筋受压屈曲，核心区混凝土压碎，如图 5-7(c)所示，试件破坏。与箍筋间距为 100mm 的试件 S100-N03-735 相比，箍筋间距为 50mm 的试件 S50-N03-735 破坏时的极限侧移角显著增大，即加密箍筋间距，可显著提升 NPR735 钢筋混凝土柱的侧向变形能力。

当加载水平位移达到 5mm 时，试件 S100-N05-735 柱底受拉侧出现水平裂缝；而试件 S100-N03-735 在加载水平位移为 2mm 时出现水平裂缝，表明增加柱的轴压比，可提升 NPR735 钢筋混凝土柱的水平开裂荷载。当加载水平位移达到 6mm 时，沿着柱高产生新的水平裂缝，并且柱左右两侧的水平裂缝相交。当加载水平位移达到 10mm 时，裂缝向柱底斜向延伸变为弯剪斜裂缝。当加载水平位移达到 14mm 时，柱底受压区混凝土沿纵筋外侧出现竖向裂缝。当加载水平位移增加至 18mm 时，柱底角部混凝土被压碎，侧面混凝土脱落严重。加载后期，当加载水平位移增加至 26mm 时，箍筋外露；当加载水平位移达到 30mm 时，纵筋外露。继续加载，箍筋被撑开，柱底混凝土被压碎，纵筋受压屈曲，如图 5-8(c)所示，试件破坏。与轴压比为 0.3 的试件 S100-N03-735 相比，轴压比为 0.5 的试件 S100-N05-735 破坏时的极限侧移角减小，即在一定程度上增加轴压比，会降低 NPR735 钢筋混凝土柱的侧向变形能力。

当加载水平位移达到 4mm 时，试件 S50-N05-735 柱底混凝土开始开裂，与试件 S100-N05-735 开裂时的水平位移 5mm 基本相当，再次说明箍筋间距对开裂侧移无影响。而试件 S50-N03-735 在加载水平位移为 2mm 时出现水平裂缝，再次表明增加轴压比可以提升 NPR735 钢筋混凝土柱的水平开裂荷载。当加载水平位移增大至 10mm 时，裂缝向柱底斜向延伸，由受弯水平裂缝变为弯剪斜裂缝。当加载水平位移达到 18mm 时，柱底受压区混凝土在纵筋外侧出现竖向裂缝，并不断向上方发展。当加载水平位移达到 22mm 时，柱受压区角部的混凝土开始被压碎、脱落。当加载水平位移达到 34mm 时，纵筋外侧的混凝土保护层开始脱落，箍筋露出。当加载水平位移达到 38mm 时，纵筋外侧的混凝土完全脱落，纵筋外露。继续加载，柱底角部混凝土被压碎，钢筋受压屈曲，如图 5-9(c)所示，试件破坏。与箍筋间距为 100mm 的试件 S100-N05-735 相比，箍筋间距为 50mm 的试件 S50-N05-735 破坏时的极限侧移由 30mm 增大到 38mm，加密箍筋间距，可显著提升 NPR735 钢筋混凝土柱的侧向变形能力。

当加载水平位移达到 2mm 时，试件 S100-N03-400 右侧出现水平裂缝，即开裂时，试件 S100-N03-735 和 S100-N03-400 的侧移角相同，表明当轴压比相同时，纵筋强度、箍筋间距等对混凝土柱的水平开裂荷载无影响。当加载水平位移增加至 5mm 时，裂缝不断发展，柱左右两侧的水平裂缝相交。当加载水平位移增加至 10mm 时，水平受弯裂缝向柱底斜向发展，形成弯剪斜裂缝。当加载水平位移增加至 20mm 时，柱底混凝土沿纵筋外侧出现竖向裂缝。当加载水平位移增加至 22mm 时，柱底角部混凝土向外鼓起；当加载水平位移达到 24mm 时，纵筋外侧混凝土保护层开始剥落。当加载水平位移增加至 26mm 时，箍筋外露；当加载水平位移达到 30mm 时，纵筋外露。继续加载，箍筋被撑开，纵筋屈曲，核心混凝土被压碎，如图 5-10(c)所示，试件破坏。与配置 NPR735 钢筋的试件 S100-N03-735 相比，配置 HRB400 普通钢筋的试件 S100-N03-735 破坏时具有更大的极限侧移角，即采用高强纵筋将削弱钢筋混凝土柱的侧向变形能力。

2. 试验结果及分析

1)滞回曲线

滞回曲线是衡量混凝土柱抗震性能的重要指标，根据滞回曲线，可得到混凝土柱的骨架曲线、延性性能、刚度退化和能量耗散能力等抗震性能指标。当承载力达到极限值后，随着循环荷载和循环次数的增加，承载力逐渐降低。

图 5-11(a)～(e)为各试件滞回曲线，将各试件滞回曲线的包络线放在同一图中进行对比，如图 5-11(f)所示。试验初期，所有试件的滞回曲线变化规律一致，试件屈服之前，滞回曲线近乎是直线；当试件卸载时，应变随之降低，近似为 0，残余变形基本不存在，表明构件处于弹性状态。随着试验的进行，滞回曲线开始呈现明显的滞回环，残余变形不断变大，上升段斜率也逐渐变小，且这一现象在同级加载循环过程中同样存在，表明同级荷载的循环也会使得钢筋混凝土试件出现强度下降和刚度衰减。试验加载后期，上升段斜率明显变小，试件卸载后的残余变形也加大，但是此时出现明显的捏拢现象。这表明试件内部的钢筋和混凝土

之间的黏结作用遭到破坏，钢筋存在一定的滑移。各试件滞回曲线非完美对称，这是由试验加载装置和试件的连接误差等导致的。

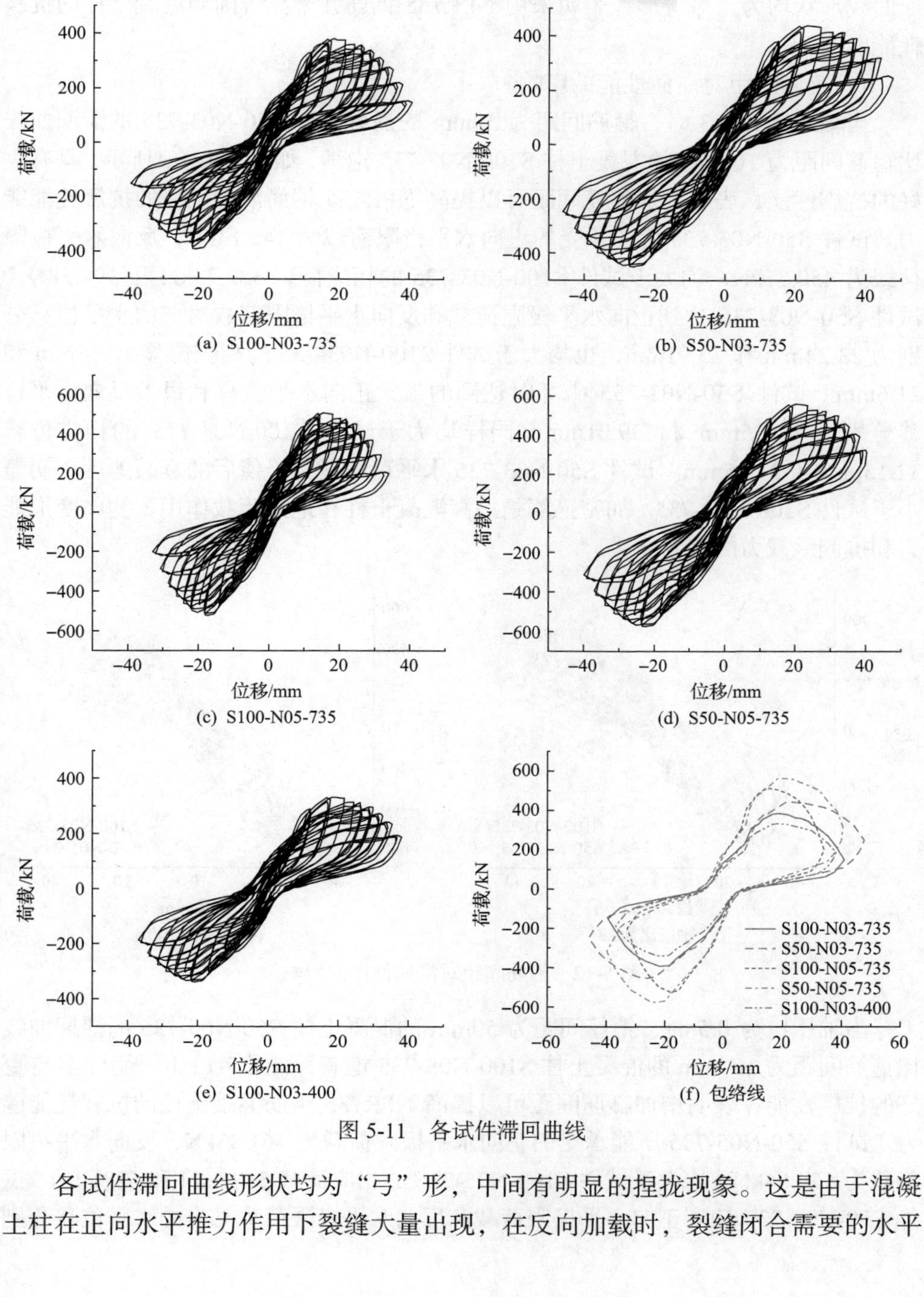

图 5-11　各试件滞回曲线

各试件滞回曲线形状均为“弓”形，中间有明显的捏拢现象。这是由于混凝土柱在正向水平推力作用下裂缝大量出现，在反向加载时，裂缝闭合需要的水平推力较小而水平恢复位移较大，荷载-位移曲线呈现出“滑移”现象。试验中，纵筋为 NPR735 钢筋的混凝土柱滞回曲线与纵筋为 HRB400 普通钢筋的混凝土柱滞回曲线形状均为“弓”形，表明采用 NPR735 钢筋并未显著削弱混凝土柱的抗震耗能能力。

(1) 箍筋间距对滞回性能的影响。

当轴压比为 0.3 时，箍筋间距为 50mm 的混凝土柱 S50-N03-735 的滞回曲线比箍筋间距为 100mm 的混凝土柱 S100-N03-735 饱满，如图 5-12(a) 所示，具有更好的抗震性能，表明增加箍筋间距可以提高 NPR735 钢筋混凝土柱的抗震耗能能力。试件 S50-N03-735 所能承受的正向水平极限荷载为 440.13kN，反向水平极限荷载为 450.57kN，均大于试件 S100-N03-735 的相应荷载 382.73kN 和 390.3kN。试件 S50-N03-735 达到正向水平极限荷载和反向水平极限荷载对应的水平位移分别为 23.24mm 和 25.91mm，也均大于试件 S100-N03-735 的相应位移 18.59mm 和 21.6mm。试件 S50-N03-735 破坏时达到的最大正向水平位移和最大反向水平位移分别为 40.25mm 和 39.21mm，同样均大于试件 S100-N03-735 的相应位移 32.15mm 和 31.35mm。试件 S50-N03-735 水平荷载达到极值后的衰减速度也明显小于试件 S100-N03-735。加密箍筋是提高混凝土柱在地震荷载作用下侧向变形能力和抗侧承载力的有效方法。

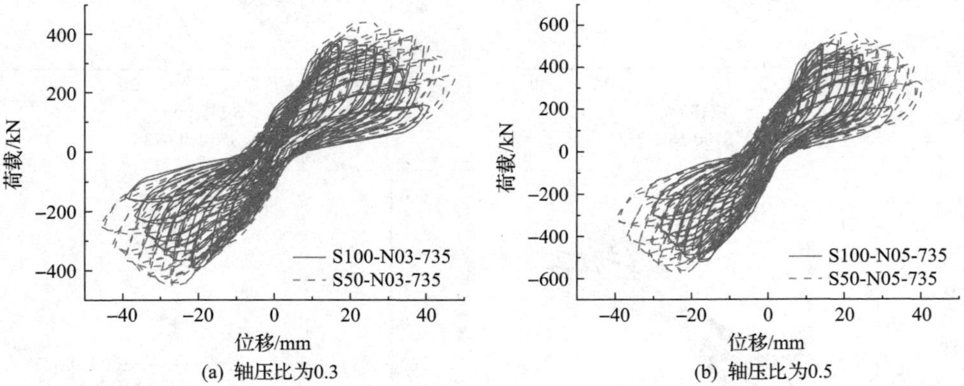

(a) 轴压比为0.3　　(b) 轴压比为0.5

图 5-12　箍筋间距对滞回性能的影响

当轴压比为 0.5 时，箍筋间距为 50mm 的混凝土柱 S50-N05-735 的滞回曲线比箍筋间距为 100mm 的混凝土柱 S100-N05-735 饱满，如图 5-12(b) 所示，具有更好的抗震性能，表明增加箍筋间距可以提高 NPR735 钢筋混凝土柱的抗震耗能能力。试件 S50-N05-735 所能承受的正向水平极限荷载为 561.33kN，反向水平极限荷载为 574.64kN，均大于试件 S100-N05-735 的相应荷载 510.3kN 和 522.4kN。试件 S50-N05-735 达到正向水平极限荷载和反向水平极限荷载对应的水平位移分别为 20.14mm 和 22.45mm，也均大于试件 S100-N05-735 的相应位移 15.45mm 和 17.27mm。试件 S50-N05-735 破坏时达到的最大正向水平位移和最大反向水平位移分别为 34.93mm 和 33.97mm，同样均大于试件 S100-N05-735 的相应位移 26.89mm 和 26.19mm。试件 S50-N05-735 水平荷载达到极值后的衰减速度也明显小于试件 S100-N03-735。加密箍筋是提高混凝土柱在地震荷载作用下侧向变形能力和抗侧承载力的有效方法。

(2)轴压比对滞回性能的影响。

当箍筋间距为 50mm 时，轴压比为 0.3 的混凝土柱 S50-N03-735 的滞回曲线比轴压比为 0.5 的混凝土柱 S50-N05-735 饱满，如图 5-13(a)所示，表明在一定程度上提高轴压比会降低 NPR735 钢筋混凝土柱的抗震耗能能力。试验初期，曲线斜率均较大，柱端的荷载-位移曲线近似为一条直线，但试件 S50-N05-735 的上升段斜率明显比试件 S50-N03-735 大，并且前者达到屈服的位移早于后者，表明在一定程度上增加轴压比可提高混凝土框架柱的抗侧刚度。试件 S50-N05-735 所能承受的正向水平极限荷载为 561.33kN，反向水平极限荷载为 574.64kN，均大于试件 S50-N03-735 的相应荷载 440.13 和 450.57kN。试件 S50-N05-735 达到正向水平极限荷载和反向水平极限荷载对应的水平位移分别为 20.14mm 和 22.45mm，均小于试件 S50-N03-735 的相应位移 23.24mm 和 25.91mm，表明在一定程度上增加轴压比可提高混凝土框架柱的极限承载力，但会降低其变形能力。试件 S50-N05-735 破坏时达到的最大正向水平位移和最大反向水平位移分别为 34.93mm 和 33.97mm，同样小于试件 S50-N03-735 的相应位移 40.25mm 和 39.21mm。试件 S50-N05-735 水平荷载达到极值后的衰减速度也明显大于试件 S50-N03-735，表明在一定程度上增加轴压比会降低混凝土柱的极限变形能力。综上所述，在一定程度上增加轴压比，可以提高混凝土柱的抗侧刚度和极限承载力，但会削弱混凝土柱的变形能力。

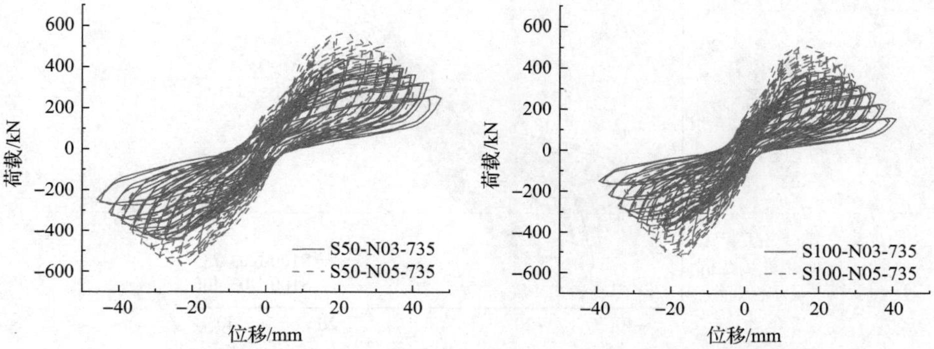

(a) 箍筋间距为50mm　(b) 箍筋间距为100mm

图 5-13　轴压比对滞回性能的影响

当箍筋间距为 100mm 时，轴压比为 0.3 的混凝土柱 S100-N03-735 的滞回曲线比轴压比为 0.5 的混凝土柱 S100-N05-735 饱满，如图 5-13(b)所示，表明在一定程度上提高轴压比会降低 NPR735 钢筋混凝土柱的抗震耗能能力。试验初期，试件 S100-N05-735 的上升段斜率明显比试件 S100-N03-735 大，并且前者达到屈服的位移早于后者，表明在一定程度上增加轴压比可提高混凝土框架柱的抗侧刚度。试件 S100-N05-735 所能承受的正向水平极限荷载为 510.3kN，反向水平极限荷载为 522.4kN，均大于试件 S100-N03-735 的相应荷载 382.73 和 390.3kN。试件 S100-N05-735 达到正向水平极限荷载和反向水平极限荷载对应的水平位移分别为 15.45mm 和 17.27mm，均小于试件 S100-N03-735 的相应位移 18.59mm 和 21.6mm，表明在一定程度上增加轴压比可提高混凝土框架柱的极限承载力，但会降低其变形能力。试件 S100-N05-735 破坏时达到的最大正向水平位移和最大反向水平位移分别为 26.89mm 和 26.19mm，同样小于试件 S100-N03-735 的相应位移 32.15mm 和 31.35mm。试件 S100-N05-735 水平荷载达到极值后的衰减速度也明显大于试件 S100-N03-735，表明在一定程度上增加轴压比，会降低混凝土柱的极限变形能力。综上所述，在一定程度上增加轴压比，可以提高混凝土柱的抗侧刚度和极限承载力，但会削弱混凝土柱的变形能力。

(3) 钢筋强度对滞回性能的影响。

配置 NPR735 钢筋的试件 S100-N03-735 与配置 HRB400 钢筋的试件 S100-N03-400 的滞回曲线形状基本相同，即采用 NPR735 钢筋对混凝土柱的抗震耗能能力影响不大，如图 5-14 所示。试件 S100-N03-735 所能承受的最大正向水平荷载为 382.73kN，最大反向水平荷载为 390.3kN，均大于试件 S100-N03-400 的相应

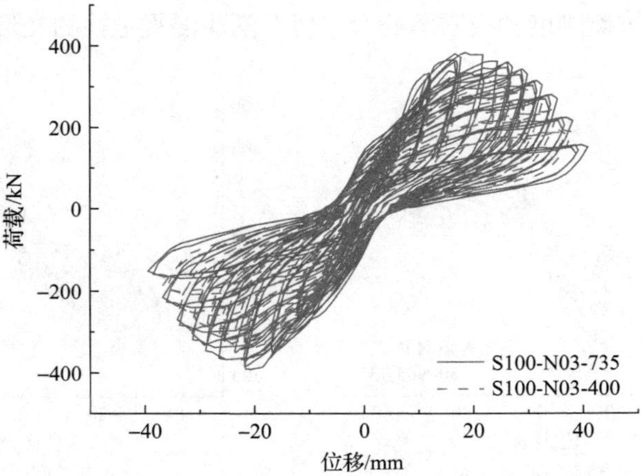

图 5-14　钢筋强度对滞回性能的影响

荷载 331.7kN 和 339.56kN。试件 S100-N03-735 达到最大正向水平荷载和最大反向水平荷载对应的水平位移分别为 18.59mm 和 21.6mm，与试件 S100-N03-400 的相应位移 18.55mm 和 20.72mm 相差不大。试件 S100-N03-735 破坏时达到的最大正向水平位移和最大反向水平位移分别为 32.15mm 和 31.35mm，与试件 S100-N03-400 的相应位移 32.22mm 和 31.33mm 相差不大。试件 S100-N03-735 水平荷载达到极值后的衰减速度与试件 S100-N03-735 相似。综上所述，使用 NPR735 钢筋可以提升混凝土柱的承载能力，而略微削弱其极限变形能力。

2）骨架曲线

各试件骨架曲线如图 5-15 所示。在试件的加载过程中，根据骨架曲线的变化可分为三个阶段，即试件屈服前阶段、试件屈服后的强化段以及试件破坏阶段。在试件加载至屈服之前，骨架曲线近似为一条直线，随着加载水平位移的增大，混凝土柱顶端的水平荷载近似线性增大。而当试件加载至屈服之后，骨架曲线上升段的斜率开始明显下降，随着加载水平位移的增大，钢筋混凝土柱顶端的水平荷载增大速率逐渐降低。当试件加载至极限荷载之后，柱底部的混凝土被压碎，纵筋失去混凝土的保护作用开始屈曲，试件承载力迅速降低。

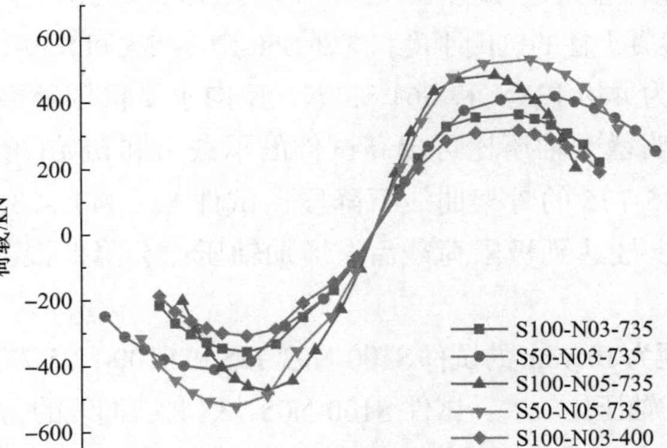

图 5-15　各试件骨架曲线

（1）箍筋间距对骨架曲线的影响。

对比轴压比为 0.3 的试件 S50-N03-735 和 S100-N03-735 的骨架曲线可知，在弹性阶段，二者上升段基本重合，表明箍筋间距对混凝土柱的抗侧刚度无影响。试件 S50-N03-735 和 S100-N03-735 的正向水平极限荷载分别为 440.13kN 和 382.73kN，对应的水平位移分别为 23.24mm 和 18.59mm；反向水平极限荷载分别为 450.57kN 和 390.3kN，对应的水平位移分别为 25.91mm 和 21.6mm，表明加密箍筋可以提高混凝土柱的抗侧承载力和变形能力。达到极限荷载后，试件

S50-N03-735 的下降段比试件 S100-N03-735 更加平缓，极限位移增大，表明增大体积配箍率可充分发挥箍筋对核心区混凝土和纵筋的约束作用，提高试件的承载力，并提高滞回柱的抗震性能。

对比轴压比为 0.5 的试件 S50-N05-735 和 S100-N05-735 的骨架曲线可知，在弹性阶段，二者上升段基本重合，表明箍筋间距对混凝土柱的抗侧刚度无影响。试件 S50-N05-735 和 S100-N05-735 的正向水平极限荷载分别为 561.33kN 和 510.3kN，对应的水平位移分别为 20.14mm 和 15.45mm；反向水平极限荷载分别为 574.64kN 和 522.4kN，对应的水平位移分别为 22.45mm 和 17.27mm，表明加密箍筋可以提高混凝土柱的抗侧承载力和变形能力。达到极限荷载后，试件 S50-N05-735 的下降段比试件 S100-N05-735 更加平缓，极限位移增大，表明增大体积配箍率可充分发挥箍筋对核心区混凝土和纵筋的约束作用，提高试件的承载力，并提高混凝土柱的抗震性能。

(2) 轴压比对骨架曲线的影响。

对比箍筋间距为 50mm 的试件 S50-N03-735 和 S50-N05-735 的骨架曲线可知，在弹性阶段，由于轴压比较大，试件 S50-N05-735 骨架曲线的初始斜率较大，表明增加轴压比可以提高混凝土柱的抗侧刚度；试件 S50-N03-735 和 S50-N05-735 的正向水平极限荷载分别为 440.13kN 和 561.33kN，反向水平极限荷载分别为 450.57kN 和 574.64kN，表明增大轴压比可提高试件的承载力和初始刚度；达到极限荷载后，试件 S50-N05-735 的骨架曲线下降段比试件 S50-N03-735 更陡，极限位移减小，表明混凝土柱达到极限荷载后，增加轴压比会降低混凝土柱的侧向变形能力。

对比箍筋间距为 100mm 的试件 S100-N03-735 和 S100-N05-735 的骨架曲线可知，在弹性阶段，由于轴压比较大，试件 S100-N05-735 骨架曲线的初始斜率较大，表明增加轴压比可以提高混凝土柱的抗侧刚度；试件 S100-N03-735 和 S100-N05-735 的正向水平极限荷载分别为 382.73kN 和 510.3kN，反向水平极限荷载分别为 390.3kN 和 522.4kN，表明增大轴压比可提高试件的承载力和初始刚度；达到极限荷载后，试件 S100-N05-735 的骨架曲线下降段比试件 S100-N03-735 更陡，极限位移减小，表明混凝土柱达到极限荷载后，增加轴压比会降低混凝土柱的侧向变形能力。

(3) 钢筋强度对骨架曲线的影响。

对比配置 NPR735 钢筋的试件 S100-N03-735 和配置 HRB400 普通钢筋的试件 S100-N03-400 的骨架曲线可知，在加载前期，二者上升段基本一致，表明钢筋强度对混凝土柱的抗侧刚度无影响；试件 S100-N03-735 的峰值荷载比试件 S100-

N03-400 略高，表明采用高强高延性钢筋可以提高混凝土柱的抗侧承载力；达到极限荷载后，试件 S100-N03-735 的骨架曲线下降段更陡，表明采用 NPR735 钢筋的混凝土柱的刚度衰减略微增大；试件 S100-N03-735 的极限水平位移略小于试件 S100-N03-400，表明采用高强高延性钢筋将略微削弱混凝土柱的侧向变形能力。

3）延性

当钢筋混凝土柱的水平荷载下降到峰值荷载的 85%时，定义为试件的破坏点，如图 5-16 所示。位移延性系数是试件达到破坏点的极限位移与试件屈服时的屈服位移的比值，即

$$\mu = \frac{d_u}{d_y} \tag{5-1}$$

式中，d_y 为试件屈服时对应的位移；d_u 为试件达到破坏点时对应的位移。

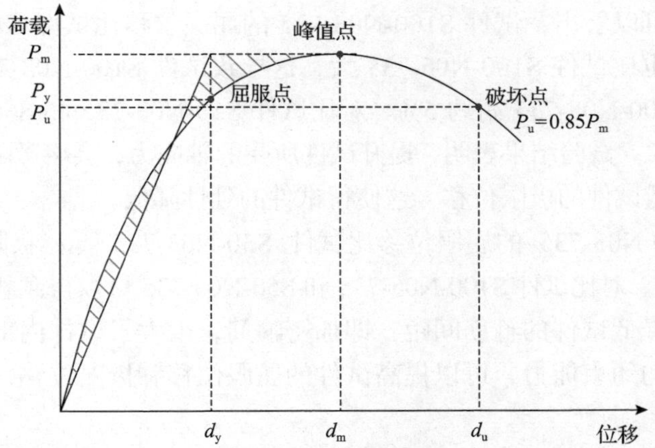

图 5-16　试件屈服点确定

由于材料非线性的发展，不同部位的钢材进入屈服状态的时刻不同步等原因，在构件的骨架曲线上往往没有明显的屈服点，屈服点的确定主要有以下三种方法：①钢筋或钢材达到屈服应变的时刻为屈服点；②基于构件等效弹塑性的屈服点定义；③基于构件相同耗能能力的屈服点定义[147]。

确定试件极限位移的方法通常有：①取承载力下降到最大值的 85%时的位移；②取混凝土压应变达到极限压应变 0.003～0.004 时的位移[148]。

表 5-2 为各试件位移延性系数计算结果。从表中可知，试验柱的位移延性系数在 2.12～2.47，均超过 2.0，这表明配置高强高延性钢筋的混凝土柱表现出了良好的延性。

表 5-2　各试件位移延性系数

试件编号	加载方向	屈服荷载 P_y /kN	屈服位移 d_y /mm	极限荷载 P_u /kN	极限位移 d_u /mm	位移延性系数
S100-N03-735	正向	332.09	13.62	307.39	32.15	2.36
	反向	–302.82	–14.16	–303.31	–31.35	2.21
S50-N03-735	正向	382.01	16.77	353.71	40.25	2.40
	反向	–353.99	–17.48	–348.61	–39.21	2.24
S100-N05-735	正向	442.78	12.16	409.85	26.89	2.21
	反向	–419.35	–12.37	–404.41	–26.19	2.12
S50-N05-735	正向	486.08	15.26	450.82	34.93	2.29
	反向	–462.71	–15.96	–444.88	–33.97	2.13
S100-N03-400	正向	283.45	13.05	266.36	32.22	2.47
	反向	–265.76	–13.59	–262.82	–31.33	2.31

从表 5-2 可以看出，试件 S100-N03-735 的屈服位移比试件 S100-N05-735 略大，极限位移也比试件 S100-N05-735 大，这导致试件 S100-N03-735 的位移延性系数比试件 S100-N05-735 高约 5%。对比试件 S50-N03-735 和 S50-N05-735 可以得到相似的现象。试验结果表明，提升试件所受的轴向力，会略微降低试件的屈服位移，明显降低试件的极限位移，这使得试件的延性降低。

试件 S100-N03-735 的屈服位移比试件 S50-N03-735 低，极限位移也比试件 S50-N03-735 低。对比试件 S100-N05-735 和 S50-N05-735 可以得到相似的现象。试验结果表明，降低试件的箍筋间距，即加密箍筋，增大了试件内部箍筋对核心区混凝土和纵筋的约束能力，可以提高试件的屈服位移和极限位移，同时提高试件的延性。

试件 S100-N03-735 的屈服位移比试件 S100-N03-400 略高，极限位移比试件 S100-N03-400 略低，导致试件 S100-N03-400 的位移延性系数比试件 S100-N03-735 高 5%。可以得出，提升试件的钢筋强度会降低试件的延性。

4）刚度退化

刚度退化是在低周往复加载过程中混凝土柱进入弹塑性阶段后，随着加载的进行，试件的位移增加而刚度降低的现象。使用割线刚度-位移曲线表示混凝土柱的刚度退化特性，割线刚度计算公式为

$$K_i = \frac{P_i}{d_i} \tag{5-2}$$

式中，P_i 为第 i 次循环时的峰值荷载；d_i 为峰值荷载 P_i 所对应的位移。

各试件割线刚度-位移曲线如图 5-17 所示。对于轴压比为 0.3 的混凝土柱，箍筋间距为 100mm 的试件 S100-N03-735 的割线刚度-位移曲线斜率大于箍筋间距为 50mm 的试件 S50-N03-735；对于轴压比为 0.5 的混凝土柱，同样箍筋间距为 100mm 的试件 S100-N05-735 的割线刚度-位移曲线斜率大于箍筋间距为 50mm 的试件 S50-N05-735。表明加密箍筋可增强箍筋对柱底核心区混凝土和纵筋的约束作用，延缓混凝土柱的抗侧刚度退化速度。

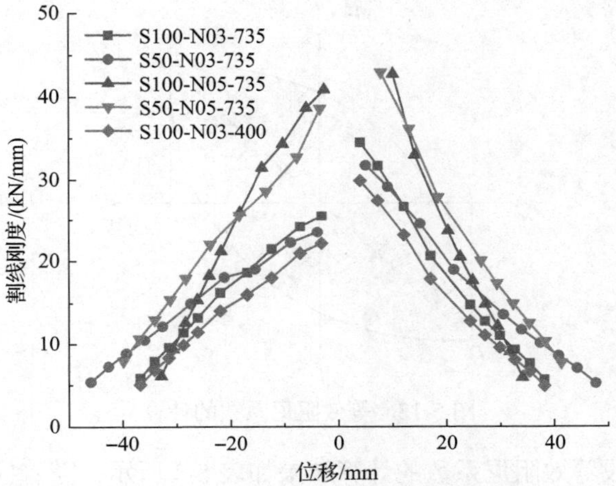

图 5-17　各试件割线刚度-位移曲线

对于箍筋间距为 100mm 的混凝土柱，轴压比为 0.5 的试件 S100-N05-735 的初始刚度比轴压比为 0.3 的试件 S100-N03-735 大 50%，表明增加轴压比可以提高柱的抗侧能力；试件 S100-N05-735 的割线刚度-位移曲线斜率大于试件 S100-N03-735，表明增加轴压比将增大混凝土柱抗侧刚度的退化速度。对于箍筋间距为 50mm 的混凝土柱，轴压比为 0.5 的试件 S50-N05-735 的初始刚度同样大于轴压比为 0.3 的试件 S50-N03-735，割线刚度-位移曲线斜率也大于试件 S50-N03-735，再次说明增加轴压比可提高混凝土柱的抗侧刚度，但将加速混凝土柱抗侧刚度的退化。

采用 NPR735 钢筋的试件 S100-N03-735 和采用 HRB400 普通钢筋的试件 S100-N03-400 的初始抗侧刚度基本相同，表明高强高延性钢筋对混凝土柱的初始抗侧刚度无影响；但试件 S100-N03-735 的割线刚度-位移曲线斜率稍大于试件 S100-N03-400，表明相比 HRB400 普通钢筋，采用 NPR735 钢筋后，混凝土柱的刚度退化加剧，构件的抗震性能略微下降。

5) 抗震耗能能力

混凝土柱抗震耗能能力通过滞回曲线的累计耗能表示[146]，使用等效阻尼系数 h_e 量化试件的抗震耗能能力，h_e 通过滞回环包络面积计算，如图 5-18 所示，计

算公式为

$$h_e = \frac{S_{ABC+CDA}}{2\pi S_{OBE+ODF}} \tag{5-3}$$

式中，$S_{ABC+CDA}$ 为滞回曲线 ABC 和 CDA 的面积；$S_{OBE+ODF}$ 为三角区域 OBE 和 ODF 的面积。

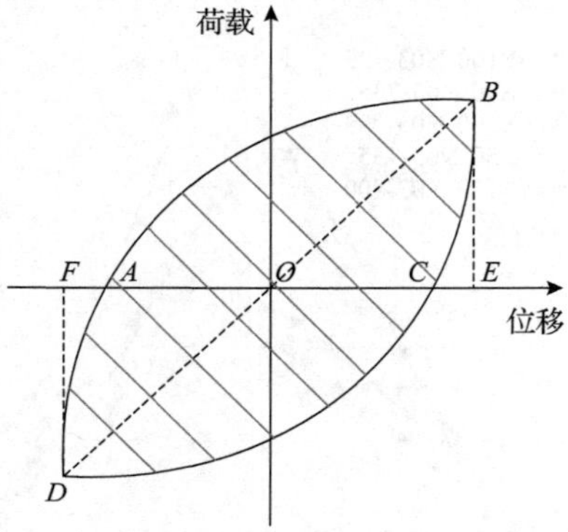

图 5-18　等效阻尼系数的计算

不同加载阶段等效阻尼系数的计算结果如表 5-3 所示。随着柱顶加载水平位移的增加，等效阻尼系数增加。在试件屈服之前，等效阻尼系数相对较小。从表中可以看出，加载至峰值点时，钢筋混凝土柱的等效阻尼系数在 0.1596～0.1738。加载至破坏点时，所有试件的等效阻尼系数均超过 0.19，这说明试件的能量耗散性能良好。

表 5-3　等效阻尼系数

试件编号	屈服点	峰值点	破坏点
S100-N03-735	0.1298	0.1644	0.2023
S50-N03-735	0.1302	0.1697	0.2121
S100-N05-735	0.1217	0.1596	0.1937
S50-N05-735	0.1234	0.1632	0.1972
S100-N03-400	0.1352	0.1738	0.2206

对于轴压比为 0.3 的混凝土柱，箍筋间距为 50mm 的试件 S50-N03-735 的等效阻尼系数大于箍筋间距为 100mm 的试件 S100-N03-735；对于轴压比为 0.5 的混凝土柱，同样箍筋间距为 50mm 的试件 S50-N05-735 的等效阻尼系数均大于箍筋间距为 100mm 的试件 S100-N05-735。表明加密箍筋可以增强箍筋对柱底核心区混凝土和纵筋的约束作用，提高混凝土柱的抗震耗能能力。

对于箍筋间距为 100mm 的混凝土柱，轴压比为 0.5 的试件 S100-N05-735 的等效阻尼系数小于轴压比为 0.3 的试件 S100-N03-735；对于箍筋间距为 50mm 的混凝土柱，同样轴压比为 0.5 的试件 S50-N05-735 的等效阻尼系数小于轴压比为 0.3 的试件 S50-N03-735。表明增加轴压比会降低混凝土柱的抗震耗能能力。

采用 NPR735 钢筋的试件 S100-N03-735 的等效阻尼系数小于采用 HRB400 普通钢筋的试件 S100-N03-400，表明相比 HRB400 普通钢筋，采用 NPR735 钢筋后，混凝土柱的抗震耗能能力有所削弱。

6) 钢筋应变

(1) 纵筋应变分析。

图 5-19 为各试件纵筋应变-位移曲线。当试件加载至极限位移时，受拉区纵筋应变超过 0.003675，这表明受拉区纵筋已经屈服。而受压区纵筋受到混凝土极限压应变的限制，在混凝土压碎之前，其应变没有超过–0.003675，所以受压区纵筋没有屈服。这表明高强高延性钢筋可以充分发挥其抗拉强度。当试件 S100-N03-400 加载至极限位移时，受拉区和受压区纵筋应变均超过 0.002，这表明纵筋已经屈服。

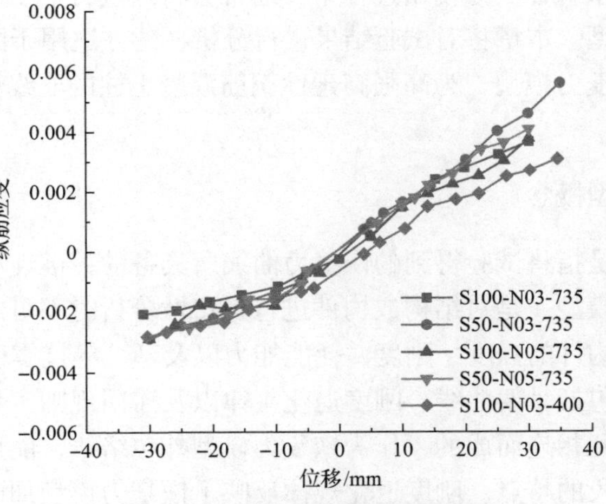

图 5-19　各试件纵筋应变-位移曲线

(2) 箍筋应变分析。

图 5-20 为各试件箍筋应变-位移曲线。当试件 S100-N03-400 加载至极限位移时，箍筋应变超过 0.002，这表明箍筋已经屈服。而 4 个配置高强高延性钢筋的试件加载至极限位移时，箍筋应变均没有超过 0.0035，这表明配置的高强箍筋并没有屈服。结果表明，NPR735 钢筋作为箍筋不能充分发挥其抗拉强度。

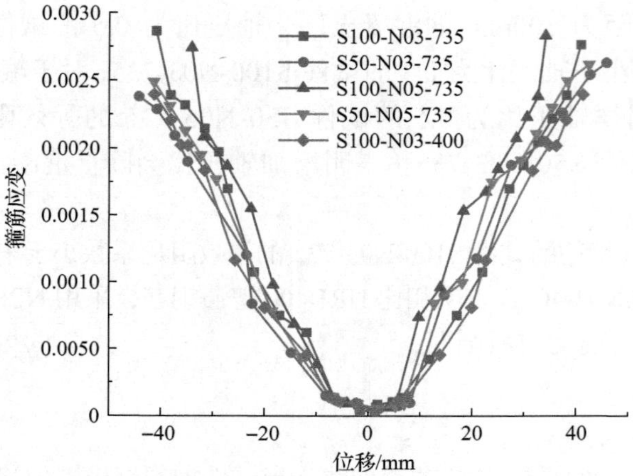

图 5-20　各试件箍筋应变-位移曲线

5.2　NPR735 钢筋混凝土柱恢复力模型

构件卸载后恢复原有形状的能力称为恢复力，恢复力曲线定义为构件恢复力与变形之间的关系，在实际使用过程中，通常会将其进行模型化处理，建立便于应用的恢复力模型。本章将对试验结果进行分析，建立适用于配置 NPR735 钢筋的混凝土柱的恢复力模型，为高强高延性钢筋混凝土柱的非线性分析提供依据与参考。

5.2.1　恢复力模型概念

恢复力模型是指将试验得到的恢复力曲线所具备的关键性质通过数学方法简化处理后建立的模型，是对结构或构件进行弹塑性分析时不可或缺的工具。恢复力曲线能反映出构件的强度、刚度、耗能能力以及延性等抗震性能指标。

恢复力模型包括骨架曲线、刚度退化规律以及滞回规则。骨架曲线是各级加载阶段峰值点彼此相连而成的，作为恢复力模型外包络线，能反映出构件屈服、峰值、破坏各阶段的特点。刚度退化规律反映了恢复力模型加卸载刚度值，滞回规则是用来描述构件加卸载过程中的行走路线规则。恢复力模型是简化处理后的理想形式，无法将所有的恢复力特性完整覆盖，为保证分析精度达到要求，建立的恢复力模型需要满足能反映构件实际情况且便于应用到计算中的要求。

5.2.2　恢复力模型种类

现有的恢复力模型可以分为曲线型和折线型两类，曲线型恢复力模型的构成是连续曲线，连续曲线更符合试件加载得到的骨架曲线，但这导致刚度由于连续变化而无法进行有效的计算和确定，因此在构件的分析过程中很少采用。折线型恢复力模型由直线段构成，各加载阶段内刚度恒定，便于计算，得到广泛应用。折线型恢复力模型种类较多，包括双线型、三线型、四线型等，三线型恢复力模型能够较好地反映钢筋混凝土构件弯曲破坏各阶段特征，在钢筋混凝土结构中使用广泛。

5.2.3　恢复力模型建立

恢复力模型的建立方法主要有三种：试验拟合法、系统识别法以及理论计算法。

1) 试验拟合法

试验拟合法通过对试验数据进行回归分析，确定骨架曲线、刚度退化规律以及滞回规则，将骨架曲线与按照刚度退化规律和滞回规则形成的滞回环结合起来得到恢复力模型。

2) 系统识别法

系统识别法又称为结构识别法，该方法使用近代控制理论对系统模型或参数的确定方法进行研究。通过外部输入对结构或构件产生的影响确定结构恢复力特性，进而建立恢复力模型。

3) 理论计算法

理论计算法以钢筋混凝土材料本构关系为基础，在符合平截面假定的条件下，将构件截面划分为多个单轴应力状态下的纤维单元，最终通过对每个单元应力-应变关系的确定得到整个截面的荷载-变形关系。

本章将结合试验数据与恢复力模型相关理论，采用试验拟合法确定骨架曲线、刚度退化规律以及滞回规则，最终建立适用于配置 NPR735 钢筋的混凝土柱恢复力模型。

5.2.4　NPR735 钢筋混凝土柱骨架曲线

骨架曲线模型是恢复力模型建立过程中最为重要的一部分，试件的承载力、刚度、延性、耗能性能等抗震特性均能在骨架曲线中得到直接体现，建立较为准确的骨架曲线模型能够为恢复力模型特征点的选取提供依据。试验中配置 NPR735 钢筋的试件共 4 个，由于各个试件的具体参数不同，得到的承载力、位移等试验数据差别较大，无法用统一的尺度进行分析。因此，首先要将试验数据进行无量纲化处理，将横坐标由位移 d 变为 d/d_m(位移/试验测得的峰值位移)，纵坐标由荷载 P 变为 P/P_m(荷载/试验测得的峰值荷载)。可以发现，将试验数据进行无量纲化处理后能展现出较好的规律性，便于对各个试件进行分析比较。

骨架曲线模型采用三折线模型，如图 5-21 所示，将试件的加载过程分为三个阶段：弹性阶段、试件屈服后到峰值点阶段、强度下降阶段。下面以正向弹性阶段（OY 段）的计算为例，对骨架曲线模型的建立过程进行说明。试件在制作以及试验过程中存在的各种误差可能会导致试验得到的骨架曲线没有通过坐标原点，因此在计算过程中为了满足理论标准，需要人为插入坐标原点（0,0）。OY 段拟合结果如图 5-22 所示，拟合方程为

$$\frac{P}{P_{\mathrm{m}}}=1.927\frac{d}{d_{\mathrm{m}}} \tag{5-4}$$

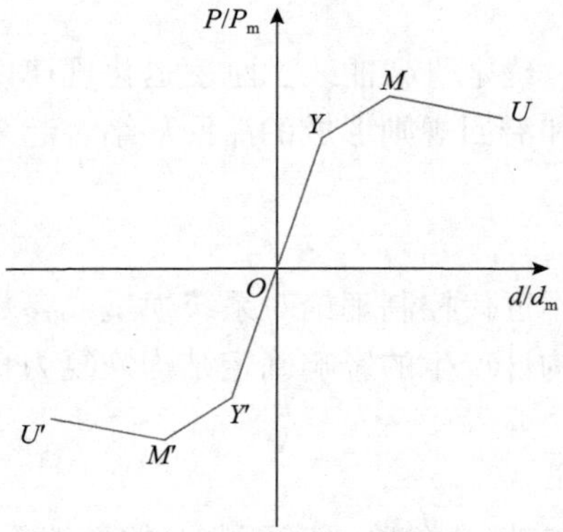

图 5-21　三折线模型

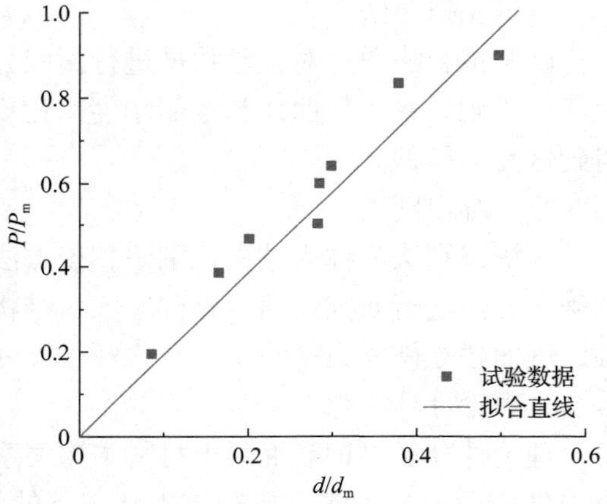

图 5-22　OY 段拟合结果

同理，通过回归分析得到 NPR735 钢筋混凝土柱骨架曲线模型其他阶段的拟合方程，如表 5-4 所示。

表 5-4　骨架曲线模型方程

区段	回归方程	斜率	R^2
OY 段	$P/P_{\mathrm{m}}=1.927d/d_{\mathrm{m}}$	1.927	0.99098
YM 段	$P/P_{\mathrm{m}}=0.159d/d_{\mathrm{m}}+0.841$	0.159	0.97654
MU 段	$P/P_{\mathrm{m}}=-0.705d/d_{\mathrm{m}}+1.705$	–0.705	0.95417
OY' 段	$P/P_{\mathrm{m}}=1.506d/d_{\mathrm{m}}$	1.506	0.98036
$Y'M'$ 段	$P/P_{\mathrm{m}}=0.385d/d_{\mathrm{m}}-0.644$	0.385	0.99059
$M'U'$ 段	$P/P_{\mathrm{m}}=-0.621d/d_{\mathrm{m}}-1.549$	–0.621	0.96243

拟合得到的骨架曲线模型和试验数据比较如图 5-23 所示。可以发现，无量纲化处理后的数据点呈现一定的规律性。图中 Y、M、U 点分别表示试件正向加载阶段的屈服点、峰值点以及破坏点，Y'、M'、U'点分别表示试件反向加载阶段的屈服点、峰值点以及破坏点。$OY(OY')$段是试件加载过程中的弹性阶段，由屈服点之前的数据点无量纲化处理后进行线性拟合所得，其斜率为试件的弹性刚度；$YM(Y'M')$段是试件加载过程中的塑性强化阶段，是将试件屈服之后和达到峰值荷载前的数据点无量纲化处理后进行线性拟合所得，其斜率为试件的塑性刚度；$MU(M'U')$段是试件加载过程中的强度下降阶段，是将试件到达峰值荷载后至破坏阶段的数据点无量纲化处理后进行线性拟合所得。

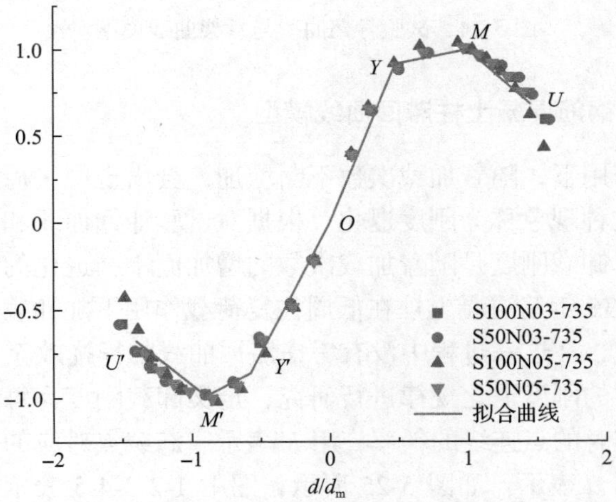

图 5-23　骨架曲线模型拟合结果与试验数据比较

试验骨架曲线与骨架曲线模型对比如图 5-24 所示。由图可知，确立的骨架曲线模型与试验所得骨架曲线吻合程度良好，因此该模型具备一定的合理性。

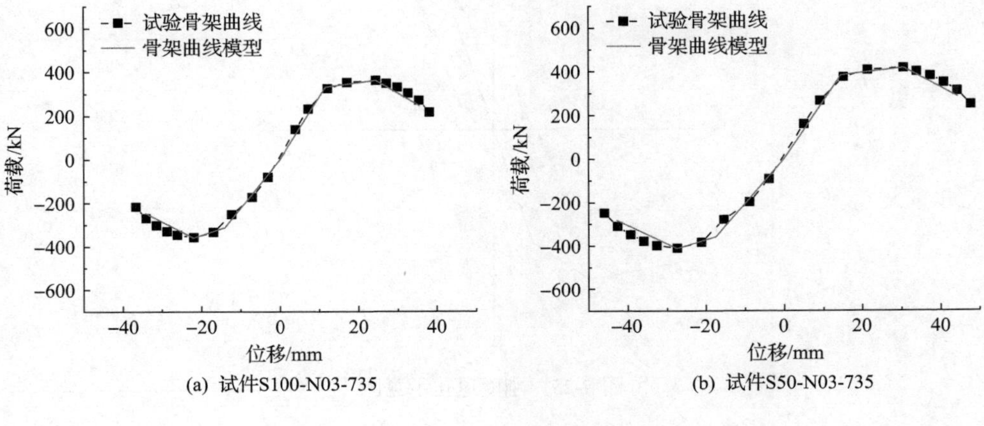

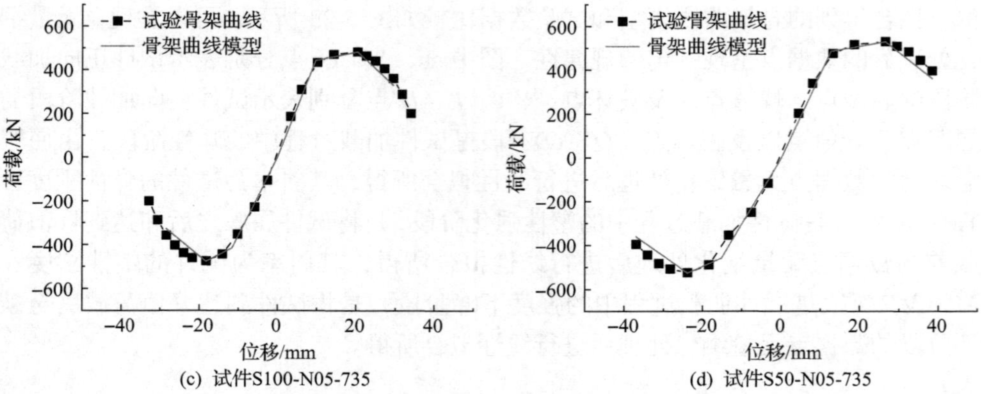

图 5-24　试验骨架曲线与骨架曲线模型对比

5.2.5　NPR735 钢筋混凝土柱滞回曲线模型

循环加载作用下，随着加载次数不断增加，会出现同一荷载对应的位移不断增大的情况，这种现象称为刚度退化。根据对试验滞回曲线和骨架曲线的分析，可知试件的加、卸载刚度是随着加载次数的增加而不断退化的。以下将依据试验结果给出 NPR735 钢筋混凝土柱在低周往复荷载作用下加卸载过程中的刚度退化规律和滞回曲线，在这一过程中没有考虑滞回曲线的捏拢效应。

为了对试件的刚度退化规律进行研究，定义卸载刚度为每级滞回环卸载点和卸载到荷载为零时的点连线的斜率，用 K 表示，卸载点对应的位移即为该级对应的卸载位移，用 d 表示，如图 5-25 所示，图中 1-2-3-4-5 表示一个加载循环，K_1 表示试件正向达到屈服后卸载时的刚度，d_1 表示与之对应的正向卸载位移；K_2

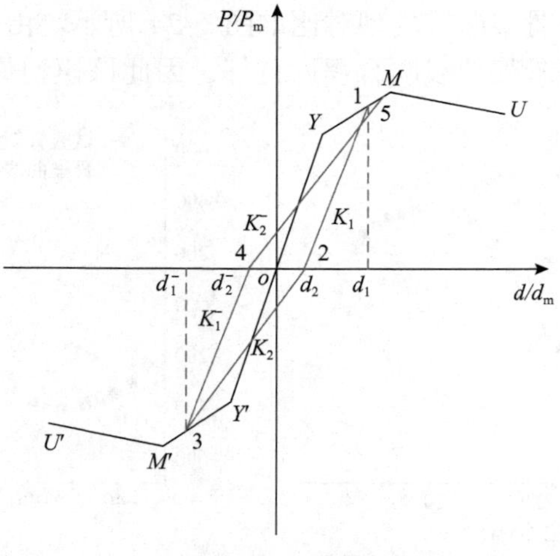

图 5-25　刚度退化示意图

表示正向卸载到荷载为零的点再进行反向加载时的刚度，d_2 表示与之对应的反向加载位移。K_1^- 表示反向卸载时的刚度，d_1^- 表示与之对应的反向卸载位移；K_2^- 表示反向卸载到荷载为零的点再进行正向加载时的刚度，d_2^- 表示与之对应的正向加载位移。为了对不同试件进行比较，仍然需要将数据进行无量纲化处理。依照前面所述，将横坐标定为 d/d_m，纵坐标定为 K/K_0，K_0 为试件正向加载的初始刚度。通过对测得的试验数据进行整理和拟合分析，得到各加载阶段的刚度退化规律。

1) K_1 退化规律

用 K_1/K_0 和 d/d_m 的关系曲线来表示 K_1 退化规律。首先将试件正向屈服后的每级卸载点和卸载到荷载为零的点之间的数据点截取出来进行线性拟合求得 K_1，同时将正向加载时屈服前的数据点进行线性拟合得到正向加载的初始刚度 K_0，再通过选用 Exponential 方程类别中的 ExpDec1 函数形式对无量纲化处理后的数据点进行非线性拟合得到正向卸载刚度 K_1 的退化曲线和方程表达式，如图 5-26 所示。

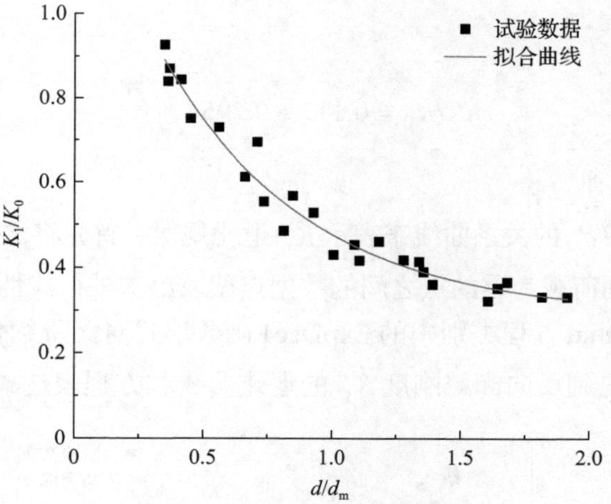

图 5-26　正向卸载时刚度退化规律

退化曲线方程为

$$K_1/K_0 = 0.292 + 1.129e^{\frac{-d/d_m}{0.553}} \tag{5-5}$$

2) K_2 退化规律

用 K_2/K_0 和 d/d_m 的关系曲线来表示 K_2 退化规律。首先将试件正向卸载后的荷载为零的点和反向加载到荷载最大的点之间的数据点截取出来进行线性拟合求得 K_2，再通过选用 Exponential 方程类别中的 ExpDec1 函数形式对无量纲化处理后的数据点进行非线性拟合得到反向加载刚度 K_2 的退化曲线和方程表达式，如图 5-27 所示。

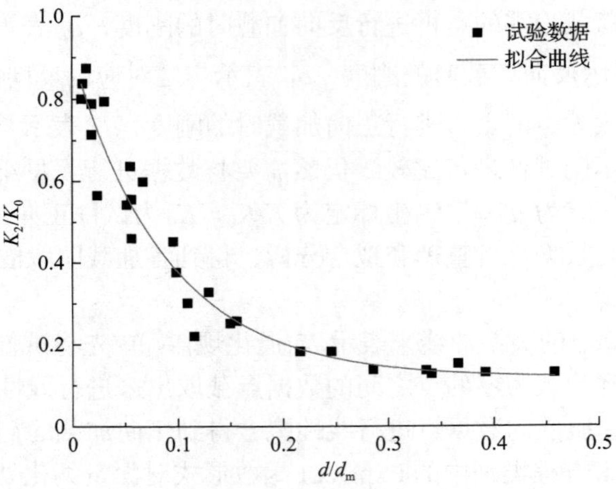

图 5-27 反向加载时刚度退化规律

退化曲线方程为

$$K_2/K_0 = 0.117 + 0.795e^{\frac{-d/d_m}{0.09}} \tag{5-6}$$

3) K_1^- 退化规律

用 K_1^-/K_0 和 d/d_m 的关系曲线来表示 K_1^- 退化规律。首先将试件反向屈服后的每级卸载点和卸载到荷载为零的点之间的数据点截取出来进行线性拟合求得 K_1^-，再通过选用 Exponential 方程类别中的 ExpDec1 函数形式对无量纲化处理后的数据点进行非线性拟合得到反向卸载刚度 K_1^- 的退化曲线和方程表达式，如图 5-28 所示。

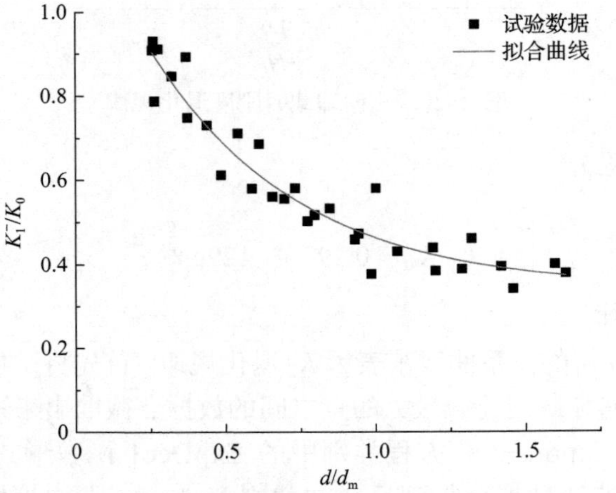

图 5-28 反向卸载时刚度退化规律

退化曲线方程为

$$K_1^-/K_0 = 0.34 + 0.949\mathrm{e}^{\frac{-d/d_\mathrm{m}}{0.492}} \tag{5-7}$$

4) K_2^- 退化规律

用 K_2^-/K_0 和 d/d_m 的关系曲线来表示 K_2^- 退化规律。首先将试件反向卸载后的荷载为零的点和正向加载到荷载最大的点之间的数据点截取出来进行线性拟合求得 K_2^-，再通过选用 Exponential 方程类别中的 ExpDec1 函数形式对无量纲化处理后的数据点进行非线性拟合得到正向加载刚度 K_2^- 的退化曲线和方程表达式，如图 5-29 所示。

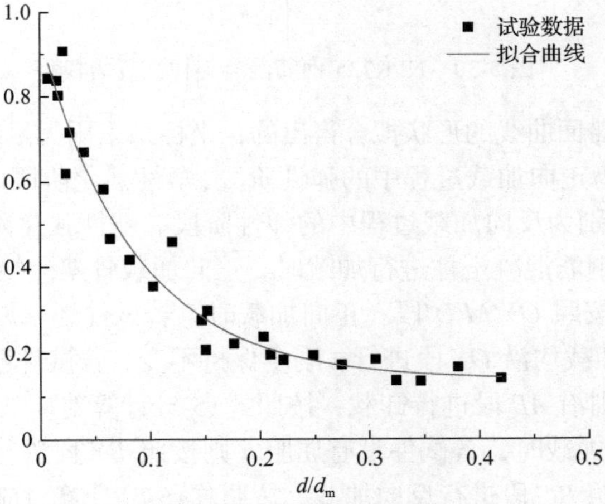

图 5-29　正向加载时刚度退化规律

退化曲线方程为

$$K_2^-/K_0 = 0.138 + 0.8065\mathrm{e}^{\frac{-d/d_\mathrm{m}}{0.086}} \tag{5-8}$$

5.2.6　恢复力模型

将计算得到的骨架曲线模型、刚度退化规律以及试验得到的滞回曲线按照规律进行组合可以得到 NPR735 钢筋混凝土柱的恢复力模型，如图 5-30 所示。模型采用的是三折线形式，能够较好地反映出试件的刚度和强度随着位移增加的变化规律，适合对高强高延性钢筋混凝土结构在地震作用下进行分析和计算。

针对图示的恢复力模型作如下说明：

恢复力模型是基于试验数据回归分析得到的骨架曲线模型及刚度退化规律，

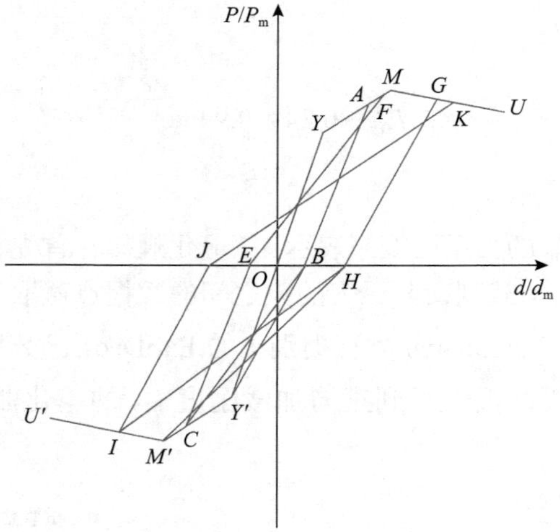

图 5-30 NPR735 钢筋混凝土柱恢复力模型

结合试验测得的滞回曲线的形状拟合得出的，坐标系采用无量纲形式。图中 *OY*、*YM*、*MU* 段分别为正向加载过程中的弹性阶段、塑性强化阶段以及破坏阶段，*OY′*、*Y′M′*、*M′U′*段分别为反向加载过程中的弹性阶段、塑性强化阶段以及破坏阶段。

对 NPR735 钢筋混凝土柱进行加载时，正向加载骨架曲线按照 *OYMU* 段，反向加载骨架曲线按照 *OY′M′U′*段。正向加载时，若试件还未屈服，即加载过程处于 *OY* 段，则加卸载均沿 *OY* 段进行，刚度保持不变；若试件已经屈服，即加载过程处于 *YM* 段，则沿 *AB* 段进行卸载，按照式(5-5)计算对应的卸载刚度 K_1。卸载至点 *B* 进行反向加载时，若试件没有屈服，则按照 *BY′*段进行反向加载；若试件已经屈服，则按照 *BC* 段进行反向加载，按照式(5-6)计算对应的加载刚度 K_2。在 *Y′M′*段卸载时，试件沿 *CE* 段进行卸载，按照式(5-7)计算对应的卸载刚度 K_1^-。卸载至 *E* 点再正向加载时，试件沿 *EF* 段进行加载，按照式(5-8)计算对应的加载刚度 K_2^-。若试件正向加载至峰值点后，即试件处于 *MU* 段，则沿 *GH* 段进行卸载，按照式(5-5)计算对应的卸载刚度 K_1。卸载至点 *H* 再进行反向加载时，若试件没有达到峰值点，则按照 *HM′*段进行反向加载；若试件已达峰值点，则按照 *HI* 段进行反向加载，按照式(5-6)计算对应的加载刚度 K_2。在 *M′U′*段卸载时，试件沿 *IJ* 段进行卸载，按照式(5-7)计算对应的卸载刚度 K_1^-。卸载至 *J* 点再正向加载时，试件沿 *JK* 段进行加载，按照式(5-8)计算对应的加载刚度 K_2^-。以此类推。

将最终的恢复力模型计算得到的滞回曲线和试验滞回曲线进行对比，如图 5-31 所示。从图中可以看出，NPR735 钢筋混凝土柱恢复力模型的滞回曲线与试验结果吻合较好，这说明本章提出的 NPR735 钢筋混凝土柱恢复力模型可以对试件的抗震性能进行较好的预测。

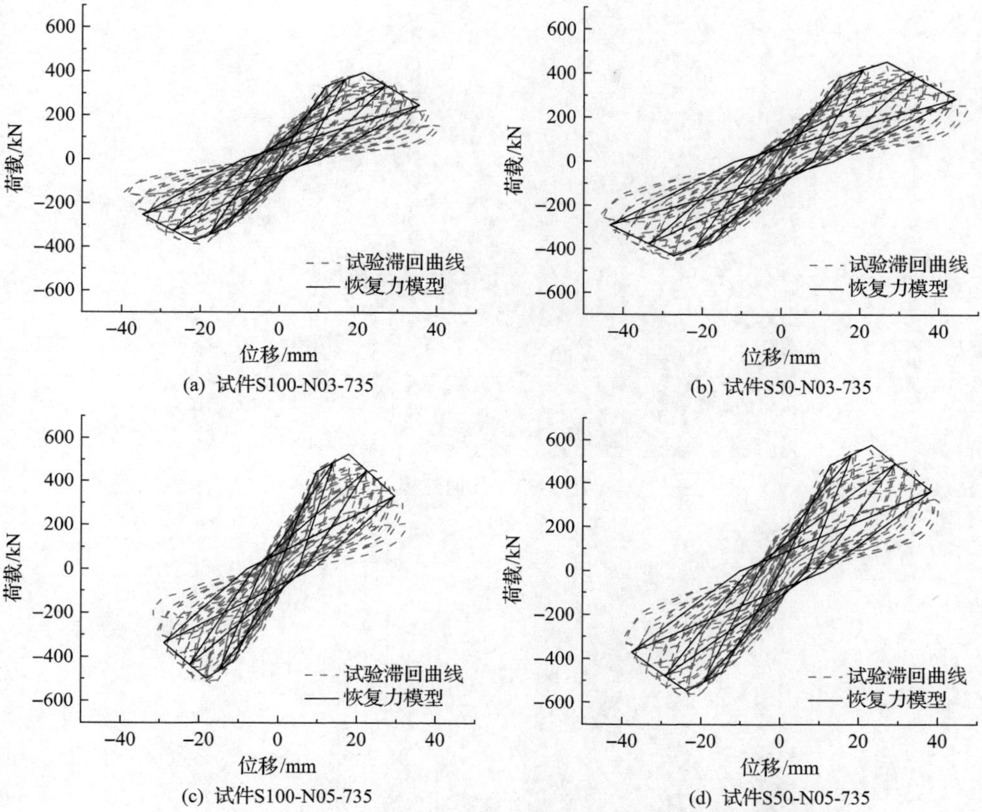

图 5-31　试验滞回曲线与恢复力模型比较

模型计算结果与试验曲线仍然存在一定的差异，主要原因如下：首先是试验的数据点数量有限；受试验条件、试验混凝土材料本身具有离散性等因素限制，试验得到的数据本身存在一定误差；本章在考虑刚度退化规律时没有考虑试件的捏缩效应，这导致模型得到的加卸载刚度与试验结果存在一定误差。

5.3　NPR735 钢筋混凝土柱抗震性能数值模拟

5.3.1　模型建立

1. 几何建模

试件中滞回柱加载梁的设置是为了方便试验过程中施加荷载，对于有限元模型模拟计算的影响较小，所以忽略该部分，只对钢筋混凝土柱的柱身进行建模。利用对称性，取 1/2 模型进行建模，如图 5-32 和图 5-33 所示。

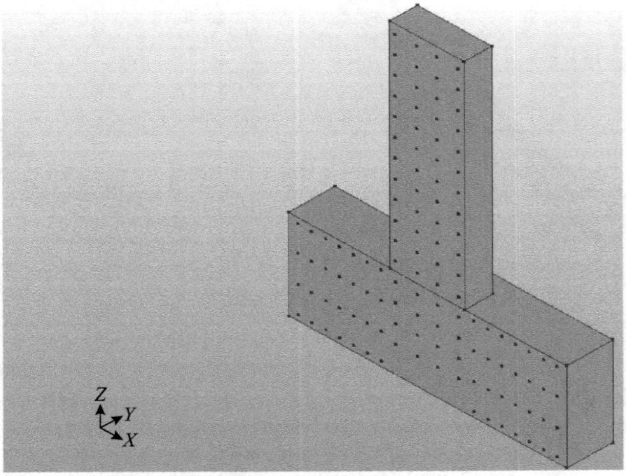

图 5-32　几何建模

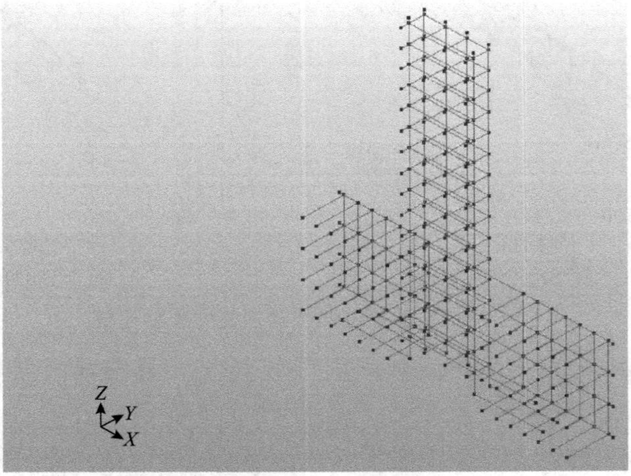

图 5-33　钢筋建模

2. 单元类型及材料模型

混凝土柱体采用实体单元(Solid)中的 20 节点 CHX60 单元模拟，钢筋采用 Bar 单元模拟。

1) 混凝土模型

混凝土模型采用 Maekawa-Fukuura 混凝土模型，它是基于混凝土弥散开裂模型衍生而来的。东京大学的 Maekawa 等[149-153]提出了多个循环荷载下的混凝土力学特性。之后，Maekawa 和 Fukuura 结合不同的混凝土特性，定义了一个新的三维混凝土材料本构模型，即 Maekawa-Fukuura 混凝土模型。Maekawa-Fukuura 混凝土模型曲线是混凝土在加载、卸载、再加载条件下的单轴应力-应变曲线，如图 5-34 所示。其中左侧 F-t 图是混凝土模型的加载过程，与应力-应变曲线相对应。0-1 为压力加载过程，1-2 为压力卸载过程，2-3 为压力再加载过程，3-4 为压力卸载过程，4-5 为拉力加载过程，5-6 为拉力卸载过程，6-7 为拉力卸载过程，7-8 为拉力再加载过程，8-9 为拉力卸载过程，9-10 为压力再加载过程，10-11 为压力加载过程。

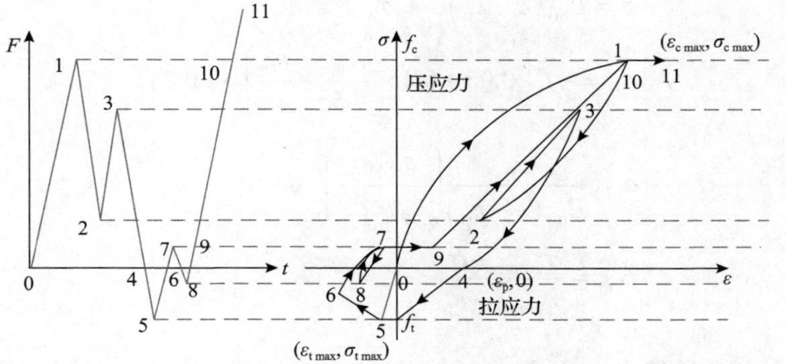

图 5-34　Maekawa-Fukuura 模型加载过程及应力-应变曲线

压力加载阶段（$\varepsilon \leqslant \varepsilon_{c\max}$）：

$$
\begin{aligned}
&\sigma = KE\left(\varepsilon - \varepsilon_p\right) \\
&K = \exp\left\{-0.73\frac{\varepsilon}{\varepsilon_c}\left[1 - \exp\left(-1.25\frac{\varepsilon}{\varepsilon_c}\right)\right]\right\} \\
&\varepsilon_p = \left\{\frac{\varepsilon}{\varepsilon_c} - \frac{20}{7}\left[1 - \exp\left(-0.35\frac{\varepsilon}{\varepsilon_c}\right)\right]\right\}\varepsilon_c
\end{aligned}
\tag{5-9}
$$

压力卸载阶段（$\varepsilon < \varepsilon_{c\max}$ ，$\varepsilon < \varepsilon_0$ ，$\varepsilon > 0$）：

$$
\begin{aligned}
&\sigma = KE\left(\varepsilon - \varepsilon_p\right)\alpha \\
&\alpha = K^2 + \left[\frac{\sigma_0}{KE\left(\varepsilon_0 - \varepsilon_p\right)} - K^2\right]\left(\frac{\varepsilon - \varepsilon_p}{\varepsilon_0 - \varepsilon_p}\right)^2
\end{aligned}
\tag{5-10}
$$

压力再加载阶段（$\varepsilon < \varepsilon_{c\max}$ ，$\varepsilon < \varepsilon_0$ ，$\varepsilon > 0$）：

$$
\sigma = \sigma_{c\max} - \left(\sigma_{c\max} - \sigma_0\right)\left(\frac{\varepsilon_{c\max} - \varepsilon}{\varepsilon_{c\max} - \varepsilon_0}\right) \tag{5-11}
$$

拉力加载阶段（$\varepsilon \geqslant \varepsilon_{\mathrm{t\,max}}$）：

$$\sigma = R_{\mathrm{f}} f^{\mathrm{TSC}} \left(\varepsilon - \varepsilon_{\mathrm{p}}\right) \tag{5-12}$$

拉力卸载阶段（$\varepsilon < \varepsilon_{\mathrm{t\,max}}$，$\varepsilon < \varepsilon_0$，$\varepsilon < 0$）：

$$\begin{aligned}
&\sigma = E_{\mathrm{b0}}\left(\varepsilon - \varepsilon_{\mathrm{p}}\right)\alpha + \sigma_{\mathrm{b}} \\
&\sigma_{\mathrm{b}} = -f_{\mathrm{t}}\left(0.05 + 0.15\frac{\varepsilon_{\mathrm{t\,max}} - \varepsilon_{\mathrm{p}}}{5\varepsilon_{\mathrm{tu}}}\right) > -0.2 f_{\mathrm{t}} \\
&\alpha = \frac{\sigma_0}{E_{\mathrm{b0}}\left(\varepsilon - \varepsilon_{\mathrm{p}}\right)}\left(\frac{\varepsilon - \varepsilon_{\mathrm{p}}}{\varepsilon_0 - \varepsilon_{\mathrm{p}}}\right)^3 \\
&E_{\mathrm{b0}} = \frac{\sigma_{\mathrm{t\,max}} - \sigma_{\mathrm{b}}}{\varepsilon_{\mathrm{t\,max}} - \varepsilon_{\mathrm{p}}}
\end{aligned} \tag{5-13}$$

拉力再加载阶段（$\varepsilon > \varepsilon_{\mathrm{t\,max}}$，$\varepsilon < \varepsilon_0$，$\varepsilon < 0$）：

$$\sigma = \sigma_{\mathrm{t\,max}} - \left(\sigma_{\mathrm{t\,max}} - \sigma_0\right)\frac{\varepsilon_{\mathrm{t\,max}} - \varepsilon}{\varepsilon_{\mathrm{t\,max}} - \varepsilon_0} \tag{5-14}$$

式中，ε 为应变；σ 为应变对应的应力；ε_{p} 为塑性应变；ε_0 为初次加载的应变；σ_0 为初次加载应变对应的应力；ε_{c} 为应力为 f_{c} 时的单轴应变；$\varepsilon_{\mathrm{t\,max}}$ 为经历的最大拉应变；$\sigma_{\mathrm{t\,max}}$ 为经历的最大拉应变对应的应力；$\varepsilon_{\mathrm{c\,max}}$ 为经历的最大压应变；$\sigma_{\mathrm{c\,max}}$ 为经历的最大压应变对应的应力；$\varepsilon_{\mathrm{tu}}$ 为极限拉应变；f_{t} 为抗拉强度；E 为弹性模量；K 为损伤因子；R_{f} 为抗拉强度的折减系数；f^{TSC} 为总应变裂缝函数。

2）钢筋模型

钢筋模型采用黏结滑移钢筋模型。钢筋可定义为嵌入式钢筋和黏结滑移钢筋，嵌入式钢筋与混凝土单元共同变形，无法模拟钢筋与混凝土之间的黏结滑移作用，而黏结滑移钢筋可以用来模拟钢筋在混凝土中的滑移。其原理是在黏结滑移钢筋模型中，有限元软件定义了一个厚度为 0 的黏结滑移界面单元，来模拟钢筋与混凝土之间的作用关系。黏结滑移单元的规则基于总变形理论，将牵引力定义为相对位移的函数。法向牵引力和法向相对位移之间的关系假定为线性函数，而剪切牵引力和滑移之间的关系假定为非线性函数[11]：

$$\begin{cases} t_n = k_n \Delta un \\ t_t = f_t(\mathrm{d}t) \end{cases} \tag{5-15}$$

对式（5-15）微分可得切向刚度表达式，即

$$\begin{cases} D_{11} = k_n \\ D_{12} = 0 \\ D_{21} = 0 \\ D_{22} = \dfrac{\partial f_{\mathrm{t}}}{\partial \mathrm{d}t} \end{cases} \tag{5-16}$$

依据相关文献[149-153]，黏结滑移界面单元中，将法向刚度模量定为 1000N/mm^3，剪切刚度模量定为 100N/mm^3，即可用于钢筋的模拟。

钢筋的非线性模型使用 von Mises 模型，将 NPR735 钢筋本构模型所给公式进行转化，得到钢筋输入值，如表 5-5 所示。

表 5-5　钢筋输入值

塑性应变	屈服应力/MPa
0	600
0.027875	625
0.03174	652
0.002	735
0.0062	760
0.01607	786

3. 边界条件及荷载

取 1/2 模型进行建模，模型对称面上，混凝土表面与钢筋节点都需要限制 Y 方向的自由度。在试验中，钢筋混凝土柱底部假定为刚性并与地面完全固接，因此在建模中模型底面需要限制 X、Y、Z 三个方向的自由度。加载点与柱顶平面在 X 方向施加绑定约束。

荷载条件与试验保持一致，混凝土构件在实际加载过程中，受到自身重力、为满足轴压比所施加的竖向轴力以及水平方向的反复力作用，其中自身重力与竖向轴力保持恒定且贯穿整个加载过程。竖向轴力依据轴压比的大小进行设定，换算为竖向均布荷载加载到模型顶面。为了方便有限元软件的计算，水平荷载全程采用位移控制的加载方式，前期以 1mm 的水平位移为荷载增量，荷载往复 1 次，加载至 5mm 时，进入第二阶段，以 5mm 的水平位移为荷载增量，荷载往复 3 次。依据试验结果，试件的极限位移不超过 45mm，有限元模拟则将最后的加载位移设定为 50mm，之后模型模拟计算终止。

4. 网格划分

网格划分对有限元模型的计算精度及收敛速度有重要的影响，如果网格过大，计算时间会缩短，但是计算结果不够精确，如果网格过小，会导致计算时间过长，并且可能造成模型不收敛。为保证计算精度和计算速度，本次模拟选定的单元大小为 50mm。

5.3.2 模型验证

1. 破坏模式验证

图 5-35 为有限元模拟的混凝土柱破坏模式。从图中可以看出，裂缝最先从受拉侧柱底边缘产生，然后向柱中部发展，随着加载的进行，沿着柱高混凝土出现

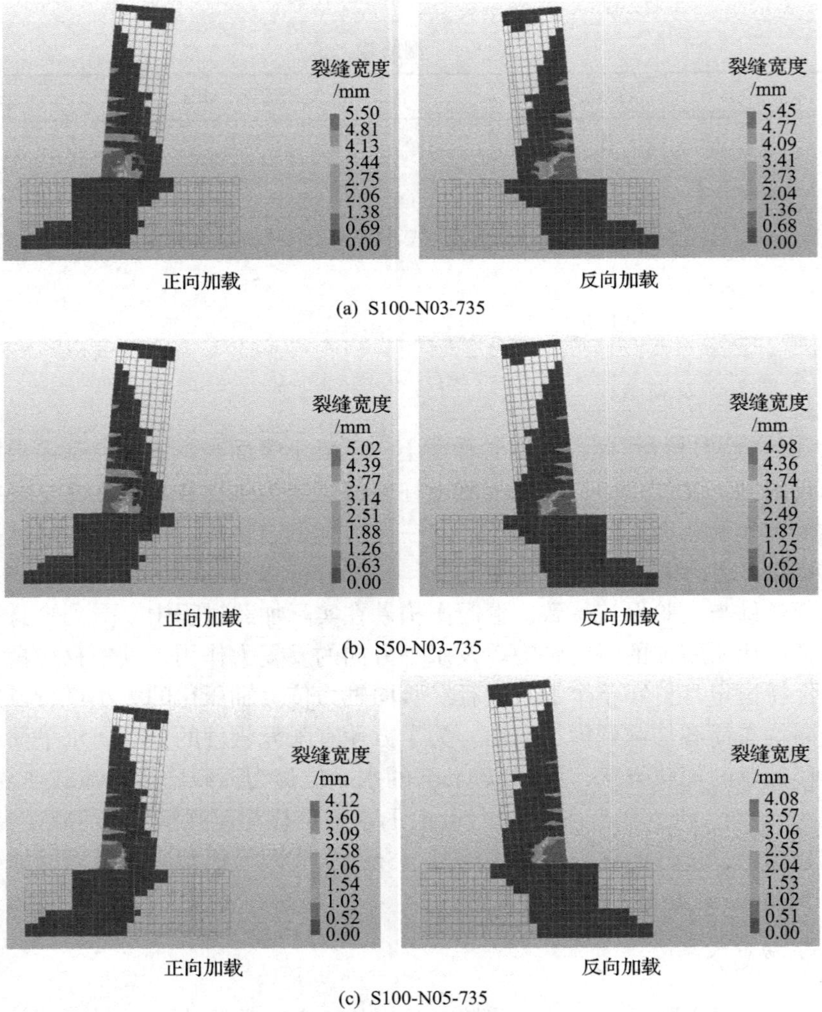

(c) S100-N05-735

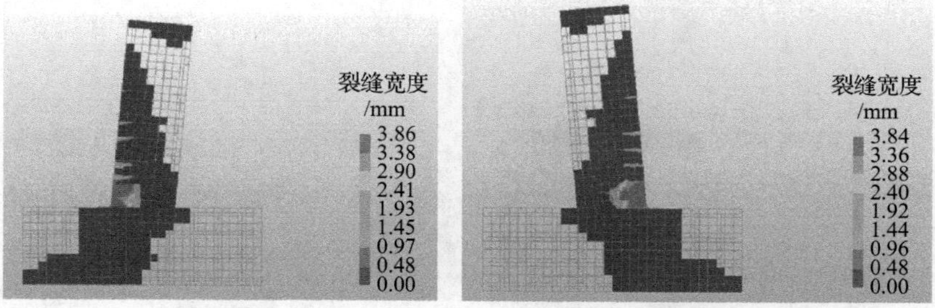

正向加载　　反向加载

(d) S50-N05-735

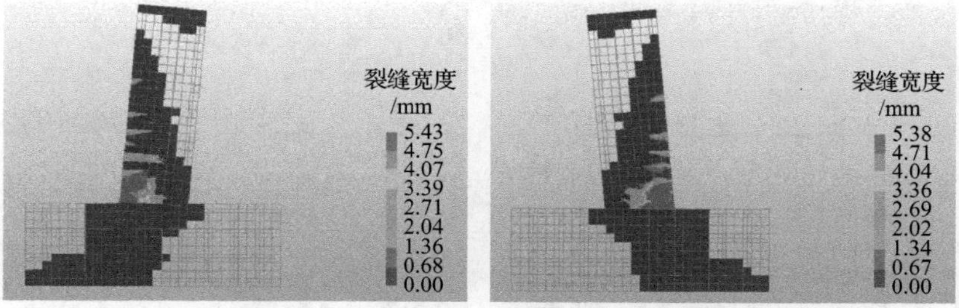

正向加载　　反向加载

(e) S100-N03-400

图 5-35　有限元模拟的混凝土柱破坏模式

裂缝并向柱中发展，加载后期柱脚塑性铰区裂缝发展最为严重，有限元模拟结果与试验现象基本一致。

从裂缝宽度与裂缝发展程度来看，对于箍筋间距为 100mm 的混凝土柱，试件 S100-N03-735 的裂缝宽度和裂缝发展程度均大于试件 S100-N05-735，同样地，对于箍筋间距为 50mm 的混凝土柱，试件 S50-N03-735 的裂缝宽度和裂缝发展程度均大于试件 S50-N05-735，这说明增大试件的轴压比，即增大了柱的轴力，能够延缓裂缝的发展。

对于轴压比为 0.3 的混凝土柱，试件 S100-N03-735 的裂缝宽度和裂缝发展程度均大于试件 S50-N03-735，同样地，对于轴压比为 0.5 的混凝土柱，试件 S100-N05-735 的裂缝宽度和裂缝发展程度均大于试件 S50-N05-735，这说明加密箍筋，可以增加钢筋对混凝土的约束能力，进而延缓混凝土裂缝的发展。

试件 S100-N03-735 与 S100-N03-400 的裂缝宽度和发展程度类似，这说明采用高强高延性钢筋对裂缝的发展影响不大。

图 5-36 为有限元模拟的钢筋应力。由图可知，柱底塑性铰区的钢筋应力最大，对于配置高强高延性钢筋的混凝土试件，受拉侧钢筋应力均超过 735MPa，均已屈服，充分发挥了钢筋的抗拉性能，受压侧钢筋虽然也承受很大应力，但均低于钢筋屈服强度，没有达到屈服，这一结果与试验测得的钢筋应变结果吻合。

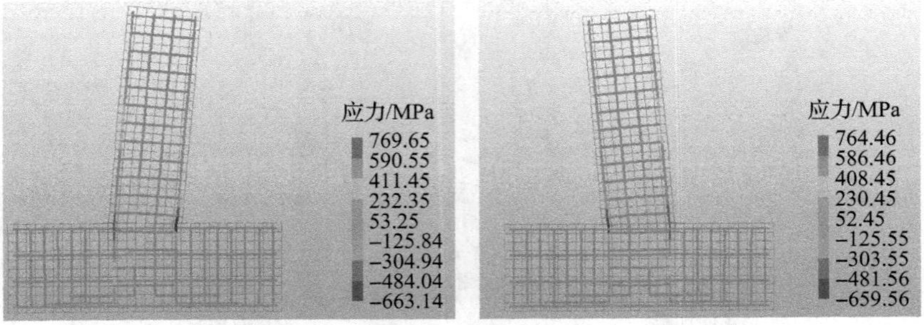

正向加载　　反向加载

(a) S100-N03-735

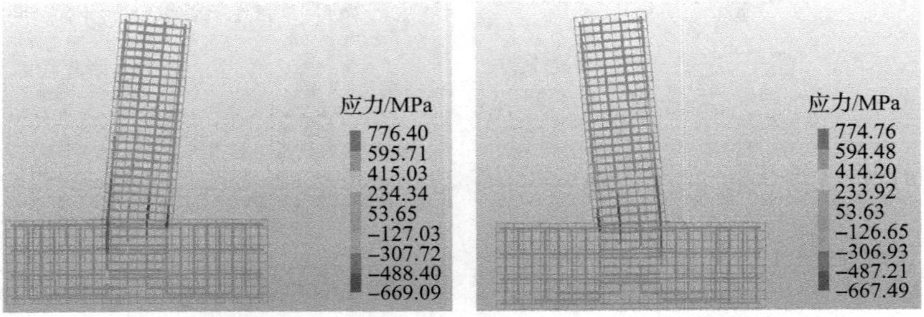

正向加载　　反向加载

(b) S50-N03-735

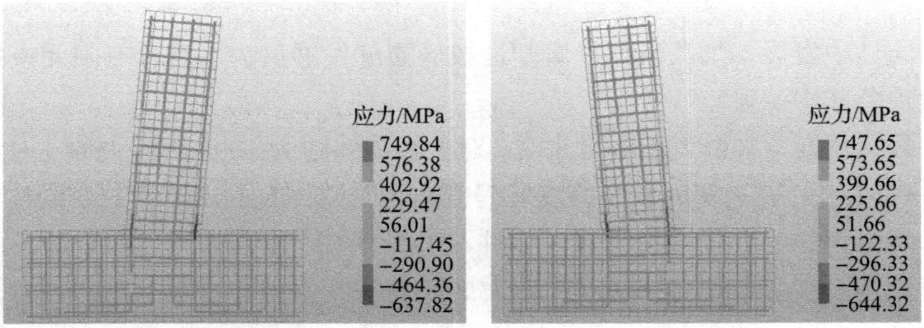

正向加载　　反向加载

(c) S100-N05-735

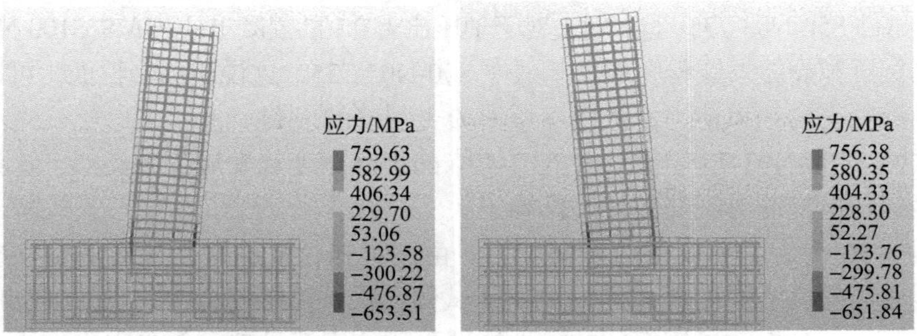

正向加载　　反向加载

(d) S50-N05-735

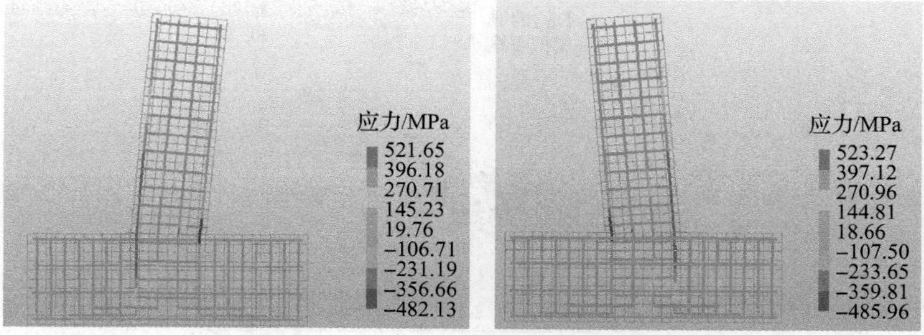

正向加载　　反向加载

(e) S100-N03-400

图 5-36　有限元模拟的钢筋应力

配置 HRB400 钢筋的试件受拉侧与受压侧钢筋均已屈服，也与试验结果吻合。

2. 滞回曲线验证

图 5-37 为试验与有限元模拟的滞回曲线对比。可以看出，模拟得到的滞回

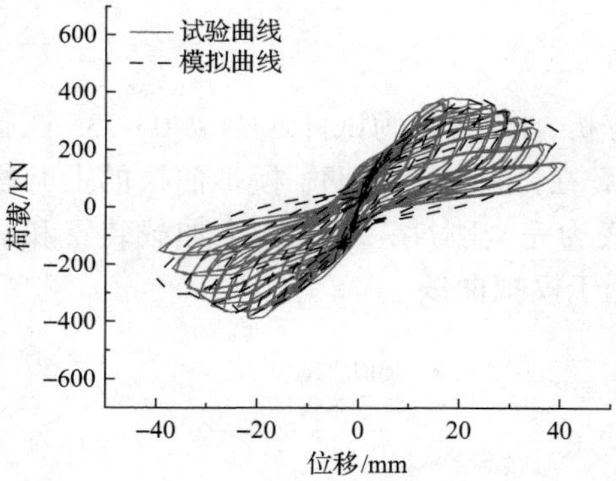

(a) S100-N03-735

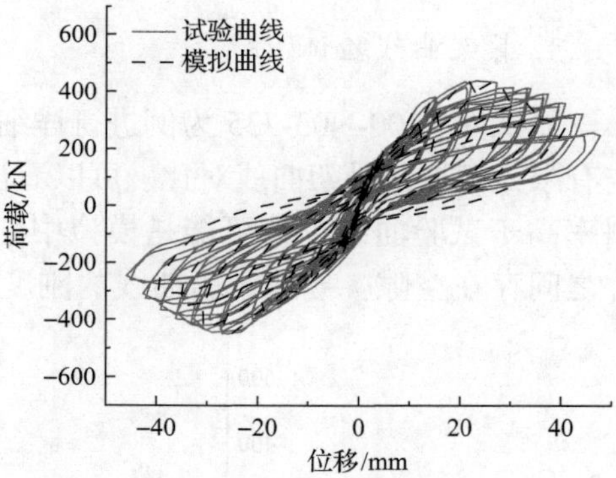

(b) S50-N03-735

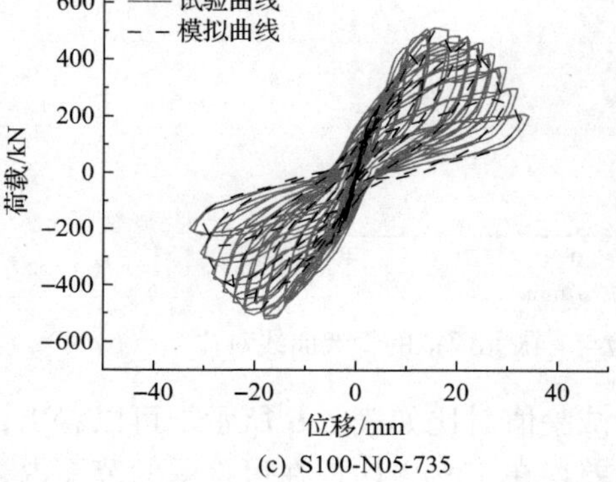

(c) S100-N05-735

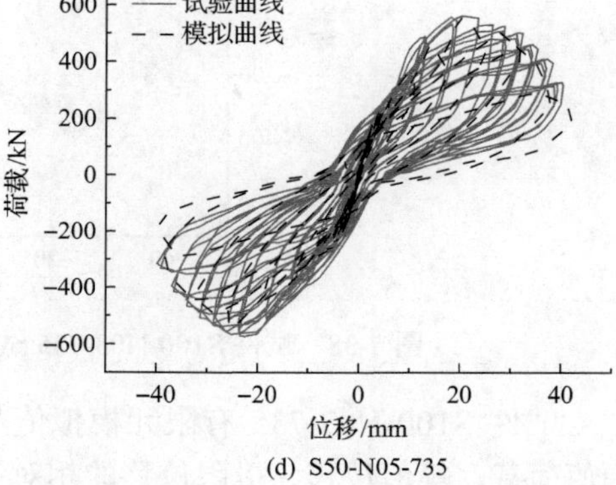

(d) S50-N05-735

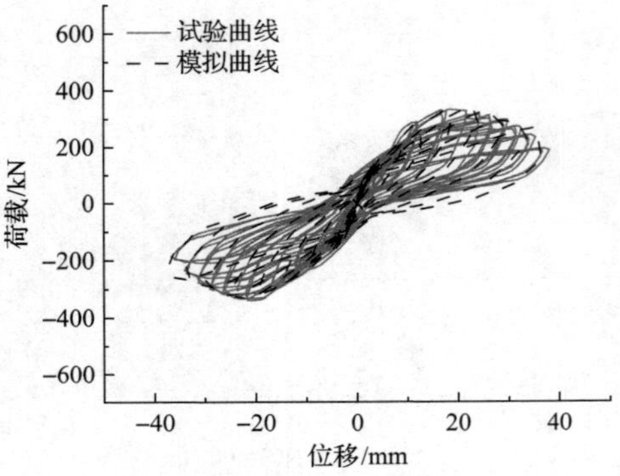

(e) S100-N03-400

图 5-37　试验与有限元模拟的滞回曲线对比

曲线同样经历了加载初期近似直线部分，加载后期出现捏缩效应。与试验曲线相比，模拟得到的滞回曲线后半段的刚度更大，这可能是由于模拟情况为理想的边界条件，实际试验加载到后期，随着混凝土的脱落，加载装置和试件间可能存在缝隙。

3. 骨架曲线验证

以试件 S100-N03-735 为例进行详细分析，图 5-38 为试件 S100-N03-735 试验与有限元模拟的骨架曲线对比。可以看出，在试件加载初期，模拟曲线的上升段斜率高于试验曲线，这可能是模拟中柱底为完全刚性，而试验中加载装置和试件之间存在空隙，导致试验曲线的刚度低于模拟曲线。

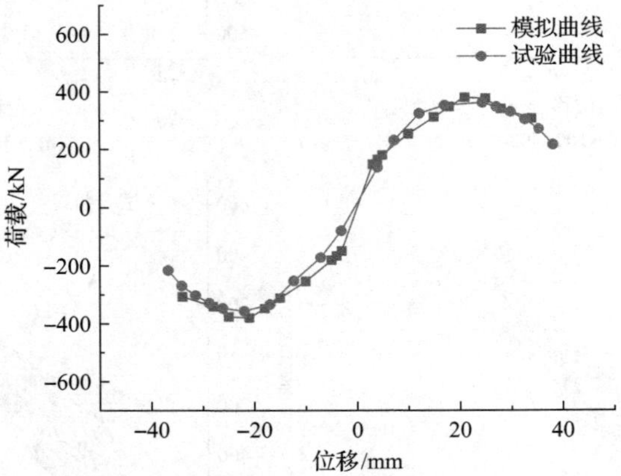

图 5-38　试件 S100-N03-735 试验与有限元模拟的骨架曲线对比

试件 S100-N03-735 有限元模拟值与试验值对比如表 5-6 所示。可以看出，峰值荷载、峰值位移、极限位移的相对误差均在 13%以内，在可接受的范围内，这说明有限元分析可以较好地模拟试件在拟静力试验中的滞回性能，在模型的加载前期，初始刚度与试验值相差不远，而试件的峰值荷载、峰值位移以及试验结束时的极限位移与由实际测量得到的数据误差不大，可以反映出钢筋混凝土柱在拟静力试验下的抗震性能。

表 5-6　试件 S100-N03-735 有限元模拟值与试验值对比

参数	试验值	模拟值	相对误差/%
峰值荷载/kN	361.6	379.8	5
峰值位移/mm	24.42	21.34	13
极限位移/mm	32.23	31.15	3

5.3.3　参数分析

1. 混凝土强度

以试件 S100-N03-735 为原型，使用现在工程中普遍使用的 C35、C40、C50 混凝土进行分析，模拟结果如图 5-39 所示。

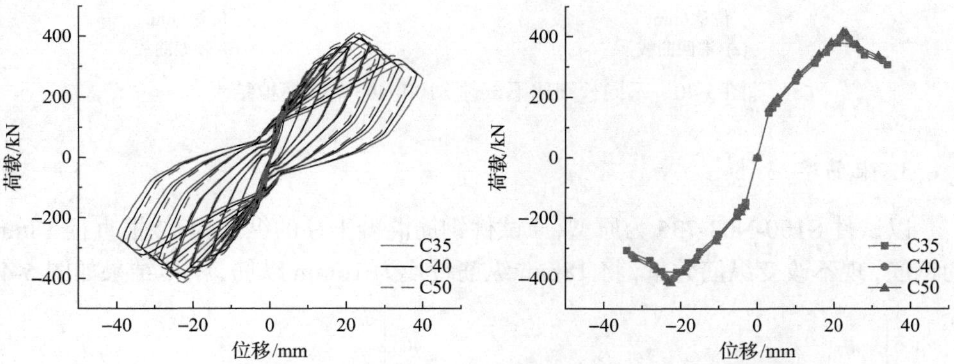

(a) 滞回曲线　(b) 骨架曲线

图 5-39　不同混凝土强度下试件 S100-N03-735 模拟结果

该有限元模拟分析中，唯一的变量为混凝土强度，依据当前试验中 C35 混凝土的立方体抗压强度为 49.02MPa，定义模型中 C40 混凝土立方体抗压强度为 56.32MPa，C50 混凝土立方体抗压强度为 67.79MPa。比较不同混凝土强度构件的骨架曲线可知，随着混凝土强度的提升，初始刚度几乎没有变化，承载力有所提高，但是钢筋混凝土柱的变形能力有所降低。

2. 长细比

以试件 S100-N03-735 为原型，原试件钢筋混凝土柱的高度为 1200mm，现在另外建立两个混凝土柱模型，分别为柱高 900mm 的短柱和柱高 1500mm 的长柱，对这三个模型进行参数分析，结果如图 5-40 所示。从图中可以看出，随着柱高的增加，钢筋混凝土柱的初始刚度逐渐降低，柱高 900mm 的短柱模型初始刚度虽然最大，但极限承载力并不高，骨架曲线没有明显下降段，这是因为柱短导致试件在加载过程中出现脆性破坏，因此极限位移较小。而柱高 1500mm 的长柱模型初始刚度较小，极限承载力较低，但是极限位移比柱高为 1200mm 的柱大，耗能性能较差。综上所述，长细比选取适中能得到更大的承载力，延性也较好。

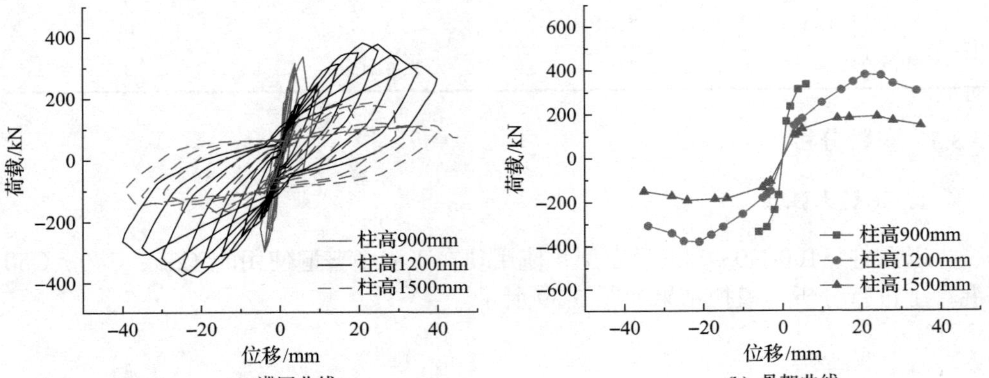

(a) 滞回曲线　(b) 骨架曲线

图 5-40　不同长细比下试件 S100-N03-735 模拟结果

3. 配筋率

以试件 S100-N03-735 为原型，原试件钢筋混凝土柱的纵筋为 12 根直径 18mm 的钢筋，现不改变纵筋数量，将 18mm 纵筋替换为 16mm 纵筋，模拟结果如图 5-41

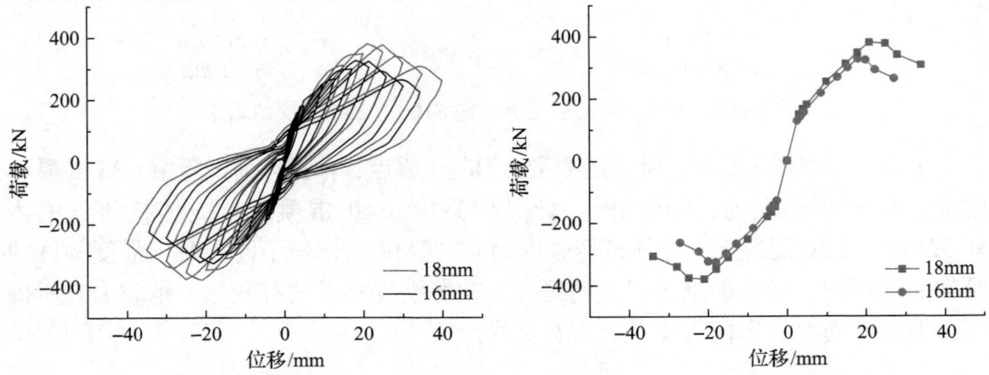

(a) 滞回曲线　(b) 骨架曲线

图 5-41　不同配筋率下试件 S100-N03-735 模拟结果

所示。对比骨架曲线可知，改变钢筋混凝土柱的配筋率对试件的初始刚度影响不大，降低钢筋配筋率会降低试件的极限承载力，并且由于钢筋减少，试件下降段斜率更大，且极限位移也随之减小。

5.4　规范计算公式验证

试验现象表明，混凝土柱的破坏类型为轴力和水平荷载产生的弯矩共同作用下的压弯破坏，本节使用中国规范、美国规范以及欧洲规范公式对配置 NPR735 钢筋的混凝土柱的抗弯承载力和抗剪承载力进行计算，验证国内外规范计算公式对 NPR735 钢筋混凝土柱的适用性。

5.4.1　中国规范计算公式验证

1. 正截面抗弯承载力

依据图 5-42 所示的截面应力图，对于矩形截面的钢筋混凝土偏心受压试件，中国规范规定正截面抗弯承载力按照如下公式计算(不包括预应力筋)：

$$N \leqslant \alpha_1 f_c bx + f_y' A_s' - \sigma_s A_s \tag{5-17}$$

$$M_u = Ne \leqslant \alpha_1 f_c bx\left(h_0 - \frac{x}{2}\right) + f_y' A_s'\left(h_0 - a_s'\right) \tag{5-18}$$

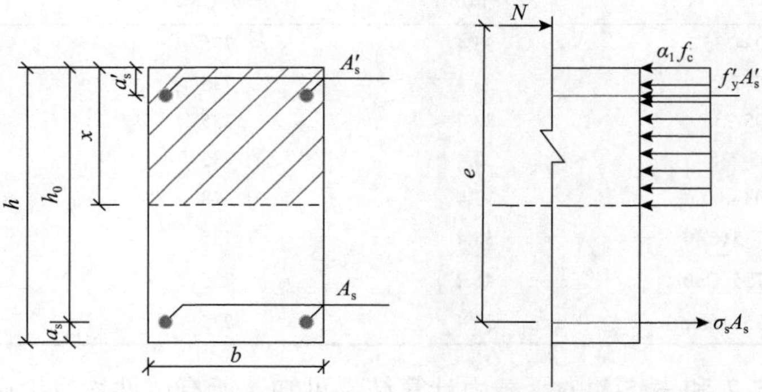

(a) 构件截面　　(b) 截面应力

图 5-42　截面应力图(中国规范)

根据《建筑抗震设计标准》(GB/T 50011—2010)[154]中规定的抗震设计原则，对依据上述公式得到的计算结果进行调整，结果如表 5-7 所示。

表 5-7 各试件抗弯承载力计算结果(中国规范)

试件编号	混凝土抗压强度平均值/MPa	纵筋强度平均值/MPa	正截面抗弯承载力计算值 M_u/(kN·m)	正截面抗弯承载力对应横向荷载 V/kN
S100-N03-735	33.4	735	374.3	311.9
S50-N03-735	33.4	735	374.3	311.9
S100-N05-735	33.4	735	429.9	358.3
S50-N05-735	33.4	735	429.9	358.3
S100-N03-400	33.4	478	305.1	254.3
S100-N03-735(C40)	38.4	735	376.3	313.8
S100-N03-735(C50)	46.2	735	378.6	315.5
S100-N03-735(16mm)	33.4	735	318.6	265.5

2. 斜截面抗剪承载力

依据中国规范，矩形截面钢筋混凝土柱斜截面抗剪承载力计算公式为

$$V_c \leqslant \frac{1}{\gamma_{RE}}\left(\frac{1.05}{\lambda+1}f_t b h_0 + f_{yv}\frac{A_{sv}}{s}h_0 + 0.056N\right) \tag{5-19}$$

式中，γ_{RE} 为承载力抗震调整系数；λ 为框架柱计算剪跨比；N 为考虑地震组合的框架柱轴向压力设计值。

各试件抗剪承载力计算结果如表 5-8 所示。

表 5-8 各试件抗剪承载力计算结果(中国规范)

试件编号	混凝土抗压强度平均值/MPa	纵筋强度平均值/MPa	斜截面抗剪承载力计算值 V_c/kN
S100-N03-735	33.4	735	476.1
S50-N03-735	33.4	735	867.5
S100-N05-735	33.4	735	494.9
S50-N05-735	33.4	735	886.2
S100-N03-400	33.4	478	476.1
S100-N03-735(C40)	38.4	735	478.9
S100-N03-735(C50)	46.2	735	481.9
S100-N03-735(16mm)	33.4	735	476.1

对比表 5-7 和表 5-8 的承载力计算结果可知，所有试件均发生压弯破坏，与试验结果一致。

将计算得到的各试件抗弯承载力与试验结果进行对比，如表 5-9 所示。从表中可得，混凝土柱抗震承载力试验值与按材料强度平均值计算的承载力之比的平均值为 1.30，表明中国规范公式可以用来计算配置 NPR735 钢筋的高强混凝土柱的承载力且留有一定的安全储备。

表 5-9　各试件承载力计算值与试验值对比（中国规范）

试件编号	计算承载力 V_t/kN	试验承载力 V_{cl}/kN	V_{cl}/V_t
S100-N03-735	311.9	362	1.16
S50-N03-735	311.9	416	1.33
S100-N05-735	358.3	482	1.35
S50-N05-735	358.3	530	1.48
S100-N03-400	254.3	313	1.23
S100-N03-735（C40）	313.8	398	1.27
S100-N03-735（C50）	315.5	414	1.31
S100-N03-735（16mm）	265.5	326	1.23
平均值			1.30

5.4.2　美国规范计算公式验证

1. 正截面抗弯承载力

依据图 5-43 所示的截面应力图，对于偏心受压试件，美国规范规定正截面抗弯承载力按照如下公式计算：

$$P_u \leqslant \phi P_n = \phi\left(0.85 f_c' ab + A_s' f_y' - A_s f_s\right) \tag{5-20}$$

$$M_u \leqslant \phi M_n = \phi P_n e = \phi\left[0.85 f_c' ab\left(\frac{h}{2} - \frac{a}{2}\right) + A_s' f_y'\left(\frac{h}{2} - d'\right) + A_s f_s\left(d - \frac{h}{2}\right)\right] \tag{5-21}$$

式中，P_n 为名义轴力；ϕ 为强度折减系数；f_c' 为美国规范规定的混凝土抗压强度；a 为等效矩形应力图的高度；d 为混凝土受压区边缘至受拉钢筋重心的距离；d' 为混凝土受压区边缘至受压钢筋重心的距离。

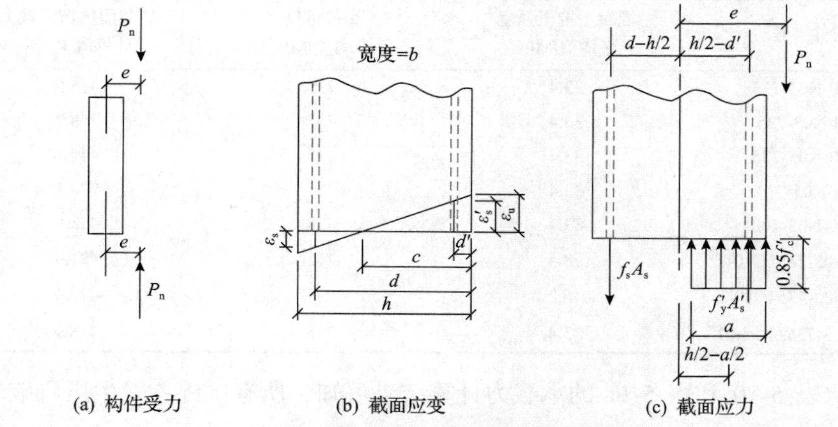

图 5-43　截面应力图（美国规范）

依据美国抗震规范，对依据上述公式得到的计算结果进行调整，结果如表 5-10 所示。

表 5-10　各试件抗弯承载力计算结果（美国规范）

试件编号	混凝土抗压强度平均值/MPa	纵筋强度平均值/MPa	正截面抗弯承载力计算值 M_u/(kN·m)	正截面抗弯承载力对应横向荷载 V/kN
S100-N03-735	33.4	735	342.9	285.8
S50-N03-735	33.4	735	342.9	285.8
S100-N05-735	33.4	735	404.9	337.4
S50-N05-735	33.4	735	404.9	337.4
S100-N03-400	33.4	478	284.4	237.1
S100-N03-735（C40）	38.4	735	346.2	288.5
S100-N03-735（C50）	46.2	735	351.3	292.8
S100-N03-73（16mm）	33.4	735	289.4	241.2

2. 斜截面抗剪承载力

依据美国规范，矩形截面钢筋混凝土柱斜截面抗剪承载力计算公式为

$$V_u \leqslant \phi V_n = 0.1\eta\left(1+\frac{N_n}{14A_g}\right)\sqrt{f_c'}bh_0 + f_{yt}\frac{A_v}{S}h_0 \tag{5-22}$$

式中，V_n 为名义抗剪强度；N_n 为名义轴力；A_g 为柱全截面面积；f_{yt} 为箍筋屈服强度标准值。

各试件抗剪承载力计算结果如表 5-11 所示。

表 5-11　各试件抗剪承载力计算结果（美国规范）

试件编号	混凝土抗压强度平均值/MPa	纵筋强度平均值/MPa	斜截面抗剪承载力计算值 V_u/kN
S100-N03-735	33.4	735	418.9
S50-N03-735	33.4	735	748.7
S100-N05-735	33.4	735	444.2
S50-N05-735	33.4	735	774.1
S100-N03-400	33.4	478	418.9
S100-N03-735（C40）	38.4	735	421.4
S100-N03-735（C50）	46.2	735	425.6
S100-N03-735（16mm）	33.4	735	418.9

对比表 5-10 和表 5-11 的承载力计算结果可知，所有试件均发生压弯破坏，与试验结果一致。

将计算结果与试验结果进行对比，如表 5-12 所示。从表中可得，混凝土柱抗震承载力试验值与按材料强度平均值计算的承载力之比的平均值为 1.40，表明美国规范公式可以用来计算配置 NPR735 钢筋的高强混凝土柱的承载力且留有一定的安全储备。

表 5-12　各试件承载力计算值与试验值对比（美国规范）

试件编号	计算承载力 V_t/kN	试验承载力 V_{cl}/kN	V_{cl}/V_t
S100-N03-735	285.8	362	1.27
S50-N03-735	285.8	416	1.46
S100-N05-735	337.4	482	1.43
S50-N05-735	337.4	530	1.57
S100-N03-400	237.1	313	1.32
S100-N03-735（C40）	288.5	398	1.38
S100-N03-735（C50）	292.8	414	1.41
S100-N03-735（16mm）	241.2	326	1.35
平均值			1.40

5.4.3　欧洲规范计算公式验证

1. 正截面抗弯承载力

欧洲规范与中国规范相似，对于钢筋混凝土矩形偏心受压试件，其正截面抗弯承载力计算公式为

$$N_{\mathrm{Ed}} \leqslant N_{\mathrm{Rd}} = \eta f_{\mathrm{cd}}(\lambda x)b + A'_{\mathrm{s}} f'_{\mathrm{yd}} - A_{\mathrm{s}}\sigma_{\mathrm{s}} \tag{5-23}$$

$$M_{\mathrm{Ed}} \leqslant M_{\mathrm{Rd}} = \eta f_{\mathrm{cd}}(\lambda x)b\left(\frac{h}{2}-\frac{\lambda x}{2}\right) + A'_{\mathrm{s}} f'_{\mathrm{yd}}\left(\frac{h}{2}-d'\right) + A_{\mathrm{s}}\sigma_{\mathrm{s}}\left(d-\frac{h}{2}\right) \tag{5-24}$$

依据欧洲抗震规范，对依据上述公式得到的计算结果进行调整，结果如表 5-13 所示。

表 5-13　各试件抗弯承载力计算结果（欧洲规范）

试件编号	混凝土抗压强度平均值/MPa	纵筋强度平均值/MPa	正截面抗弯承载力计算值 M_u/(kN·m)	正截面抗弯承载力对应横向荷载 V/kN
S100-N03-735	33.4	735	369.8	308.2
S50-N03-735	33.4	735	369.8	308.2
S100-N05-735	33.4	735	420.1	350.1
S50-N05-735	33.4	735	420.1	350.1

续表

试件编号	混凝土抗压强度平均值/MPa	纵筋强度平均值/MPa	正截面抗弯承载力计算值 M_u/(kN·m)	正截面抗弯承载力对应横向荷载 V/kN
S100-N03-400	33.4	478	294.6	245.5
S100-N03-735（C40）	38.4	735	374.1	311.8
S100-N03-735（C50）	46.2	735	382.3	318.6
S100-N03-735（16mm）	33.4	735	314.8	262.3

2. 斜截面抗剪承载力

依据欧洲规范，矩形截面钢筋混凝土柱斜截面抗剪承载力计算公式为

$$V_u \leqslant V_{Rd^1} + 0.9 f_{yv} \frac{A_{sv}}{s} h_0 \tag{5-25}$$

$$V_{Rd^1} = \frac{1}{6}\left(1.2 + 40\rho + \frac{N_{sd}}{A_c}\right) f_{ct} b h_0 \tag{5-26}$$

式中，V_{Rd^1} 为混凝土部分提供的抗剪承载力；ρ 为纵向受拉钢筋配筋率；N_{sd} 为设计轴力；A_c 为混凝土部分截面总面积。

各试件抗剪承载力计算结果如表 5-14 所示。

表 5-14　各试件抗剪承载力计算结果(欧洲规范)

试件编号	混凝土抗压强度平均值/MPa	纵筋强度平均值/MPa	斜截面抗剪承载力计算值 V_u/kN
S100-N03-735	33.4	735	402.6
S50-N03-735	33.4	735	731.5
S100-N05-735	33.4	735	418.9
S50-N05-735	33.4	735	747.8
S100-N03-400	33.4	478	402.6
S100-N03-735（C40）	38.4	735	405.0
S100-N03-735（C50）	46.2	735	409.5
S100-N03-735（16mm）	33.4	735	402.6

对比表 5-13 和表 5-14 的承载力计算结果可知，所有试件均发生压弯破坏，与试验结果一致。

将计算得到的结果与试验结果进行对比，如表 5-15 所示。从表中可得，混凝土柱抗震承载力试验值与按材料强度平均值计算的承载力之比的均值为 1.31，表明欧洲规范公式可以用来计算配置 NPR735 钢筋的高强混凝土柱的承载力且留有

一定的安全储备。

表 5-15　各试件承载力计算值与试验值对比(欧洲规范)

试件编号	计算承载力 V_t/kN	试验承载力 V_{cl}/kN	V_{cl}/V_t
S100-N03-735	308.2	362	1.17
S50-N03-735	308.2	416	1.35
S100-N05-735	350.1	482	1.38
S50-N05-735	350.1	530	1.51
S100-N03-400	245.5	313	1.27
S100-N03-735(C40)	311.8	398	1.28
S100-N03-735(C50)	318.6	414	1.30
S100-N03-735(16mm)	262.3	326	1.24
平均值			1.31

通过上述验证,发现三个规范均可用于 NPR735 钢筋混凝土柱承载力的验算,且留有一定的安全储备，主要原因如下：①规范中没有体现出箍筋的作用，通过试验现象和试验结果的对比，发现加密箍筋可以增强核心区混凝土的承载力，箍筋间距小的试件承载力高于箍筋间距大的试件，规范中没有提及箍筋对正截面承载力的强化作用。②关于混凝土的极限压应变，中国规范为 0.0033，美国规范为 0.003，欧洲规范为 0.0035，由于纵筋使用的是高强钢筋，在混凝土受压区边缘达到极限压应变时，高强纵筋还没有屈服，可能会产生内力重分布，由受压纵筋继续承担压应力，这使得实际试件的承载力比计算值要高。

5.5　本章小结

本章对 NPR735 钢筋混凝土柱抗震性能进行了研究，分析了试件的延性、耗能能力、滞回特性，建立了相应的恢复力模型。主要结论如下：

(1)配置高强高延性钢筋的混凝土柱与传统钢筋混凝土柱有相似的破坏模式,均为压弯破坏。破坏时柱底两侧的混凝土剥落、压碎；柱底的纵筋和箍筋裸露；受压钢筋屈服或受压屈曲。增大试件的轴压比可以明显提升钢筋混凝土柱的初始刚度,轴压比为 0.5 的钢筋混凝土柱的初始刚度比轴压比为 0.3 的钢筋混凝土柱高 50%；但随着试件轴压比增大，试件延性降低，刚度退化速度加快。降低试件的箍筋间距可以增加箍筋对核心区混凝土和纵向钢筋的约束作用，减缓试件的刚度退化速度，提高试件的延性，从而提升试件的抗震性能。与传统钢筋混凝土柱相比，配置高强高延性钢筋的混凝土柱有更大的承载力。高强高延性钢筋混凝土柱的峰值荷载比传统钢筋混凝土柱高 15%，而延性略微下降。

(2)随着混凝土强度的提高，试件的初始刚度几乎没有变化，峰值荷载有所提高，但是变形能力没有明显的改善；长细比的提高会降低试件初始刚度，但增加了试件延性，因此只有选取合适的长细比，才能得到较高的承载力与相对良好的延性；提高配筋率可以提高试件的承载力和延性。

(3)采用中国规范、美国规范以及欧洲规范公式计算高强高延性钢筋混凝土柱的承载力，具有一定的安全储备。

第 6 章　NPR735 钢筋混凝土框架节点抗震性能

6.1　低周往复荷载试验

6.1.1　试验方案

1. 试件设计

选取典型多层多跨钢筋混凝土框架结构中相邻梁柱反弯点间的单元作为研究对象。根据《混凝土结构设计标准》(GB/T 50010—2010)[2]和《建筑抗震设计标准》(GB/T 50011—2010)[154]，设计了 7 个接近足尺的混凝土平面框架节点。

试验试件包括五个中节点(ZJ-1～ZJ-4、ZJ-2A)、两个边节点(BJ-1、BJ-2)。中节点 ZJ-1～ZJ-4 和边节点 BJ-1、BJ-2 内纵筋及箍筋均采用 NPR735 钢筋；中节点 ZJ-2A 内纵筋及箍筋均采用 HRB400 钢筋。各试件梁、柱及节点核心区配筋情况如表 6-1 所示。梁柱端预埋 Q345B 套丝圆钢用于连接加载装置。全部试件采用 C35 混凝土，以轴压比和核心区体积配箍率为主要变化参数。配筋详图见图 6-1～图 6-4。NPR735 钢筋、HRB400 钢筋以及 C35 混凝土与混凝土梁试验试件为同一批次。

表 6-1　试件基本设计参数

试件编号	材料等级	轴压比	节点配箍④	柱纵筋③	柱箍筋⑤	梁纵筋①	梁箍筋②	体积配箍率/%
ZJ-1	NPR735+C35	0.3	2D8@100	24D18	4D8@60	8D18	2D8@80	0.69
ZJ-2	NPR735+C35	0.3	2D8@150	24D18	4D8@60	8D18	2D8@80	0.46
ZJ-3	NPR735+C35	0.5	2D8@100	24D18	4D8@60	8D18	2D8@80	0.69
ZJ-4	NPR735+C35	0.5	2D8@150	24D18	4D8@60	8D18	2D8@80	0.46
ZJ-2A	HRB400+C35	0.3	2D8@150	24D18	4D8@60	10D18	2D8@80	0.46
BJ-1	NPR735+C35	0.3	2D8@150	24D18	4D8@60	12D18	4D8@60	0.46
BJ-2	NPR735+C35	0.5	2D8@150	24D18	4D8@60	12D18	4D8@60	0.46

为确保节点发生破坏，以揭示高强高延性钢筋混凝土框架节点的抗震性能，按照《混凝土结构设计标准》(GB/T 50010—2010)对节点配筋进行“强梁柱、弱节点”校核，节点梁端或柱端弯曲破坏时对应的节点核心区剪力如表 6-2 所示，

梁端或柱端剪切破坏时对应的节点核心区剪力如表 6-3 所示。梁柱节点核心区抗剪承载力如表 6-4 所示，V_{j1} 为混凝土强度取实测平均值、箍筋强度取 480MPa 时计算得到的节点抗剪承载力，V_{j2} 为混凝土强度取设计值、箍筋强度取 360MPa 时计算得到的节点抗剪承载力。对比表 6-2～表 6-4 可得，根据规范公式，在节点核心区剪切破坏、梁端弯曲破坏、柱端弯曲破坏、梁端剪切破坏、柱端剪切破坏的五种破坏类型中，节点核心区剪切破坏对应的承载力最低，因此所有节点均发生核心区剪切破坏。

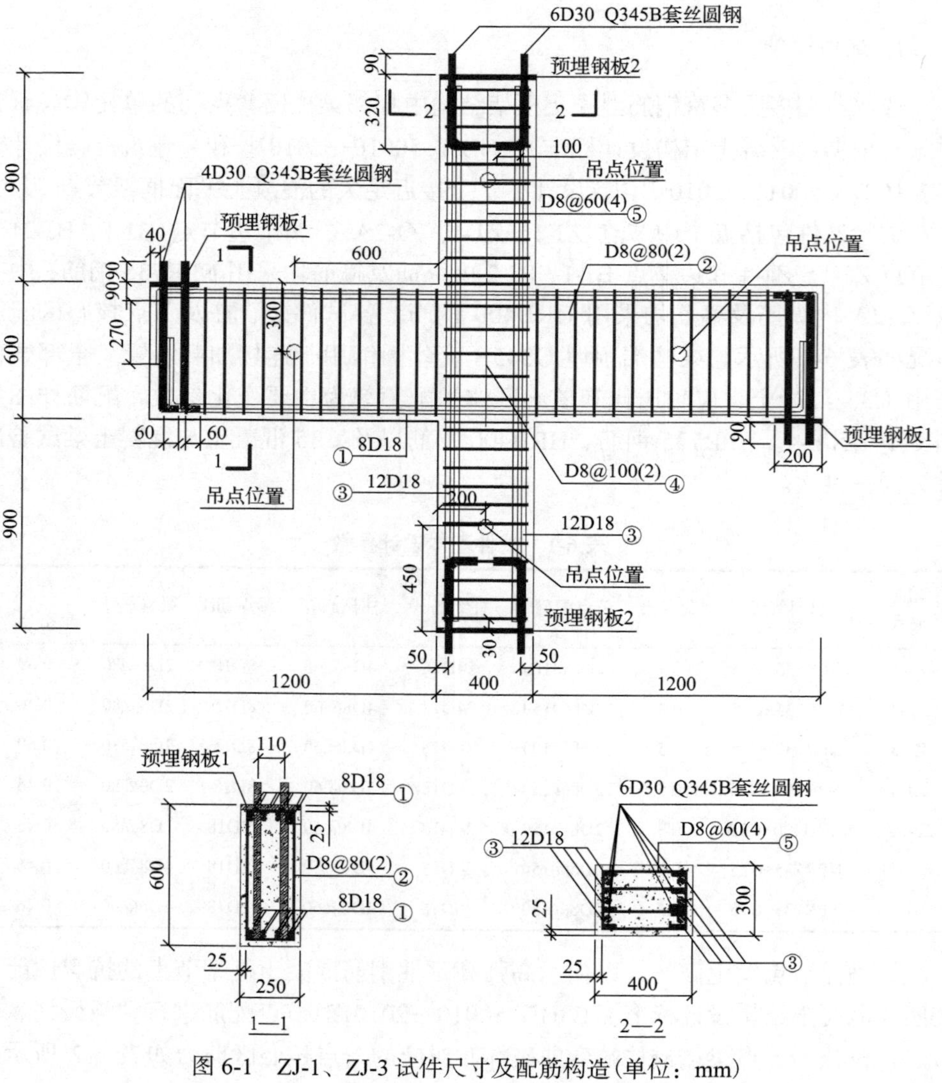

图 6-1　ZJ-1、ZJ-3 试件尺寸及配筋构造（单位：mm）

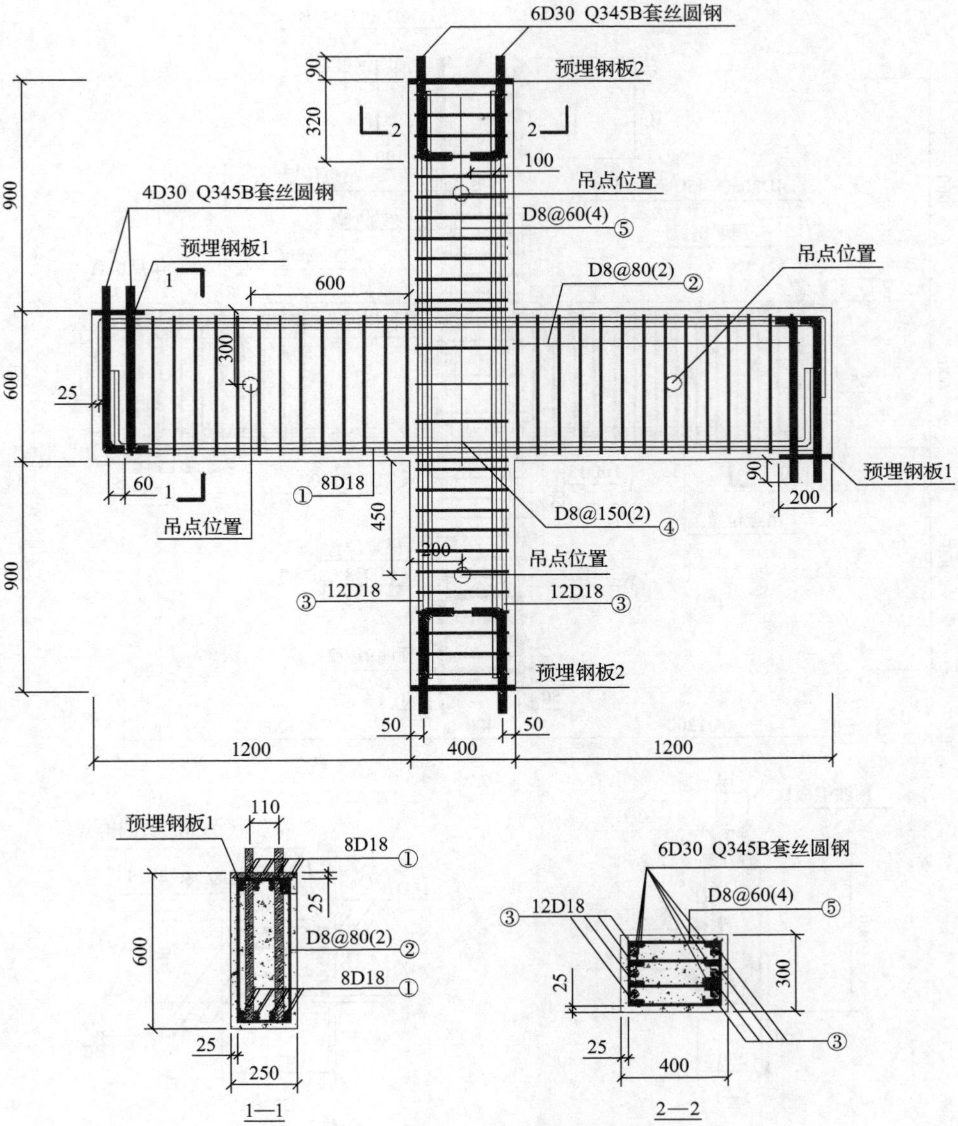

图 6-2　ZJ-2、ZJ-4 试件尺寸及配筋构造(单位：mm)

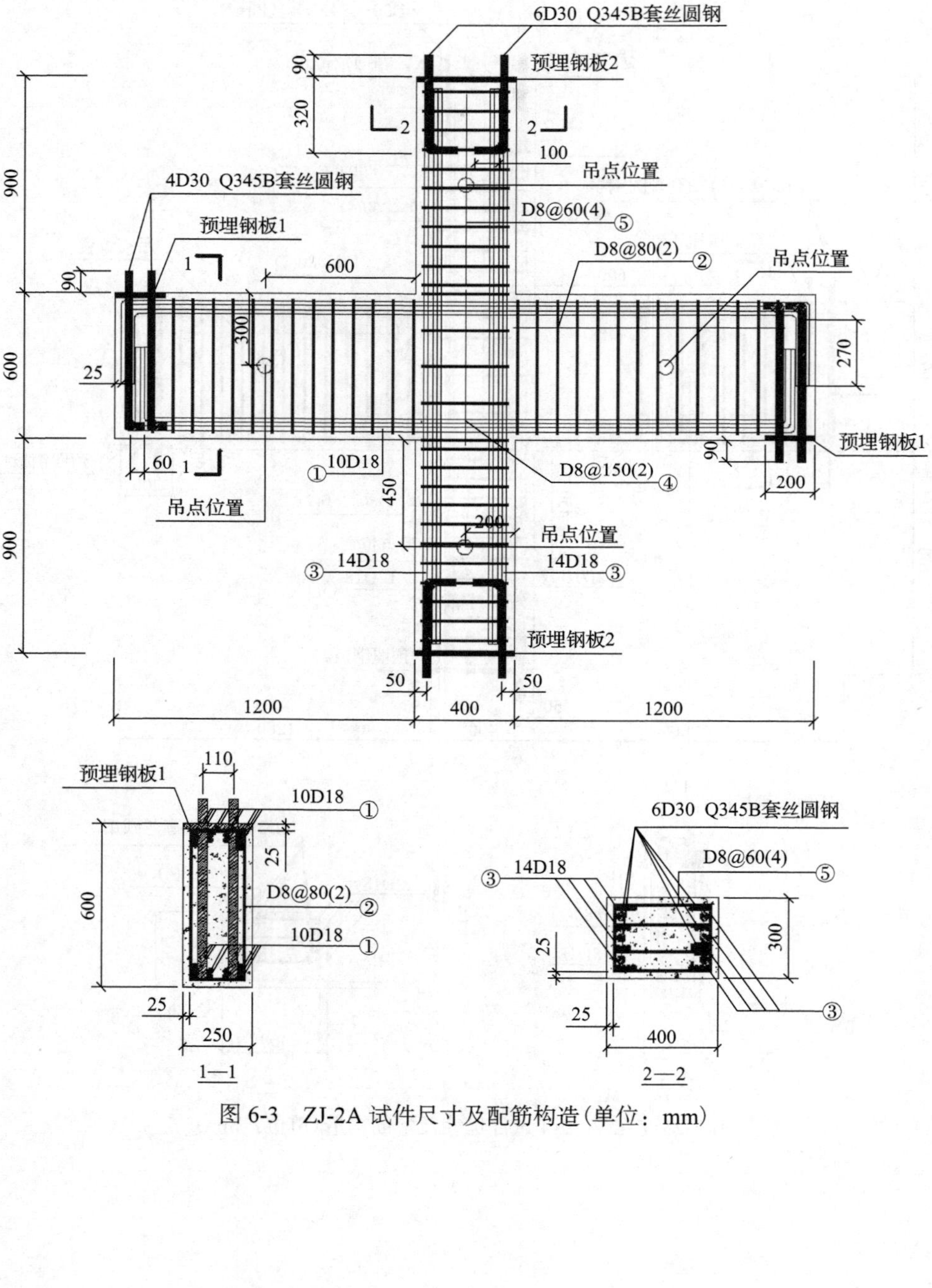

图 6-3　ZJ-2A 试件尺寸及配筋构造(单位：mm)

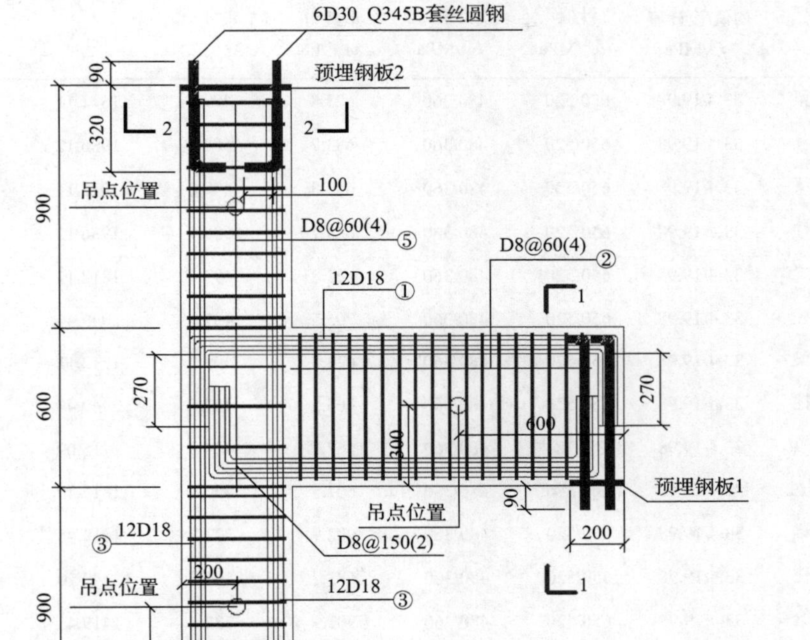

图 6-4　BJ-1、BJ-2 试件尺寸及配筋构造(单位：mm)

表 6-2　梁端或柱端弯曲破坏时对应的节点核心区剪力

试件编号	混凝土轴心抗压强度平均值/设计值 f_c /MPa	钢筋抗拉强度平均值/设计值 f_y /MPa	箍筋抗拉强度平均值/设计值 f'_y /MPa	材料平均值对应的抗弯承载力 M_{u1} /kN	材料设计值对应的抗弯承载力 M_{u2} /kN	M_{u1} 对应的节点剪力 V_{jM1} /kN	M_{u2} 对应的节点剪力 V_{jM2} /kN
ZJ-1 梁	33.4/19.98	650/520	480/360	623.8	499.0	1812.11	1449.57
ZJ-1 柱	33.4/19.98	650/520	480/360	683.7	500.4	1986.12	1453.64
ZJ-2 梁	33.4/19.98	650/520	480/360	623.8	499.0	1812.11	1449.57
ZJ-2 柱	33.4/19.98	650/520	480/360	683.7	500.4	1986.12	1453.64
ZJ-3 梁	33.4/19.98	650/520	480/360	623.8	499.0	1812.11	1449.57
ZJ-3 柱	33.4/19.98	650/520	480/360	705.5	437.6	2049.44	1271.21
ZJ-4 梁	33.4/19.98	650/520	480/360	623.8	499.0	1812.11	1449.57
ZJ-4 柱	33.4/19.98	650/520	480/360	705.5	437.6	2049.44	1271.21
ZJ-2A 梁	33.4/19.98	478.7/386.7	480/360	567.7	457.4	1715.09	1381.86
ZJ-2A 柱	33.4/19.98	478.7/386.7	480/360	601.5	447.1	1817.20	1350.74
BJ-1 梁	33.4/19.98	650/520	480/360	902.9	722.3	1419.45	1135.53
BJ-1 柱	33.4/19.98	650/520	480/360	683.7	500.4	2149.70	1573.36
BJ-2 梁	33.4/19.98	650/520	480/360	902.9	722.3	1419.45	1135.53
BJ-2 柱	33.4/19.98	650/520	480/360	705.5	437.6	2218.24	1375.91

表 6-3　梁端或柱端剪切破坏时对应的节点核心区剪力

试件编号	混凝土轴心抗压强度平均值/设计值 f_c /MPa	钢筋抗拉强度平均值/设计值 f_y /MPa	箍筋抗拉强度平均值/设计值 f'_y /MPa	材料平均值对应的抗弯承载力 M_{u1} /kN	材料设计值对应的抗弯承载力 M_{u2} /kN	M_{u1} 对应的节点剪力 V_{jV1} /kN	M_{u2} 对应的节点剪力 V_{jV2} /kN
ZJ-1 梁	33.4/19.98	650/520	480/360	652.5	440.6	2085.03	1407.91
ZJ-1 柱	33.4/19.98	650/520	480/360	811.3	589.7	2121.11	1541.75
ZJ-2 梁	33.4/19.98	650/520	480/360	652.5	440.6	2085.03	1407.91
ZJ-2 柱	33.4/19.98	650/520	480/360	811.3	589.7	2121.11	1541.75
ZJ-3 梁	33.4/19.98	650/520	480/360	652.5	440.6	2085.03	1407.91
ZJ-3 柱	33.4/19.98	650/520	480/360	839.4	617.7	2194.58	1614.95
ZJ-4 梁	33.4/19.98	650/520	480/360	652.5	440.6	2085.03	1407.91
ZJ-4 柱	33.4/19.98	650/520	480/360	839.4	617.7	2194.58	1614.95
ZJ-2A 梁	33.4/19.98	478.7/387	480/360	648.3	437.8	2154.45	1454.91

续表

试件编号	混凝土轴心抗压强度平均值/设计值 f_c /MPa	钢筋抗拉强度平均值/设计值 f_y /MPa	箍筋抗拉强度平均值/设计值 f'_y /MPa	材料平均值对应的抗弯承载力 M_{u1} /kN	材料设计值对应的抗弯承载力 M_{u2} /kN	M_{u1} 对应的节点剪力 V_{jV1} /kN	M_{u2} 对应的节点剪力 V_{jV2} /kN
ZJ-2A 柱	33.4/19.98	478.7/387	480/360	811.3	589.7	2205.93	1603.40
BJ-1 梁	33.4/19.98	650/520	480/360	1185.4	841.1	2049.93	1454.53
BJ-1 柱	33.4/19.98	650/520	480/360	811.3	589.7	2295.81	1668.73
BJ-2 梁	33.4/19.98	650/520	480/360	1185.4	841.1	2049.93	1454.53
BJ-2 柱	33.4/19.98	650/520	480/360	839.4	617.7	2375.32	1747.96

表 6-4　梁柱节点核心区抗剪承载力

试件编号	混凝土轴心抗压强度平均值/设计值 f_c /MPa	钢筋抗拉强度平均值/设计值 f_y /MPa	箍筋抗拉强度平均值/设计值 f'_y /MPa	材料平均值对应的节点抗剪承载力 V_{j1} /kN	材料设计值对应的节点抗剪承载力 V_{j2} /kN
ZJ-1	33.4/19.98	650/520	480/360	712.37	474.87
ZJ-2	33.4/19.98	650/520	480/360	631.89	414.51
ZJ-3	33.4/19.98	650/520	480/360	732.41	494.91
ZJ-4	33.4/19.98	650/520	480/360	651.93	434.55
ZJ-2A	33.4/19.98	478.7/386.7	480/360	631.89	414.51
BJ-1	33.4/19.98	650/520	480/360	621.55	406.75
BJ-2	33.4/19.98	650/520	480/360	641.59	426.79

2. 试验加载装置及加载制度

1) 试验加载装置

节点试验采用低周往复加载方式，通常平面框架节点的抗震试验有梁端加载和柱端加载两种方式。前者在柱端仅施加竖向轴力，通过在梁端施加反对称往复荷载或控制位移来模拟地震作用，柱顶与柱底均可视为不动铰，左右梁端视为自由端。该加载方式忽视了柱轴力带来的 $P\text{-}\delta$ 效应，但其加载方式简单，易实现。后者在柱端施加恒定轴力的同时还要施加水平往复荷载，根据实际情况，柱端加载对应的边界条件为：柱顶为水平可动铰，柱底相对于柱顶可视为固定铰支座，左右梁反弯点为水平可动铰。该加载方式更符合框架结构在水平地震作用下的实际受力情况，但该边界条件对试验设备要求较高，难以模拟。本书以节点核心区为主要研究对象，而柱端加载方式更适用于以柱端塑性铰区或柱连接处为主要研究对象的试验情况，因此试验加载装置采用梁端加载方式，如图 6-5 所示。

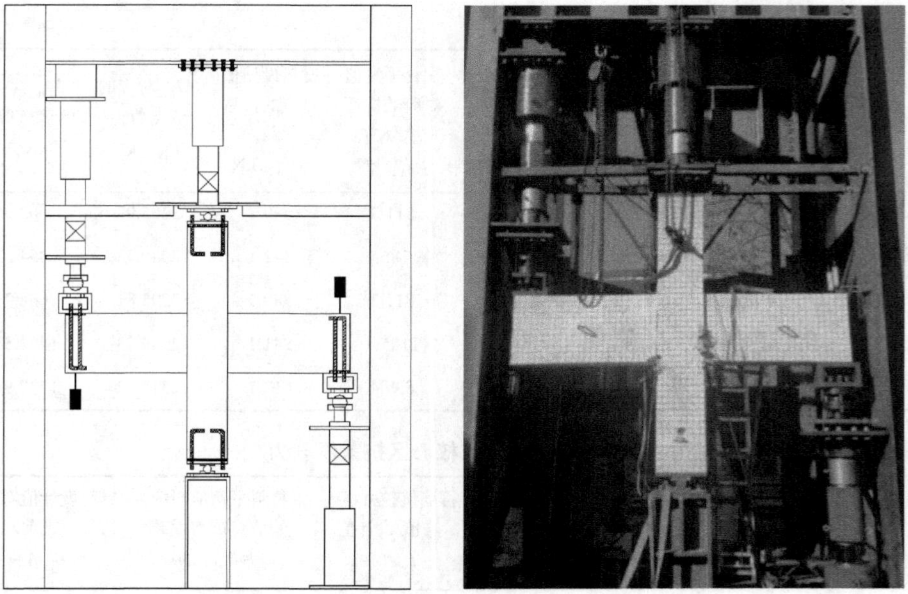

(a) 示意图　　(b) 实物图

图 6-5　加载装置

采用三个完全相同的 400t 千斤顶施加荷载，每个千斤顶与配套的力传感器组装成为一个整体。柱顶千斤顶用于施加恒定竖向轴力，千斤顶下端与铰支座对中相连后，铰支座再通过柱端预埋的套丝圆钢搭配螺母与节点相连。同时柱顶设置两根方形钢管作为水平支撑，限制柱顶水平位移。两侧梁自由端处分别安装上下两个千斤顶，通过球形铰支座与梁端相连，用于施加反对称往复荷载。为实现中节点两侧梁端的同步加载，用两个三通接头将左右两侧千斤顶通过进出油管连接在一个油泵上，且千斤顶所用油管长度相等，以保证加载速率相当。

2）加载制度

根据《建筑抗震试验规程》(JGJ/T 101—2015)[146]，首先对柱端加压，正式试验开始前，柱端千斤顶先加载至预定轴力的 50%，确保整个加载装置安全后，再逐步加载至预定轴力保持恒定，然后施加梁端反复荷载。以两侧千斤顶同时施加推力为正向加载，反之为反向加载。按正向加载-正向卸载-反向加载-反向卸载为一个完整的加载循环。试验全程采用控制变形加载，根据设计原则，组合体失效前梁、柱纵筋均不会屈服，故以节点核心区混凝土开裂为界，开裂前以 2mm 梁端位移为极差进行循环加载，每级循环 1 次；当核心区混凝土出现第一条斜裂缝时，再以此时对应的梁端位移为增幅进行循环加载，每级荷载循环三次。当组合体承载力下降至极限状态的 85%时认为试件破坏，停止加载，试验结束。加载制度如图 6-6 所示。

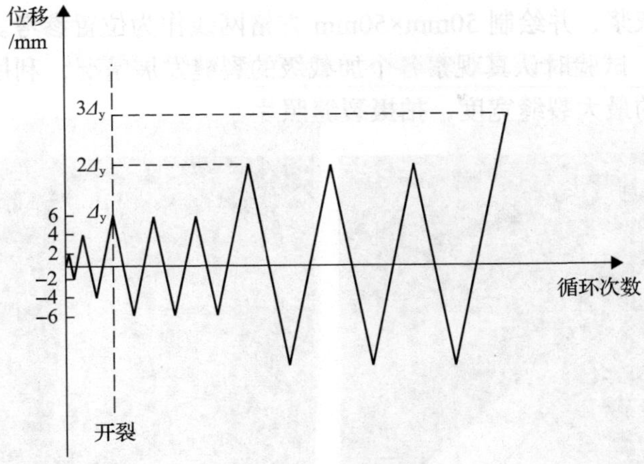

图 6-6　加载制度

3. 量测内容及方法

柱顶轴力由千斤顶配套传感器测得，并用静态电阻应变仪全程监测，以保证加载过程中轴力恒定。梁加载端推拉荷载同样由相应的千斤顶传感器量测，与此同时，在梁端设置的量程为 100mm 的位移计将实时记录梁端位移数据，用以绘制梁端荷载-位移曲线。此外，为观察节点核心区箍筋在加载过程中的应变情况，在节点钢筋笼绑扎完成后，选择核心区内的三根箍筋，在每根平行于受力方向的箍肢上粘贴两个规格为 6.9mm×3.9mm 的电阻应变片。试件测点位置及编号如图 6-7 所示。为了更加直观地观察试验加载过程中试件的破坏现象，试件制作完成后，

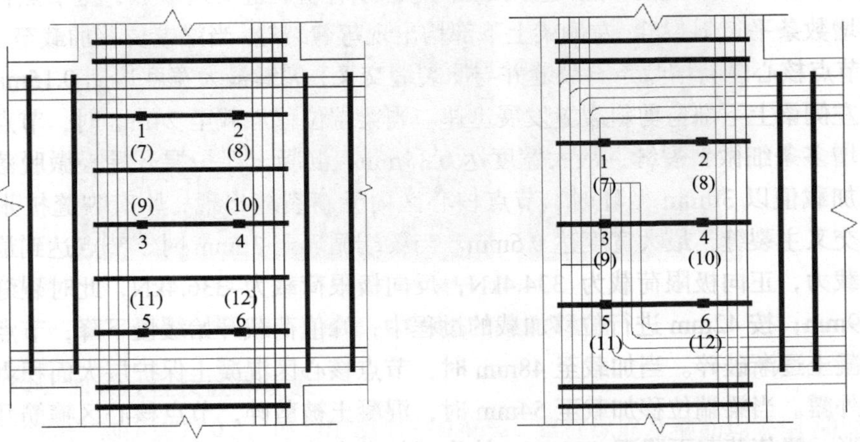

(a) 中柱节点核心区应变片布置　　(b) 边柱节点核心区应变片布置

图 6-7　试件测点位置及编号

点核心区交叉裂缝不断出现，原有斜裂缝持续发展。当加载至 40mm 时，节点核心区原有斜裂缝延伸汇合，开始形成主斜裂缝，宽度达到 1.3mm，此时荷载达到峰值，正向极限荷载为 317.9kN，负向极限荷载为–319.3kN。当加载至 48mm 时，主斜裂缝继续拓宽延伸，裂缝交叉处混凝土保护层开始剥落。当位移按 56mm 进行循环加载时，节点核心区混凝土保护层突然隆起、开裂，继而大幅剥落。此时主斜裂缝最大宽度达 2.75mm，峰值荷载下降至 209kN，节点发生剪切破坏，试验结束。节点 ZJ-2 裂缝发展及破坏情况如图 6-10 所示。

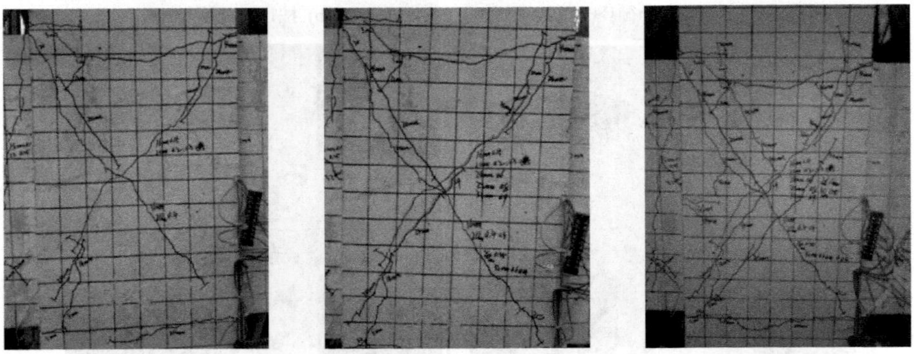

(a) 按24mm循环时　　(b) 按32mm循环时　　(c) 按48mm循环时

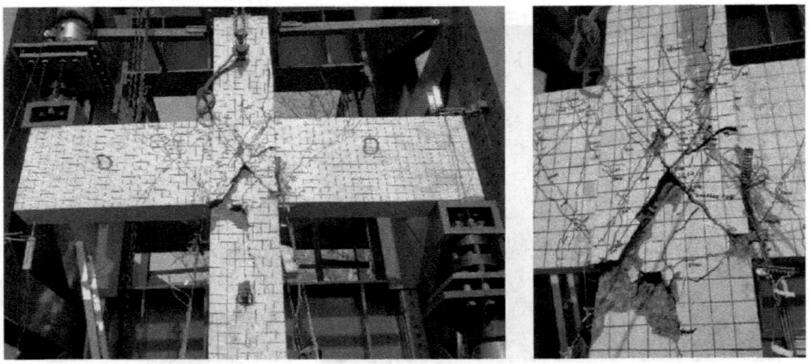

(d) 试件破坏

图 6-10　节点 ZJ-2 裂缝发展及破坏情况

3) ZJ-2A 加载过程及破坏现象

试件 ZJ-2A 轴压比为 0.3，体积配箍率为 0.46%，梁柱纵筋及箍筋均采用 HRB400 钢筋。以 2mm 为加载级对梁端进行加载，直至位移加载值达到 8mm 时，两侧梁开始出现弯剪裂缝，并主要集中在左侧梁上部。随着加载的进行，梁裂缝迅速向下延伸至三分之二梁高处。当梁端位移加载值达到 12mm 时，右侧梁上下部新增多条弯剪斜裂缝并逐渐延伸至四分之三梁高处。当梁端位移加载值达到 18mm 时，节点核心区出现第一条斜裂缝，且随着循环的进行，在节点核心区内形成交叉裂缝。之后按 36mm 进行加载，该循环过程中，节点核心区内虽然新增数条交叉斜裂缝，但其延伸速度非常缓慢，裂缝最大宽度仅为 0.5mm，而此时节点左侧梁上部弯剪裂缝扩张迅速。当按 36mm 加载至第二个循环时，左侧梁上突然形成两条主斜裂缝并贯通梁高，裂缝最大宽度达到 5.5mm，观察到峰值荷载快速下降，认为节点发生梁端剪切破坏，试验结束。节点 ZJ-2A 裂缝发展及破坏情况如图 6-11 所示。

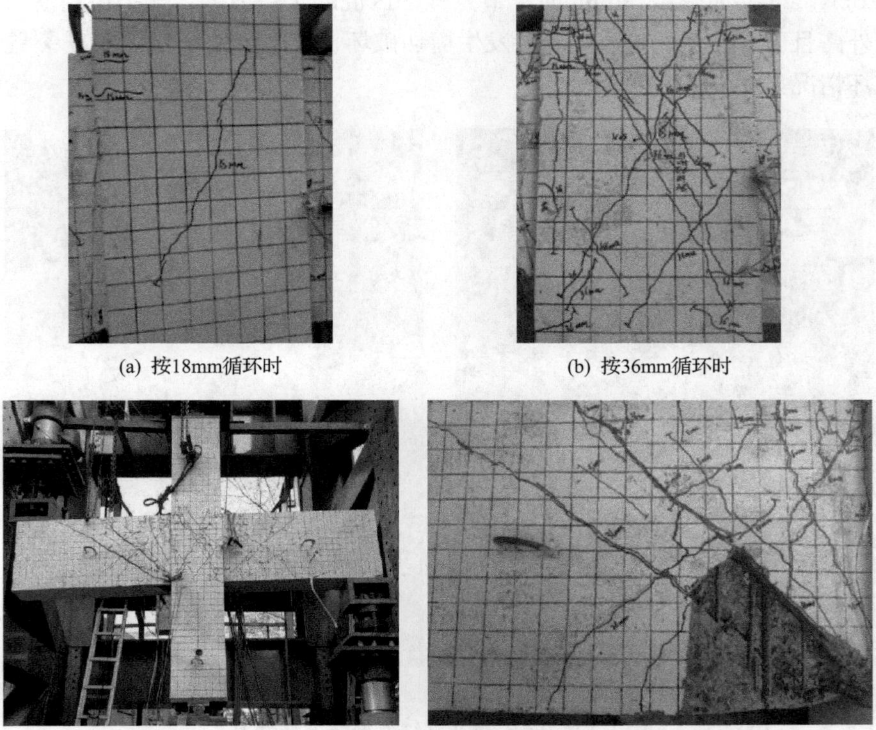

(a) 按18mm循环时　(b) 按36mm循环时

(c) 试件破坏

图 6-11　节点 ZJ-2A 裂缝发展及破坏情况

4）ZJ-3 加载过程及破坏现象

ZJ-3 试件轴压比为 0.5，体积配箍率为 0.69%，梁柱纵筋及箍筋均采用 NPR735 钢筋。当梁端位移加载至 6mm 时，节点核心区出现第一条细微斜裂缝，此后以 6mm 为加载级进行加载，每级循环 3 次。梁端循环位移按 12mm 加载，节点核心区内无新裂缝出现。当位移加载值达到 18mm 时，节点核心区内形成交叉裂缝，裂缝最大宽度达到 0.9mm，两侧梁上下部开始出现弯剪裂缝。当位移加载值为 24mm 时，节点核心区新增数条细微交叉裂缝，位置集中，并逐渐与原有裂缝呈“汇合”之势，该阶段左右梁弯剪裂缝发育较快，裂缝均已延伸至二分之一梁高处。当位移加载值达到 30mm 时，节点核心区形成主斜裂缝，主裂缝交叉处混凝土开始逐渐脱落。随着加载循环的进行，裂缝最大宽度达到 2mm，该阶段梁端新增少量弯剪裂缝，但发展缓慢。当位移加载值达到 36mm 时，主裂缝不断扩张，裂缝两侧混凝土保护层隆起，并开始大面积剥落，裂缝拓宽至 2.5mm。当位移加载值达到 42mm 时，节点承载力达到最大，正向极限荷载为 343kN，反向极限荷载为 –355.6kN。继续加载至 54mm 时，节点核心区混凝土被剪碎，保护层剥落严重，箍筋外露且已发生变形，认为节点发生剪切破坏，试验结束。节点 ZJ-3 裂缝发展及破坏情况如图 6-12 所示。

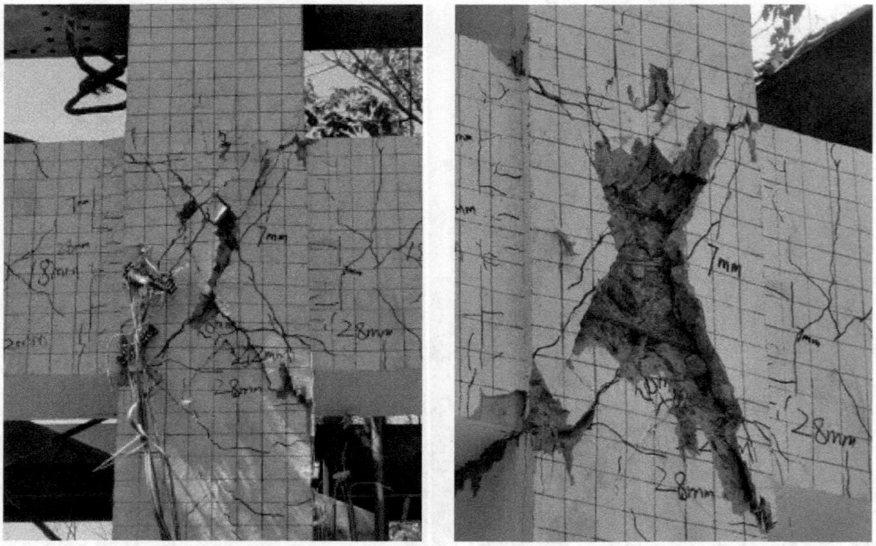

(a) 按24mm循环时　　(b) 按54mm循环时

图 6-12　节点 ZJ-3 裂缝发展及破坏情况

5) ZJ-4 加载过程及破坏现象

试件 ZJ-4 轴压比为 0.5，体积配箍率为 0.46%，梁柱纵筋及箍筋均采用 NPR735 钢筋。当梁端按 4mm 进行往复加载时，节点核心区出现 3 条平行于对角线的细微斜裂缝；当梁端按 8mm 循环三次时，原有裂缝迅速延伸至贯通节点，宽度最大可达 0.7mm，且节点右侧梁上部出现两条弯剪斜裂缝。当位移加载值达到 12mm 时，节点核心区原有裂缝不断扩张，无新裂缝出现，右侧梁下部新增两条弯剪斜裂缝。当梁端位移加载至 16mm 时，节点核心区另一对角线方向新增三条斜裂缝，并与原裂缝交叉形成网状，裂缝最大宽度为 1.75mm，此时左右侧梁端均已形成交叉弯剪斜裂缝。此后继续加载，节点核心区再无新裂缝产生，原有裂缝持续变宽；

当加载至 36mm 时，荷载达到峰值，正向极限荷载为 327.1kN，反向极限荷载为 –319.2kN。当加载至 44mm 时，混凝土保护层开始脱落，交叉裂缝继续扩张，最大宽度可达 4mm。梁端在 56mm 循环过程中，节点核心区混凝土被主裂缝分割为多个棱柱体，保护层剥落严重，箍筋外露，荷载下降幅度较大，认为其发生节点剪切破坏，试验结束。节点 ZJ-4 裂缝发展及破坏情况如图 6-13 所示。

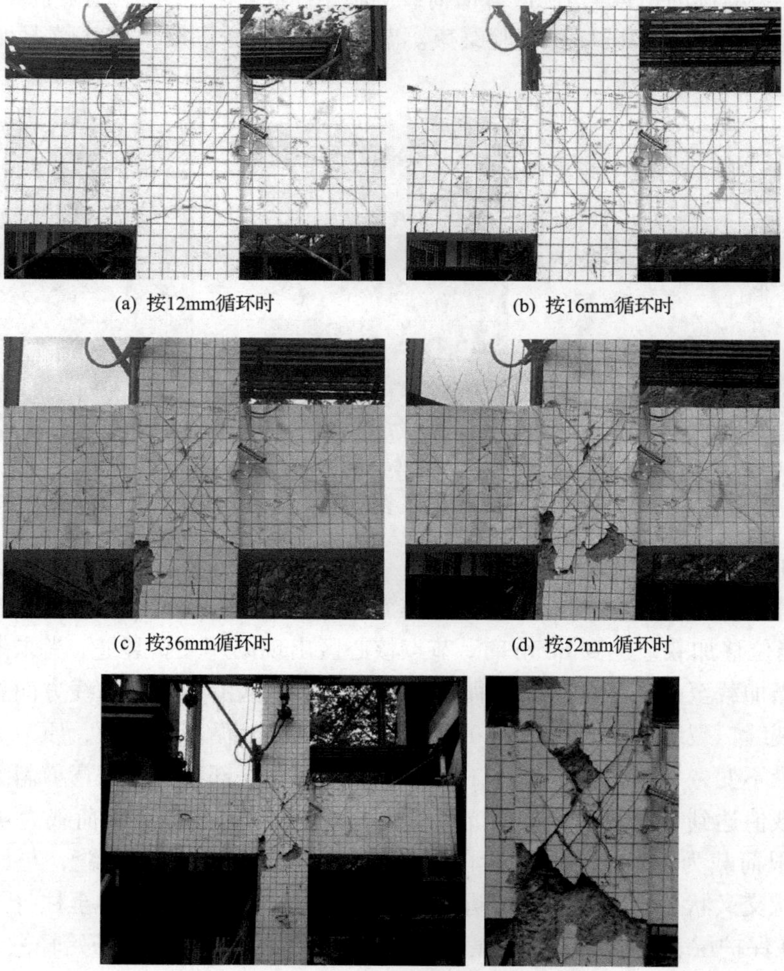

(a) 按12mm循环时　(b) 按16mm循环时

(c) 按36mm循环时　(d) 按52mm循环时

(e) 试件破坏

图 6-13　节点 ZJ-4 裂缝发展及破坏情况

6) BJ-1 加载过程及破坏现象

试件 BJ-1 轴压比为 0.3，体积配箍率为 0.46%，梁柱纵筋及箍筋均采用 NPR735 钢筋。当位移加载值达到 10mm 时，节点核心区出现两条细微交叉斜裂缝，尚未贯通节点，宽度为 0.1mm。当位移加载值达到 20mm 时，节点核心区内原斜裂缝迅速贯通对角线的同时新增多条斜裂缝，最宽达到 1.1mm。梁端按 30mm 循环加载时，节点核心区裂缝数量没有增多，但原有斜裂缝逐渐拓宽形成主斜裂缝。梁端按 40mm 循环加载时，峰值荷载开始下降，但节点核心区混凝土保护层破损尚不严重，此时主斜裂缝扩张至 1.5mm 宽。当梁端按 50mm 循环加载时，节点核心区主斜裂缝逐渐拓宽至 1cm，峰值荷载下降至 300N 左右，认为节点混凝土破碎，构件发生核心区剪切破坏，试验结束。节点 BJ-1 裂缝发展及破坏情况如图 6-14 所示。

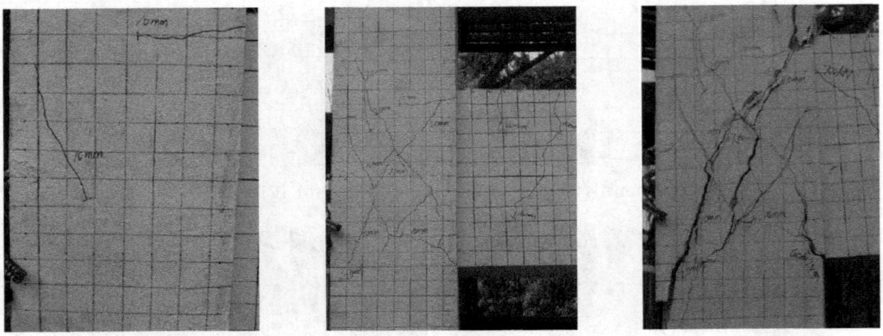

(a) 按10mm循环时　　(b) 按20mm循环时　　(c) 试件破坏

图 6-14　节点 BJ-1 裂缝发展及破坏情况

7) BJ-2 加载过程及破坏现象

试件 BJ-2 轴压比为 0.5，体积配箍率为 0.46%，梁柱纵筋及箍筋均采用 NPR735 钢筋。当位移加载值达到 6mm 时，节点核心区出现第一条斜裂缝，尚未沿对角线贯通。当加载至 12mm 的第二个循环时，节点核心区沿另一对角线方向新增数条剪切斜裂缝，裂缝最大宽度达到 0.6mm。而在 18mm 循环过程中，原节点核心区斜裂数量不变，裂缝最大宽度达 1.3mm，梁上部和下部新增两条弯剪斜裂缝。当位移加载值达到 24mm 时，节点抗剪承载力达到最大，正向极限荷载为 429.3kN，反向极限荷载为–437.3kN。该阶段第一个循环内新增多条斜裂缝，与原有裂缝形成网状交叉状态。随着加载的进行，一条主裂缝迅速发展延伸至柱身二分之一高处，在保护层表面形成一条宽度达 8mm 的裂缝，此时混凝土开始轻微剥落，节点核心区最大裂缝宽度达到 2.75mm。梁端继续加载至 30mm 时，原有裂缝不断变宽，并在节点核心区上下侧形成四条对称主裂缝，裂缝最大宽度达 5.0mm。当梁端按 36mm 进行循环加载时，节点核心区内混凝土破碎严重，保护层快速剥落，箍筋以及柱纵筋外露，节点最终发生剪切破坏，试验结束。节点 BJ-2 裂缝发展及破坏情况如图 6-15 所示。

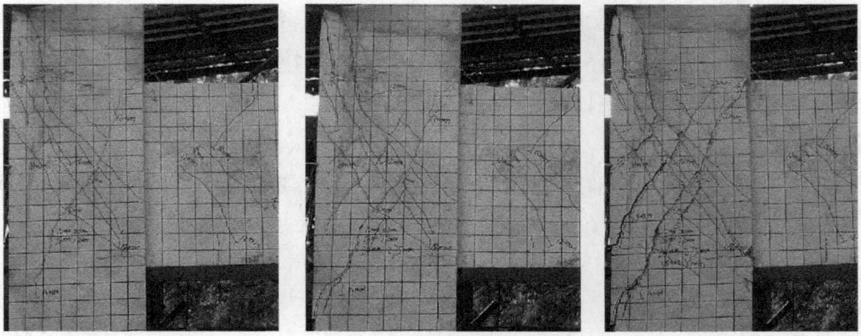

(a) 按18mm循环时　(b) 按24mm循环时　(c) 按30mm循环时

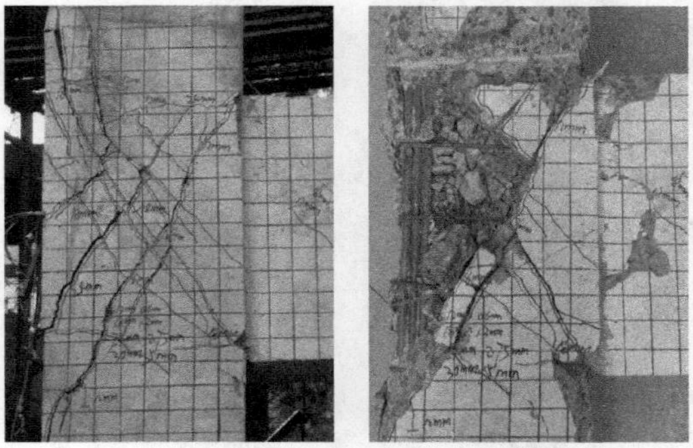

(d) 试件破坏

图 6-15　节点 BJ-2 裂缝发展及破坏情况

2. 试验结果及分析

1）破坏形态对比

对于所有配置 NPR735 钢筋的节点，其破坏模式与设计原则一致，均为节点剪切破坏；而对于配置普通钢筋的 ZJ-2A，其破坏模式为节点左侧梁端剪切破坏。表明按现有规范公式设计 HRB400 普通钢筋混凝土节点时，节点核心区抗剪承载力将具有更高的安全储备，导致节点核心区实际抗剪能力高于梁端，因此梁端先于节点发生剪切破坏。

对比轴压比相同而核心区体积配箍率不同的两组试件，发现体积配箍率较小的试件在整个加载过程中出现的裂缝数量少，随着交变位移的增大，裂缝会迅速变宽，到了破坏阶段，由于主斜裂缝数量不多，交叉不严重，因此保护层脱落不多，破坏形态相对较好。而对于体积配箍率较大的试件，节点核心区出现的交叉裂缝宽度虽小但数量明显增多。加载至破坏阶段时，过多裂缝将混凝土分割成更小的块体，导致混凝土保护层大面积脱落，破坏形态较差。

对比核心区体积配箍率相同而轴压比不同的三组试件，发现相同加载位移情况下，轴压比越大的试件，其斜裂缝往往越宽。作者认为，造成这一现象的原因是增大轴压比使得节点核心区“斜压杆机构”负荷增大，混凝土始终处于高压应力状态，损伤更加严重，因此裂缝更宽。

2)滞回曲线

根据试验过程中实时采集的梁端位移及梁端荷载数据，绘制得到各个节点的滞回曲线，如图 6-16 和图 6-17 所示。

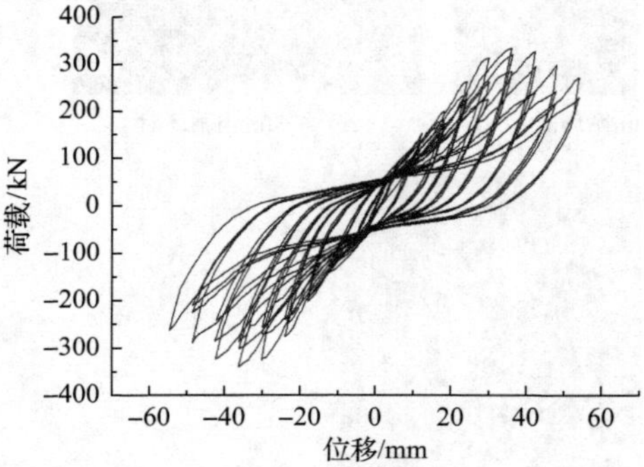

(a) ZJ-1

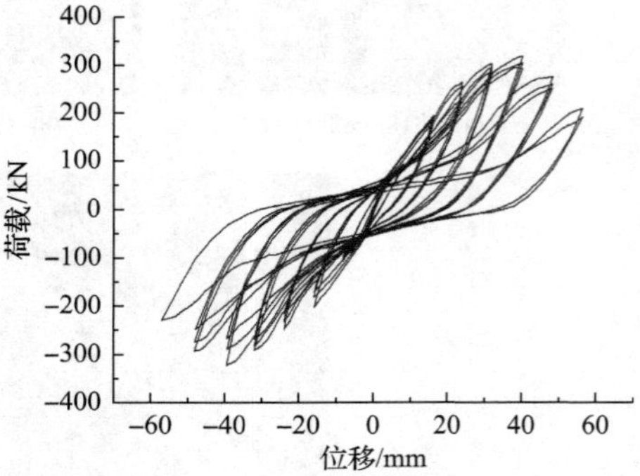

(b) ZJ-2

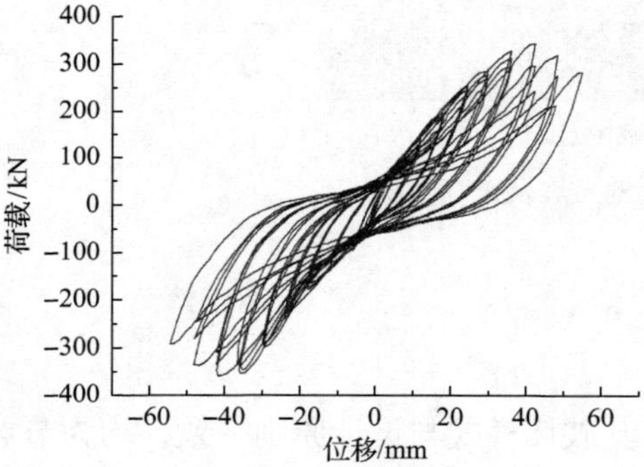

(c) ZJ-3

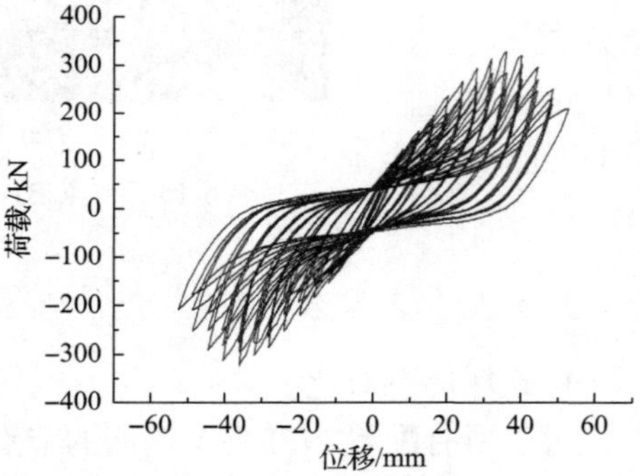

(d) ZJ-4

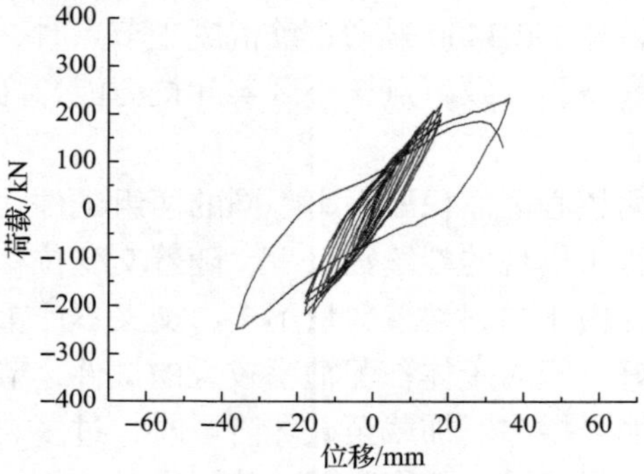

(e) ZJ-2A

图 6-16　中节点滞回曲线

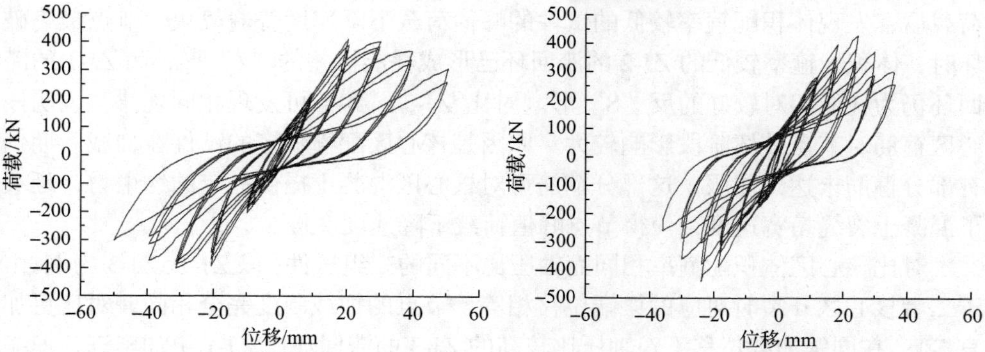

(a) BJ-1　　(b) BJ-2

图 6-17　边节点滞回曲线

整体而言，NPR735 钢筋节点滞回曲线的变化过程基本一致。加载初期，节点还未开裂，试件基本处于弹性阶段，滞回曲线近似为一条直线；随着往复荷载的增大，试件发生塑性变形，滞回曲线反映为荷载归零时位移不再为零，此时曲线变成耗能良好的“梭”形，形状丰满；继续加载至核心区开裂后，滞回环包围的面积变得更大，形成“弓”形；达到极限荷载时，滞回环出现较为明显的捏缩，成为反“S”形；到了破坏阶段，个别节点的滞回曲线已基本形成“Z”形，这是因为此时核心区混凝土裂缝过宽，反向加载时裂缝无法在短时间内闭合，从而混凝土不能有效传递压应力，最终导致试件刚度很低。配置 HRB400 钢筋的节点 ZJ-2A，由于发生了梁端剪切破坏，滞回曲线相对饱满。

为得到轴压比以及核心区体积配箍率对节点抗震性能的影响，分别将对照组不同节点滞回曲线置于同一坐标系中进行观察，如图 6-18 所示。

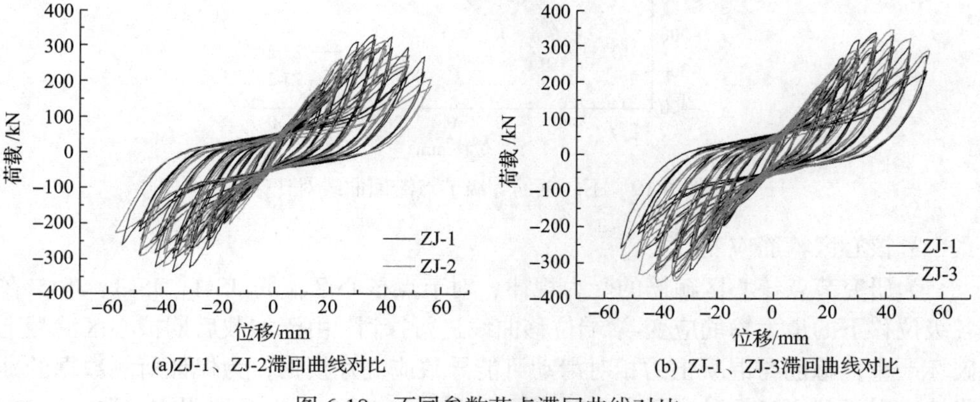

(a)ZJ-1、ZJ-2滞回曲线对比　　(b) ZJ-1、ZJ-3滞回曲线对比

图 6-18　不同参数节点滞回曲线对比

对比轴压比相同而核心区体积配箍率不同的两组试件，以 ZJ-1、ZJ-2 为例，在达到极限荷载之前，各个节点的滞回曲线宏观上无明显规律可循。而达到极限

荷载后，发现体积配箍率较低的试件的峰值荷载下降速度普遍较快。节点最终破坏时，体积配箍率较低的 ZJ-2 的滞回环已形成耗能极差的“Z”形，而 ZJ-1 的滞回环仍为耗能相对较好的反“S”形。对比 ZJ-3、ZJ-4 可发现相同规律，说明核心区箍筋对节点破坏阶段影响较大。原因是核心区配箍较多的试件在加载后期仍有部分箍筋未达到屈服，这部分箍筋可对核心区混凝土提供一定的约束力，延缓了混凝土裂缝拓宽速度，使得节点峰值荷载下降速度变慢。

对比核心区体积配箍率相同而轴压比不同的三组试件，以 ZJ-1、ZJ-3 为例(由于二者核心区开裂时对应的梁端位移相等，节点的加载制度完全相同，对比更加直接)，在同等加载位移下，轴压比较高的 ZJ-3 的滞回环比 ZJ-1 更加丰满，捏缩效应相对较轻。观察边节点对照组可以发现同样规律，说明适当提高轴压比可以改善梁柱节点的滞回性能。而 ZJ-4 由于开裂较早，此后以较小的位移增幅进行加载，当试件破坏时，节点经历的加载循环次数多，核心区混凝土累积损伤大，破坏更加充分，故其滞回特性没有明显优于 ZJ-2。

对比钢筋等级不同的 ZJ-2、ZJ-2A 滞回曲线，如图 6-19 所示。开裂前，相比高强钢筋节点 ZJ-2A，普通钢筋节点 ZJ-2A 的滞回曲线加载刚度大，饱满度稍好。ZJ-2A 破坏时，相同加载位移下，滞回环包围面积虽比 ZJ-2 小，但形状丰满，捏缩效应轻。

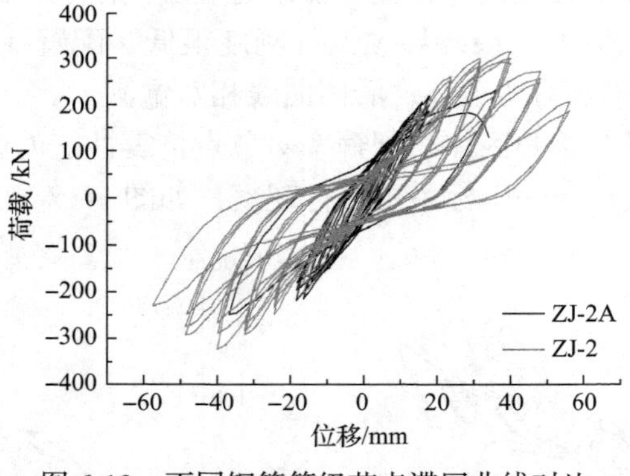

图 6-19　不同钢筋等级节点滞回曲线对比

3) 核心区箍筋应变

为研究节点核心区箍筋的受力规律，对节点核心区箍筋 JS-1、JS-3、JS-5 在各级位移下的最大箍筋应变-梁端位移曲线进行探讨。由于加载后期核心区混凝土破坏严重，箍筋与混凝土的相对滑动可能导致应变片损伤，为保证所测数据的准确性，当箍筋应变超过屈服应变时取屈服应变。NPR735 钢筋屈服应变取 0.0035，HRB400 钢筋屈服应变取 0.002，这样仍可定性反映核心区箍筋受力情况。绘制各节点核心区箍筋最大应变-位移曲线，如图 6-20 和图 6-21 所示。分析可得：

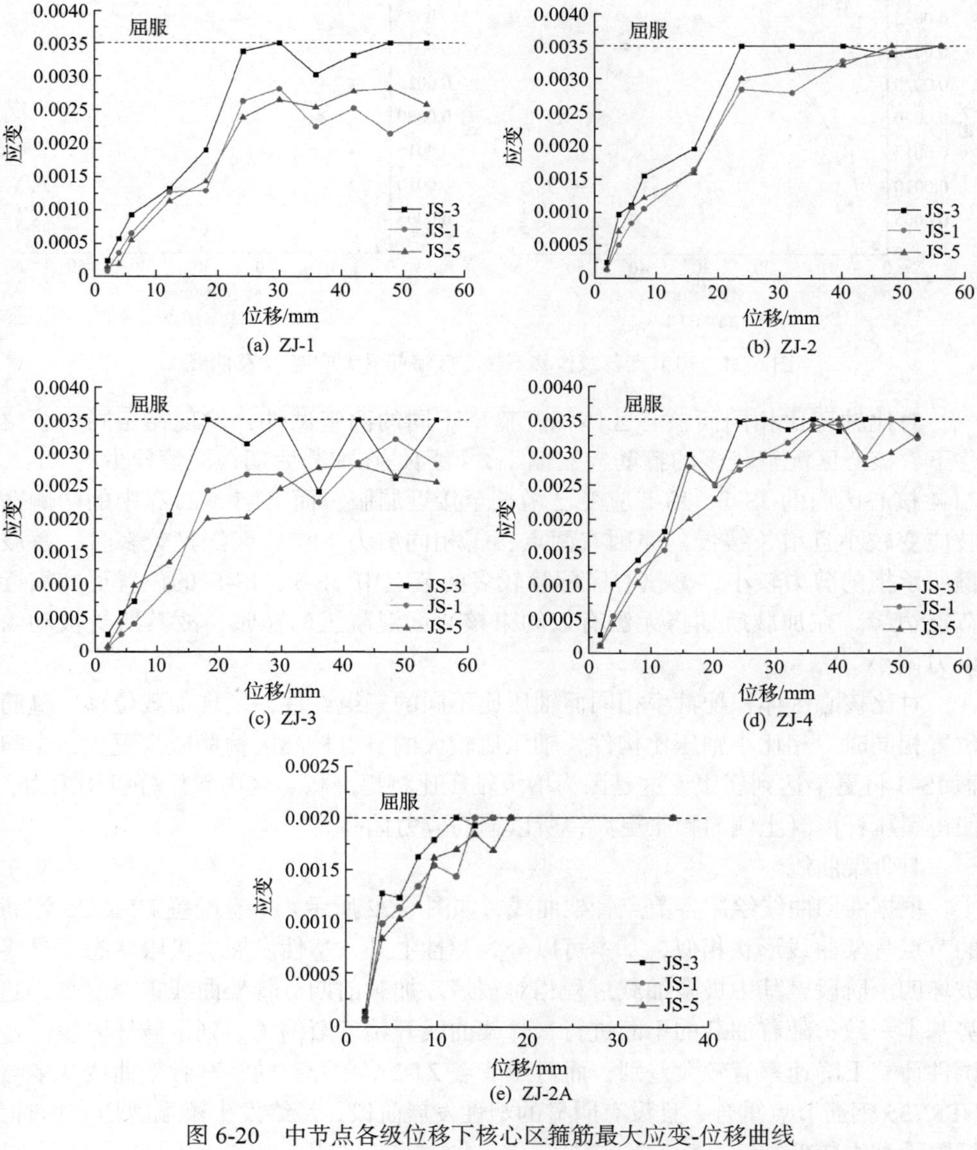

(a) ZJ-1　(b) ZJ-2　(c) ZJ-3　(d) ZJ-4　(e) ZJ-2A

图 6-20　中节点各级位移下核心区箍筋最大应变-位移曲线

各试件的节点箍筋应变在开裂前普遍较小；当加载至核心区开裂时，应变增幅较大；继续加载，中间箍 JS-3 均达到屈服，且其应变总是大于两侧箍肢。由于位置对称，同等加载位移下 JS-1、JS-5 的应变相差不大且只在部分节点中达到屈服。而对于 ZJ-2A，节点箍筋在核心区开裂前就已达到屈服，说明混凝土已发生明显膨胀。

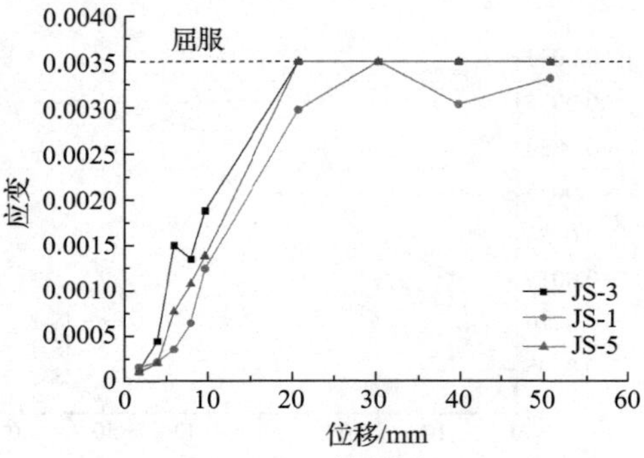

(a) BJ-1

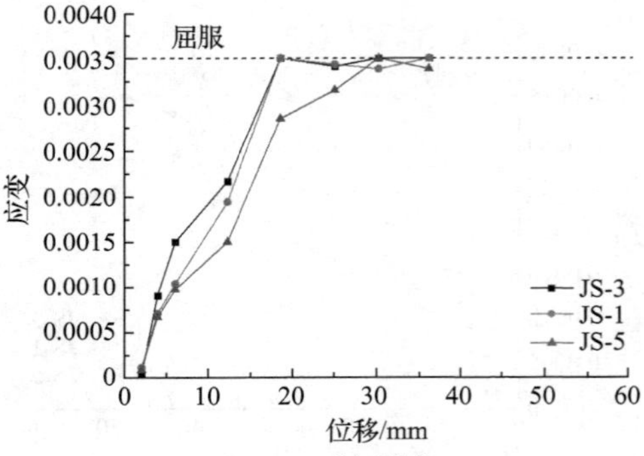

(b) BJ-2

图 6-21　边节点各级位移下核心区箍筋最大应变-位移曲线

对比轴压比相同而核心区体积配箍率不同的两组试件，发现在相同加载位移下，核心区配箍较多的箍筋应变偏小，特别是在加载后期，配箍较少的 ZJ-2、ZJ-4 核心区内的 JS-1、JS-5 应变已增长至接近屈服，而 ZJ-1、ZJ-3 中的两侧箍肢应变较小且增长缓慢。原因有两点：①相同剪力下核心区配箍较多时，每肢箍所承担的剪力较小；②核心区配箍较多的节点中 JS-1、JS-5 的位置更加靠近节点边缘，在加载后期将无法有效约束核心区混凝土的膨胀，故其所受被动约束力偏小。

对比核心区体积配箍率相同而轴压比不同的三组试件，发现加载位移、箍筋位置相同时，相比小轴压比构件，轴压比较大的节点核心区箍筋应变更大，中间箍 JS-3 将更早达到屈服。这是因为增大轴压比将提高核心区内斜压杆机构内力，使得斜压杆混凝土侧向膨胀更大，所以箍筋应力偏高。

4) 骨架曲线

根据滞回曲线绘制各节点骨架曲线，如图 6-22 所示。所有配置 NPR735 钢筋的节点骨架曲线形状相似，基本可以分为弹性上升、塑性发展、极限状态、最终破坏四个阶段，其中极限加载过程相对较短。加载前期，骨架曲线重合度高，趋势基本一致；随着加载的不断进行，骨架曲线开始逐渐偏离；到了破坏阶段，各试件荷载下降速率有较大差别；而对照节点 ZJ-2A 在开裂前，其骨架曲线基本与 NPR735 钢筋节点重合，且没有明显的塑性发展阶段，最终发生梁端剪切破坏时，极限承载力较低。

对比核心区体积配箍率相同而轴压比不同的三组试件，以 ZJ-1、ZJ-3 为例，不难发现，轴压比较高的 ZJ-3 的极限荷载稍大于 ZJ-1；峰值点过后，ZJ-3 荷载下降段相对较陡，即下降速度更快。这一趋势在反向加载过程中尤为明显。对比 ZJ-2、ZJ-4 以及边节点骨架曲线可发现相同规律。这是因为在一定范围内增大轴压比可以拓宽核心区内斜压柱的宽度，使得核心区混凝土充分发挥受压性能，从而提高节点承载力；而到了破坏阶段，长期处于高压状态下的节点核心区混凝土性能退化更加严重，因此轴压比较大的试件荷载下降较快。

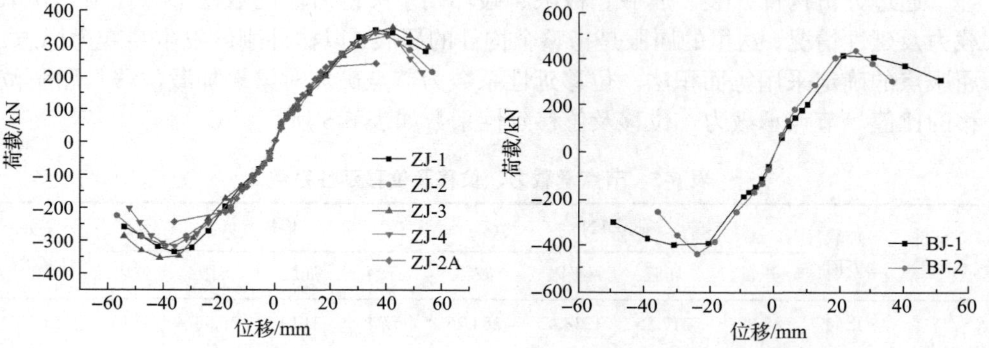

(a) 中节点　(b) 边节点

图 6-22　节点骨架曲线对比

对比轴压比相同而核心区体积配箍率不同的两组试件，以 ZJ-1、ZJ-2 为例，随着梁端加载位移的不断增大，二者骨架曲线开始偏离。达到极限荷载时，核心区配箍较多的 ZJ-1 对应的峰值荷载比 ZJ-2 稍高。峰值点后，ZJ-1 荷载下降相对缓慢。对比 ZJ-3、ZJ-4 可以发现同样的结果。分析原因如下：在弹性及弹塑性阶段，试件裂缝发育不充分，试件的刚度主要取决于混凝土强度、截面尺寸、梁柱配筋等情况，故这一阶段骨架曲线基本重合；随着加载的进行，裂缝不断发展，根据前述破坏形态对比，体积配箍率不同时，试件裂缝数量及宽度明显不同，这必将导致节点刚度产生不同的变化，因此到了加载后期，骨架曲线便不再重合。而峰值荷载不同的原因是核心区内箍筋拉力主要来自两方面：①根据“桁架机构”传力原理，箍筋作为桁架机构中的“水平杆”，在节点开裂后，将承担一部分由梁柱纵筋传入节点内的剪力；②随着核心区混凝土受压膨胀，箍筋内将产生被动约束力以阻止混凝土变形。已有试验结果表明，随着梁端位移的不断增加，节点内箍筋的被动约束力将逐渐占据主导[27,64]。而裂缝的发育使得核心区混凝土体积不断变大，最终导致箍筋陆续屈服。因此，对于核心区配箍较多的 ZJ-1，箍筋更为密集，核心区从开裂后至极限状态，箍筋始终能够给予混凝土更多、更强的约束力，在保证其充分受压的同时延缓了裂缝的发展，从而提高了节点承载力。在各自达到峰值点后，继续增加梁端位移，若节点配箍较多，则仍有部分尚未屈服的箍筋可以阻止混凝土破坏，但由于此时混凝土损伤过于严重，节点开始逐渐失效，整体承载力缓慢下降。而对于 ZJ-2，由于节点配箍较少，相同剪力情况下单肢箍筋拉应力较大，使得其屈服较早。核心区箍筋屈服后，斜裂缝进一步变宽，最终导致节点刚度急剧下降，因此在增加较小的梁端位移后，荷载值很快便下降至荷载峰值的 85%，构件破坏。

5) 特征点承载力及节点延性

通过分析构件开裂、屈服、极限、破坏四个关键阶段的数据来综合判断其承载力及延性情况，这里的屈服是指整个构件的屈服，以构件刚度发生突变为标志，屈服点的确定采用等面积法。位移延性系数为节点破坏时梁端加载位移与屈服位移的比值。节点承载力、位移及位移延性系数如表 6-5 所示。

表 6-5　节点承载力、位移及位移延性系数

试件编号	加载方向	荷载/kN				位移/mm				位移延性系数
		开裂	屈服	极限	破坏	开裂	屈服	极限	破坏	
ZJ-1	正向	88.08	317.55	334.42	284.26	5.94	31.01	35.90	51.16	1.65
	反向	84.90	319.83	336.42	285.96	6.02	29.60	36.26	48.40	1.63
	平均	86.49	318.69	335.42	285.11	5.98	30.31	36.08	49.78	1.64
ZJ-2	正向	102.20	296.91	317.91	270.22	8.24	30.97	40.21	48.80	1.58
	反向	105.16	274.21	319.29	271.40	8.04	29.23	39.43	48.05	1.64
	平均	103.68	285.56	318.60	270.81	8.14	30.10	39.82	48.43	1.61
ZJ-2A	正向	222.52	223.97	234.21	234.21	18.24	20.46	36.10	36.10	1.76
	反向	216.82	224.50	246.10	246.10	18.00	22.77	36.18	36.18	1.59
	平均	219.67	224.24	240.16	240.16	18.12	21.62	36.14	36.14	1.68
ZJ-3	正向	99.04	316.74	342.96	291.52	6.30	34.30	42.23	53.26	1.55
	反向	93.16	352.15	355.64	302.29	6.00	37.27	41.54	52.46	1.41
	平均	96.10	334.45	349.30	296.91	6.15	35.79	41.89	52.86	1.48
ZJ-4	正向	79.05	298.34	327.05	277.99	4.00	29.02	35.89	45.82	1.58
	反向	77.82	294.70	319.27	271.38	4.39	31.03	36.07	46.21	1.49
	平均	78.44	296.52	323.16	274.69	4.20	30.03	35.98	46.02	1.54
BJ-1	正向	200.77	408.45	409.35	347.95	9.82	20.74	20.79	43.14	2.08
	反向	191.08	391.49	398.65	338.85	9.77	21.17	31.11	44.06	2.08
	平均	195.93	399.97	404.00	343.40	9.80	20.96	25.95	43.60	2.08
BJ-2	正向	174.35	402.20	429.33	418.48	6.31	19.10	24.79	30.72	1.61
	反向	178.50	409.40	437.28	371.69	6.02	21.03	23.99	28.96	1.39
	平均	176.43	405.80	433.31	395.09	6.17	20.07	24.39	29.84	1.50

(1) 承载力分析。

①开裂状态。分别观察中节点及边节点对照组，发现除 ZJ-2A 外，不同节点的开裂位移虽然参差不齐，但开裂荷载相差不大。分析原因是核心区在开裂前，其内部箍筋只承担少数剪力，而混凝土负责抵抗绝大部分剪力，当混凝土斜截面上的主拉应力达到抗拉强度时，节点随即开裂[11]。各对照组的混凝土强度、梁柱截面尺寸均相等，故试件开裂荷载差别相对较小。而 ZJ-2A 开裂位移很大，这是由于该试件在制作过程中混凝土振捣更加充分，材料质地相对于其他节点更加均匀、密实，因此开裂较晚。此外，对比发现轴压比较大的节点，其核心区混凝土往往开裂得更早。分析原因是当轴压比超过一定范围后，继续增大轴压力将导致核心区内“斜压杆机构”所承受的压力过高，混凝土较早达到抗拉强度后开裂。

②屈服阶段。所有配置 NPR735 钢筋的节点屈服荷载及相应位移均明显大于对照构件 ZJ-2A。这是因为 NPR735 钢筋的屈服强度较高，相同弹性模量下钢筋需要达到更大的变形才会屈服，此时对应的梁端加载位移也更大。

③极限状态。轴压比相同的情况下，核心区体积配箍率较高的 ZJ-1、ZJ-3 的极限承载力高于体积配箍率偏低的 ZJ-2、ZJ-4，分别提高了 5.3%、8.1%；而体积配箍率相同时，轴压比较高的 ZJ-3、ZJ-4、BJ-2 的极限承载力相对 ZJ-1、ZJ-2、BJ-1 分别提高了 4.1%、1.4%、7.3%，荷载增幅不大。因此，就提高节点抗剪承载力而言，增加核心区体积配箍率比增大轴压比更加有效。ZJ-2A 破坏时，节点核心区只有少量裂缝，还未破坏，梁端承受的最大荷载为 246.1kN。

④破坏阶段。对比不同参数对梁柱节点破坏位移的影响，发现增大核心区体积配箍率可提高节点的破坏位移，而轴压比对破坏位移的影响不明显。

(2) 延性分析。

整体而言，试验节点的位移延性系数普遍很小，这是因为核心区剪切破坏与梁端剪切破坏均属于脆性破坏。发生这两种破坏模式时，试件从屈服到破坏的变形能力很差，不满足现有规范抗震要求。对于高强钢筋节点，其屈服阶段与极限状态接近。构件达到屈服时，核心区混凝土已基本斜向切碎，继续加载，试件刚度快速减小，节点很快发生破坏。而对照试件 ZJ-2A 虽然屈服位移较小，但继续加载时，梁端突然发生剪切破坏，此过程中位移增幅不大，故其位移延性系数仍然较低。此外，还可发现，无论中节点还是边节点，在其他条件相同的情况下，增大轴压比将使试件的延性降低。

配置高强钢筋并不能改善混凝土梁柱节点的开裂状态，但可以明显提高试件的屈服荷载和屈服位移，而屈服位移过高导致试件延性性能大幅降低，对抗震不利，因此如何提高高强钢筋混凝土节点的延性将成为以后研究的一个重点方向。试验证明，增大轴压比不仅无法延缓核心区交叉斜裂缝的出现，还将导致核心区裂缝在相同加载情况下变得更宽，节点的延性变得更差。而提高核心区体积配箍率可以提高试件的极限承载力，增大轴压比对极限承载力的影响则不太明显。

6）刚度退化

各试件节点刚度退化曲线如图 6-23 所示。整体而言，试件加载初期刚度退化普遍较快，整个衰减过程较为均匀，没有刚度突变。

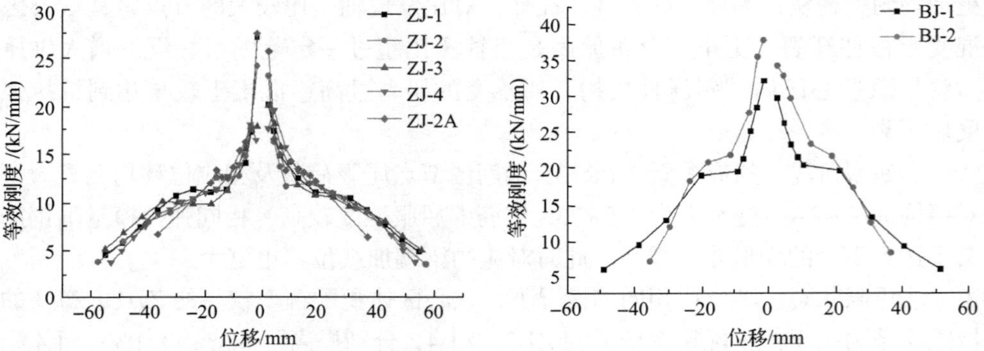

(a) 中节点　(b) 边节点

图 6-23　节点刚度退化曲线对比

当配置钢筋不同时，梁柱节点的刚度退化情况有明显差异，对于配置 NPR735 钢筋的构件，其刚度退化过程大体可以分为三个阶段：①开裂前，加载位移的增幅相对于荷载变化较大，所有试件刚度退化迅速，这是由混凝土内部细微裂缝迅速发育造成的。②开裂后至屈服阶段，这一过程以开裂位移为增幅对梁端进行加载，即位移变化幅度相对第一阶段（2mm）更大。该阶段混凝土虽有裂缝产生，但试件整体破坏程度较轻，物理性能依旧良好，荷载稳定增加。分析原因是该阶段核心区混凝土逐渐受压膨胀，NPR735 钢筋提供的被动约束力不断增强，高强箍筋有效延缓了裂缝的开展，使得刚度没有明显退化。③构件达到屈服后，核心区箍筋大部分已经屈服，对混凝土的约束作用逐渐退化，继续加载，交叉裂缝进一步变宽，导致试件刚度下降速度加快。

而对于配置普通钢筋的节点 ZJ-2A，初始加载时，其刚度退化快；随着交变位移的不断增大，内部裂缝发展延伸，试件刚度进一步减小。但由于此时试件核心区未出现明显裂缝，节点整体刚度比高强钢筋节点稍大；当核心区开裂后，曲线迅速降低。观察各节点刚度退化曲线可知，在同等加载位移下，ZJ-2A 的刚度退化速度明显比高强钢筋节点更快，这是因为发生梁端剪切破坏时，主裂缝较宽且迅速贯通梁高，导致整个节点的刚度急剧减小。

分析不同参数的试件，发现体积配箍率较低的节点屈服后刚度退化速度明显更快，这是因为对于核心区配箍较少的节点，单肢箍承受的拉力更大，箍筋较早达到屈服后，将无法有效约束核心区混凝土的膨胀，节点交叉斜裂缝恶性加宽，从而导致试件整体刚度迅速减小，而轴压比的变化对刚度退化影响不明显。

综上可得，配置高强钢筋可以明显减缓梁柱节点在核心区开裂至试件屈服阶段的刚度退化速度；当高强钢筋节点达到屈服后，整体已接近极限状态，继续加载时，刚度退化快。但试验证明，提高核心区体积配箍率可以改善试件屈服后抵抗变形的能力。

7) 耗能能力

选取每级加载位移下第一个循环对应的数据进行分析，结果如表 6-6 所示。

表 6-6　等效黏滞阻尼系数计算结果

试件编号	梁端位移/mm	三角形面积/mm^2	滞回环面积/mm^2	h_{eq}
ZJ-1	2.04	96.92	11.35	0.019
	3.92	270.62	56.60	0.033
	5.94	517.15	195.93	0.060
	12.16	1831.52	1145.39	0.100
	18.07	3783.82	2698.68	0.114
	24.09	6463.24	4165.18	0.103
	29.98	9562.71	5675.71	0.095
	35.90	12102.13	8188.89	0.108
	42.09	13660.41	9493.05	0.111
	47.97	14124.92	10652.56	0.120
	53.84	14416.21	10708.90	0.118
ZJ-2	2.02	94.11	6.67	0.011
	3.99	276.61	38.81	0.022
	6.03	518.36	86.36	0.027
	8.04	844.10	352.50	0.066
	16.12	3170.84	1919.28	0.096
	23.89	6082.29	3935.54	0.103
	32.04	9446.33	6212.28	0.105
	40.21	12686.02	9453.64	0.119
	48.22	13601.89	10014.50	0.117
	56.22	12348.84	8994.98	0.116

续表

试件编号	梁端位移/mm	三角形面积/mm^2	滞回环面积/mm^2	h_{eq}
ZJ-2A	2.17	180.23	12.66	0.011
	4.04	451.57	59.01	0.021
	5.97	884.76	225.54	0.041
	7.99	1448.84	409.07	0.045
	9.78	2233.65	752.31	0.054
	12.25	3063.79	1127.13	0.059
	14.28	4109.57	1594.84	0.062
	16.29	5421.62	2177.80	0.064
	18.24	6373.77	2827.72	0.071
	36.10	13887.67	8667.53	0.099
ZJ-3	2.09	88.13	18.20	0.033
	4.24	302.64	82.68	0.044
	6.30	590.85	325.93	0.088
	12.00	1700.70	1179.00	0.110
	18.12	3338.40	2583.05	0.123
	24.43	5984.36	4196.54	0.112
	29.73	8581.25	6943.92	0.129
	35.96	11936.13	10442.16	0.139
	42.23	14627.90	11297.21	0.123
	48.26	15663.31	11320.35	0.115
	54.78	15623.37	10496.80	0.107
ZJ-4	1.96	96.51	4.30	0.007
	4.00	329.15	88.64	0.043
	7.90	958.15	427.86	0.071
	12.17	1891.08	1111.48	0.094
	16.09	2991.57	1945.87	0.104
	20.19	4517.52	3141.61	0.111
	24.14	6198.02	4481.41	0.115
	28.00	8063.44	5737.04	0.113
	31.92	9745.17	6446.69	0.105
	35.89	11626.94	7573.59	0.104
	40.03	12637.39	8971.58	0.113
	44.28	12953.05	8547.82	0.105
	48.39	12046.45	8213.25	0.109
	52.57	10847.24	7758.76	0.114

续表

试件编号	梁端位移/mm	三角形面积/mm²	滞回环面积/mm²	h_{eq}
BJ-1	1.99	119.59	24.49	0.033
	4.12	454.56	119.21	0.042
	6.13	879.55	338.33	0.061
	8.13	1420.07	573.65	0.064
	9.82	1919.31	1359.32	0.113
	20.79	8272.51	4700.93	0.090
	30.32	12280.22	8624.02	0.112
	39.78	14575.98	11089.64	0.121
	50.63	15227.79	11671.37	0.122
BJ-2	2.08	151.74	11.45	0.012
	3.94	512.98	188.96	0.059
	6.02	1086.92	897.50	0.131
	12.15	3261.15	2464.40	0.120
	18.41	7239.84	5502.24	0.121
	24.79	10565.86	8332.25	0.126
	29.99	10980.70	9819.80	0.142
	35.96	10013.78	9472.10	0.151

根据表 6-6，绘制节点等效黏滞阻尼系数-位移曲线，如图 6-24 所示。所有节点的耗能能力普遍偏低，表明两种剪切破坏方式均无法有效耗散地震能量，对结构抗震不利。

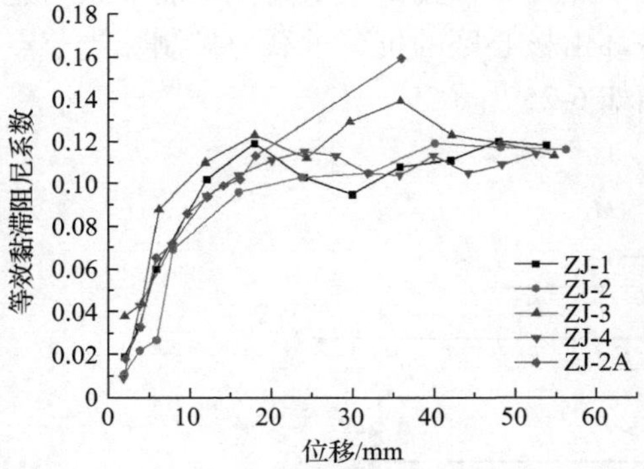

(a) 中节点

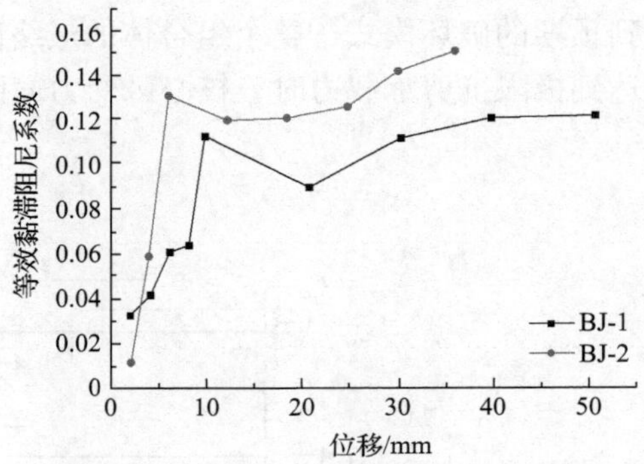

(b) 边节点

图 6-24　节点等效黏滞阻尼系数-位移曲线对比

节点初始加载到核心区开裂阶段耗能能力普遍较小，但增长迅速，试件开裂瞬间增速最快。这是因为加载初期，试件基本处于弹性阶段，可将大部分吸收能量释放，耗散能量少；而此时混凝土内部裂缝发育很快，不断变宽，地震能量随之转化为应变能，试件开裂瞬间由于变形突然增大，耗能能力的增速也达到最快。

试件开裂后，将通过已有裂缝的延伸拓宽以及骨料剪切错动产生的摩擦等方式继续耗散能量，故等效黏滞阻尼系数持续提高，继续加载，增长速度逐渐变缓，曲线趋于平稳。这是因为该阶段核心区箍筋开始发挥约束作用，延缓了裂缝的扩张，而接近屈服时，由于贯穿节点的钢筋滑移，曲线出现下降情况。

试件屈服后，裂缝进一步发展，耗能能力虽有所提高，但由于梁柱纵筋始终没有屈服，未形成耗能能力很强的梁柱塑性铰，故曲线增幅不大。

破坏阶段，试件耗能能力平稳并有下降趋势。这是因为贯穿节点的梁柱纵筋虽发生了黏结退化，但程度尚浅，故耗能能力没有显著降低。

对比不同参数的试件，发现轴压比较大的节点耗能能力普遍较高，而体积配箍率的变化对试件耗能的影响规律不明显。观察发现，普通钢筋节点 ZJ-2A 的耗能能力始终高于高强钢筋节点，加载后期，ZJ-2A 的耗能能力更大。这是由于 ZJ-2A 核心区开裂较晚，且裂缝发育集中于梁端，因此节点梁可有效参与节点的能量耗散；而 NPR735 钢筋节点的耗能主要由核心区的塑性铰完成，故耗能较差。

综上所述，由于试件发生核心区剪切破坏或梁端剪切破坏时，组合体还未出现梁柱塑性铰，其耗能能力普遍较弱，但整个过程中梁柱纵筋未发生严重的黏结退化，故节点耗能能力没有明显下滑。试验结果表明，梁端剪切破坏对应的耗能能力优于节点剪切破坏，且增大轴压比可以有效改善试件的耗能性能。

8) 节点抗剪承载力

由于试验构件均设计为“强梁柱、弱节点”型，且试验中高强钢筋节点均达到预期的破坏模式，整个组合体的最终破坏由核心区的抗剪承载力控制。当节点达到极限抗剪承载力时，核心区受力简图如 6-25 所示。

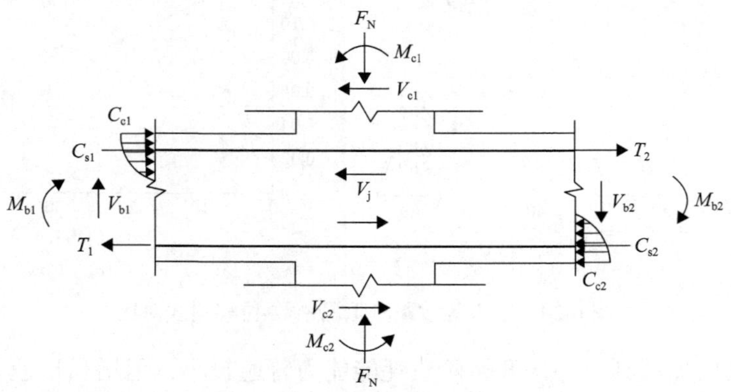

图 6-25　节点核心区受力简图

取上半部分为隔离体，建立平衡方程：

$$V_{\mathrm{j}} = C_{\mathrm{s1}} + C_{\mathrm{c1}} + T_2 - V_{\mathrm{c1}} \tag{6-1}$$

式中，C_{c1} 为节点左侧梁端受压区混凝土所受压力合力；C_{s1} 为节点左侧梁端受压纵筋所受压力合力；T_2 为节点右侧梁端受拉纵筋所受拉力合力；V_{c1} 为节点上柱承受的剪力。

假设梁端水平方向轴力为零，则左侧梁端水平方向上，有

$$C_{\mathrm{s1}} + C_{\mathrm{c1}} = T_1 \tag{6-2}$$

$$T_1 d_1 = M_{\mathrm{b1}} \tag{6-3}$$

式中，d_1 为左侧梁端受拉纵筋中心至左侧受压区混凝土所受压力与左侧受压纵筋所受压力合力点的距离。

将式(6-3)代入式(6-2)，可得

$$C_{\mathrm{s1}} + C_{\mathrm{c1}} = \frac{M_{\mathrm{b1}}}{d_1} \tag{6-4}$$

同理，在右侧梁端上，有

$$T_2 = \frac{M_{\mathrm{b2}}}{d_2} \tag{6-5}$$

两侧梁配筋相同，且梁端受到大小相等、方向相反的荷载，故任一状态下，左右梁端的损坏状况在理论上是完全对称的，即 $d_1 = d_2$，记为 d。在加载过程中，梁端受拉区混凝土开裂后裂缝不断向受压区延伸，梁截面中性轴持续上移，因此 d 也随着受压区混凝土压力合力点位置的变化而变化。但可以肯定的是，节点破坏之前受压区混凝土压力合力点的位置会逐渐向受压钢筋截面的重心靠近。因此，为简化计算，取

$$d = h_{\mathrm{b0}} - a_{\mathrm{s}}' \tag{6-6}$$

试验中，柱顶、柱底均为铰支座，无弯矩，将其作为反弯点，而上下柱高度、截面以及材料完全相同，故二者刚度相等。假设节点核心区为刚体，不发生剪切变形，则由结构力学知识可知，梁端传来的弯矩将在节点处被上、下柱平均分配，因此上、下柱剪力大小相等，由节点平衡方程可得

$$V_{\mathrm{c1}} = \frac{M_{\mathrm{c1}} + M_{\mathrm{c2}}}{2h_{\mathrm{c}}} = \frac{M_{\mathrm{b1}} + M_{\mathrm{b2}}}{2h_{\mathrm{c}}} \tag{6-7}$$

式中，h_c 为柱高。

将式(6-4)～式(6-7)代入式(6-1)，整理可得

$$V_j = \frac{M_{b1} + M_{b2}}{h_{b0} - a_s'}\left(1 - \frac{h_{b0} - a_s'}{2h_c}\right) \tag{6-8}$$

对于高强钢筋节点试件，组合体因核心区剪切破坏而失效时，梁柱端尚未达到屈服。故根据式(6-8)计算得到的组合体破坏剪力即为节点核心区自身的直接抗剪承载力，只取决于框架接头区的性能。

《混凝土结构设计标准》(GB/T 50010—2010)给出的不考虑地震组合时框架梁柱节点抗剪承载力计算公式为

$$V_j \leqslant 1.1\eta_j f_t b_j h_j + 0.05\eta_j N \frac{b_j}{b_c} + f_{yv} A_{svj} \frac{h_{b0} - a_s'}{s} \tag{6-9}$$

式中，N 为考虑地震作用组合剪力设计值的节点上柱底部的轴向力设计值，当 N 为压力时取轴向压力设计值的较小值，且当 $N > 0.5f_c b_c h_c$ 时取 $0.5f_c b_c h_c$，当 N 为拉力时取为 0；A_{svj} 为核心区有效验算宽度范围内同一截面验算方向箍筋各肢的全部截面面积；h_{b0} 为框架梁截面有效高度，节点两侧梁截面高度不等时取平均值。

可以看出，我国规范认为节点核心区内由混凝土、箍筋两部分共同提供抗剪承载力，柱所承受的轴力在一定范围内同样有利于节点抗剪。由于 NPR735 钢筋节点发生梁柱端屈服前的节点剪切破坏时，组合体抗剪承载力只由节点本身性能决定[29]，而式(6-9)中恰好只包含节点核心区截面尺寸、混凝土强度、配箍情况等自身参数，故不妨以该公式试算 NPR735 钢筋的极限抗剪承载力，f_t 取混凝土轴心抗拉强度实测平均值 2.78MPa，f_{yv} 取 NPR735 钢筋屈服强度 735MPa。以 ZJ-1 为例，轴压比为 0.3，核心区体积配箍率为 0.69%，按式(6-9)分别计算各部分提供的抗剪承载力，其中混凝土提供 46.6%，箍筋提供 47%，轴压力提供 6.4%。而由图 6-20 和图 6-21 中箍筋应变情况可知，试件达到极限状态时，节点核心区尚有部分箍筋未屈服，因此按规范公式计算得到的箍筋作用偏大。若改变轴压比与核心区体积配箍率，上述各部分占比虽然有所改变，但是混凝土与箍筋始终贡献了 90%以上的抗剪能力，即增大轴压力虽然在一定程度上有利于节点抗剪，但是作用不大，与试验结果一致。

将试验所测梁端剪力代入式(6-8)求得节点抗剪承载力实测值，并与规范计算值进行对比，如表 6-7 所示。

表 6-7　节点抗剪承载力规范计算值与实测值对比

试件编号	梁端剪力极限值/kN	实测承载力 V_j/kN	计算承载力 V_j' /kN	V_j/V_j'
ZJ-1	335.42	1071.82	766.71	1.40
ZJ-2	318.60	1018.07	643.48	1.58
ZJ-3	349.30	1116.17	786.75	1.42
ZJ-4	323.16	1032.64	663.52	1.56
ZJ-2A	240.16	>798.11	531.15	>1.50
BJ-1	404.00	698.64	627.64	1.11
BJ-2	433.31	749.33	647.68	1.16

可以看出，配置 NPR735 钢筋的混凝土梁柱节点承载力实测值均大于规范计算值。其中，中节点有较为充足的安全储备，而边节点的安全系数偏小。这是因为设计时为保证边节点梁不发生弯曲破坏，边节点梁相对中节点梁配置了数量更多的纵筋，而这些纵筋全部锚固于边节点核心区内，导致斜压杆机构范围减小[20]，在一定程度上破坏了核心区剪力传递机制，从而降低了节点的实际抗剪能力。综上所述，当组合体发生由节点本身性能控制的抗剪破坏时，可以直接采用规范中的节点抗剪承载力计算公式来计算 NPR735 钢筋混凝土梁柱节点的极限抗剪承载力。

6.2　节点抗震性能数值模拟分析

6.2.1　模型建立

1. 混凝土本构模型

混凝土开裂模型采用弥散裂缝模型，弥散裂缝模型主要包括多方向固定裂缝模型、总应变裂缝模型以及朗肯主应力模型三种。其中，多方向固定裂缝模型的核心思想是将应变分解为弹性应变和开裂应变分别进行计算，总应变为弹性应变和开裂应变之和。多方向固定裂缝模型中仅包含拉伸行为与剪切行为，未考虑混凝土的压缩特性，故利用该模型仅可有效模拟混凝土非线性受拉开裂，而无法进行非线性受压分析。而朗肯主应力模型只适用于模拟二维平面内混凝土双轴受压模型，即一个方向承受的压力会对另一个方向产生影响。综合考量，选取总应变裂缝模型作为节点构件中混凝土材料的本构模型。

根据裂缝方向与主应力方向是否始终一致，总应变裂缝模型又可分为正交固定裂缝模型、正交旋转裂缝模型以及混合裂缝模型三种。当主应力达到材料抗拉强度时几何体开裂，且裂缝一旦出现便设定其方向保持不变的裂缝模型称为固定裂缝模型。而旋转裂缝模型认为，主拉应力的方向将随着荷载的变化而变化，因此裂缝的方向也相应不断变化。混合裂缝模型介于两者之间。选取旋转裂缝模型，该模型的应变转换矩阵取决于当前的应变向量，通过计算应变张量的特征向量即可得出。

$$T = T\left(\varepsilon_{xyz}^{t+\Delta t}\right) \tag{6-10}$$

三维情况下的通用表达式为[81]

$$T = \begin{bmatrix} c_{xn}^2 & c_{yn}^2 & c_{zn}^2 & c_{xn}c_{yn} & c_{yn}c_{zn} & c_{zn}c_{xn} \\ c_{xs}^2 & c_{ys}^2 & c_{zs}^2 & c_{xs}c_{ys} & c_{ys}c_{zs} & c_{zs}c_{xs} \\ c_{xt}^2 & c_{yt}^2 & c_{zt}^2 & c_{xt}c_{yt} & c_{yt}c_{zt} & c_{zt}c_{xt} \\ 2c_{xn}c_{xs} & 2c_{yn}c_{ys} & 2c_{zn}c_{zs} & c_{xn}c_{ys}+c_{yn}c_{xs} & c_{yn}c_{zs}+c_{zn}c_{ys} & c_{zn}c_{xs}+c_{xn}c_{zs} \\ 2c_{xs}c_{xt} & 2c_{ys}c_{yt} & 2c_{zs}c_{zt} & c_{xs}c_{yt}+c_{ys}c_{xt} & c_{ys}c_{zt}+c_{zs}c_{yt} & c_{zs}c_{xt}+c_{xs}c_{zt} \\ 2c_{xt}c_{xn} & 2c_{yt}c_{yn} & 2c_{zt}c_{zn} & c_{xt}c_{yn}+c_{yt}c_{xn} & c_{yt}c_{zn}+c_{zt}c_{yn} & c_{zt}c_{xn}+c_{xt}c_{zn} \end{bmatrix} \tag{6-11}$$

式中，$c_{xn} = \cos\phi_{ij}$，为 i 轴和 j 轴之间的余弦值。

裂缝坐标系下的本构关系表示为

$$\sigma_{\text{nst}}^{t+\Delta t} = \sigma\left(\varepsilon_{\text{nst}}^{t+\Delta t}\right) \tag{6-12}$$

单元坐标系下，下一荷载步的应力向量为

$$\sigma_{xyz}^{t+\Delta t} = T^{\mathrm{T}}\sigma_{\text{nst}}^{t+\Delta t} \tag{6-13}$$

总应变裂缝模型的开裂后关系主要由拉伸行为、剪切行为和受压行为共同确定。图 6-26 给出了该裂缝模型下五种常用的模型曲线。经试算，混凝土拉伸软化

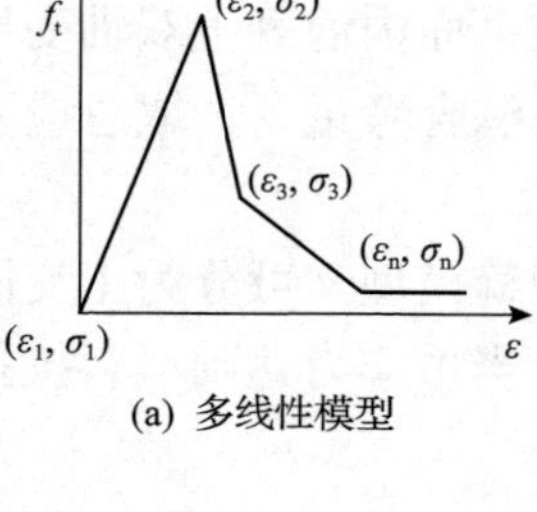

(a) 多线性模型

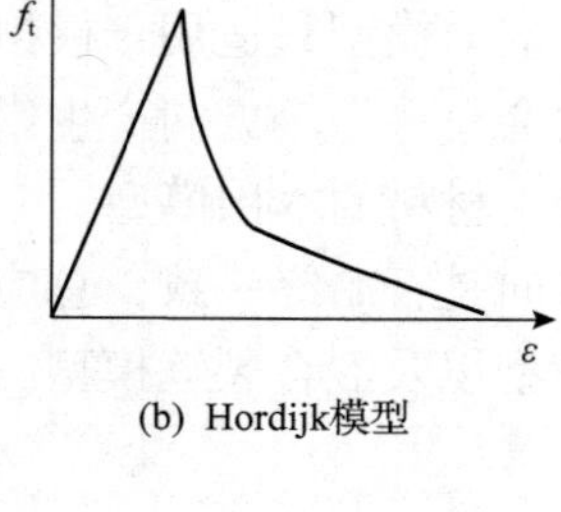

(b) Hordijk模型

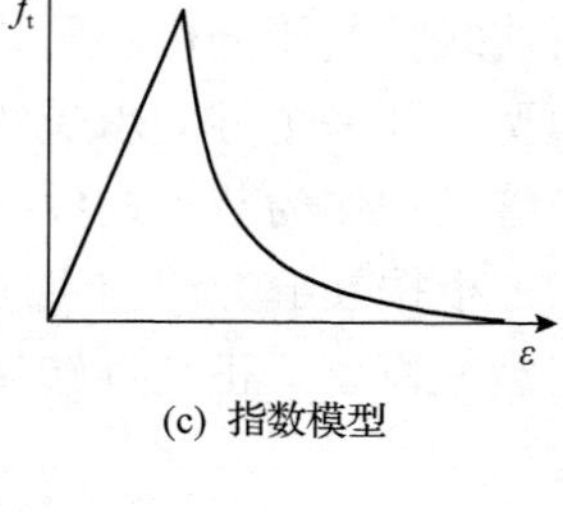

(c) 指数模型

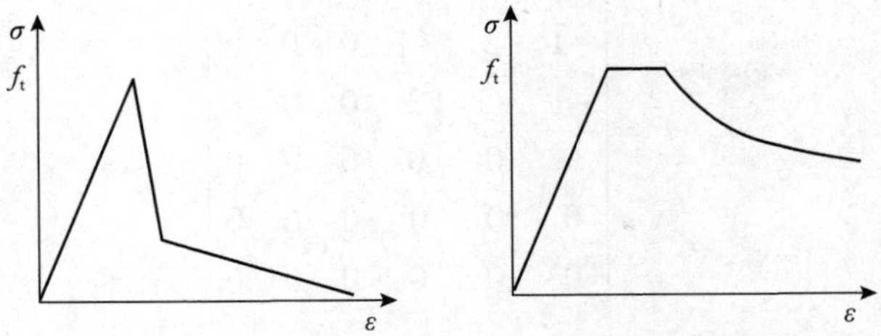

(d) JSCE拉伸软化模型　　(e) JSCE应力刚化模型

图 6-26　常用的混凝土拉伸软化模型

模型选用指数模型，采用混凝土轴心抗拉压强度实测平均值。

2. 钢筋本构模型

钢筋建模方式有离散式和嵌入式两种。其中，离散式钢筋通过将钢筋节点与混凝土节点合并来保证二者的变形协调，这种方式建模精度高，但需要将混凝土实体进行剖分，建模效率低。本节选用嵌入式钢筋进行建模(图 6-27)，认为钢筋本身不具有自由度，钢筋贯穿单元时与之相交于两点，称为定位点(location point)，在不考虑钢筋黏结滑移的情况下，定位点将始终与单元耦合，不发生相对位移。当单元发生变形时，通过记录定位点的绝对位置变化来反映钢筋的应力应变。

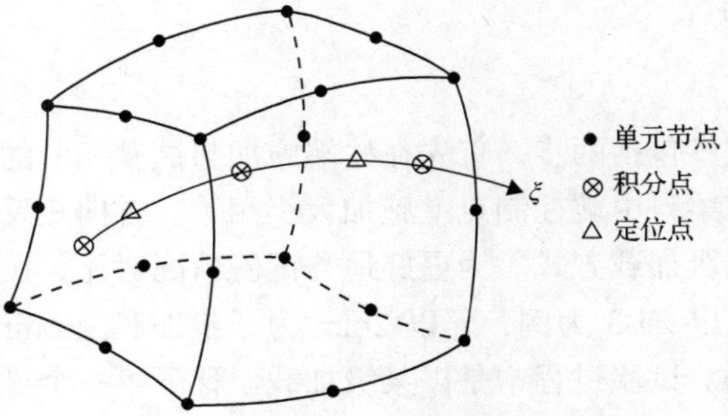

图 6-27　实体单元中的嵌入式钢筋

在非线性计算中，钢筋通常选用 von Mises 塑性屈服模型，屈服条件为

$$f(\sigma,\kappa)=\sqrt{\frac{1}{2}\sigma^{\mathrm{T}}P\sigma}-\bar{\sigma}(\kappa) \tag{6-14}$$

式中，P 为投影矩阵，表示为

$$P=\begin{bmatrix} 2 & -1 & -1 & 0 & 0 & 0 \\ -1 & 2 & -1 & 0 & 0 & 0 \\ -1 & -1 & 2 & 0 & 0 & 0 \\ 0 & 0 & 0 & 6 & 0 & 0 \\ 0 & 0 & 0 & 0 & 6 & 0 \\ 0 & 0 & 0 & 0 & 0 & 6 \end{bmatrix}$$

钢筋应力-应变采用六折线模型。钢筋骨架有限元模型如图 6-28 所示。

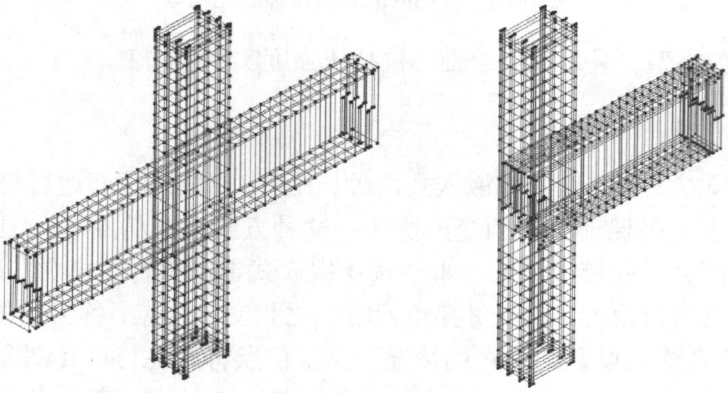

图 6-28　钢筋骨架有限元模型

3. 建立分析步

1) 荷载步设置

各构件的荷载步包括两步，首先在柱端施加与试验相同的轴压力，将其设为一个子步；然后在梁自由端控制点上施加大小相等、方向相反的指定变形荷载，荷载步设为双向逐级加载方式。为更好地与试验情况对比，按照实际加载方式将其分为多个子步。以 ZJ-3 为例，先以 2mm 为子步加载至 6mm，之后以 6mm 为子步加载至 54mm。试验过程中是以某级加载位移下第一个循环的峰值荷载下降至构件极限荷载的 85%为破坏标志，停止加载，而荷载-位移曲线进入下降段后由于核心区混凝土破坏严重，难以收敛，结合试算，以加载至试验实际破坏位移作为计算终止条件。

2) 迭代方法及收敛准则的选取

选用收敛性较好的 Newton-Raphson 迭代法，该方法虽每次迭代都要更新刚度矩阵，但每步迭代次数少。选择按力或者位移收敛，满足其一即达到收敛要求，收敛容差设为 0.01。

6.2.2　模型验证

1. 滞回曲线对比

提取模拟数据绘制各个节点的滞回曲线，并与试验曲线进行对比，如图 6-29 和图 6-30 所示。可以看出，模拟得到的滞回曲线同样经历了从初始加载的近似

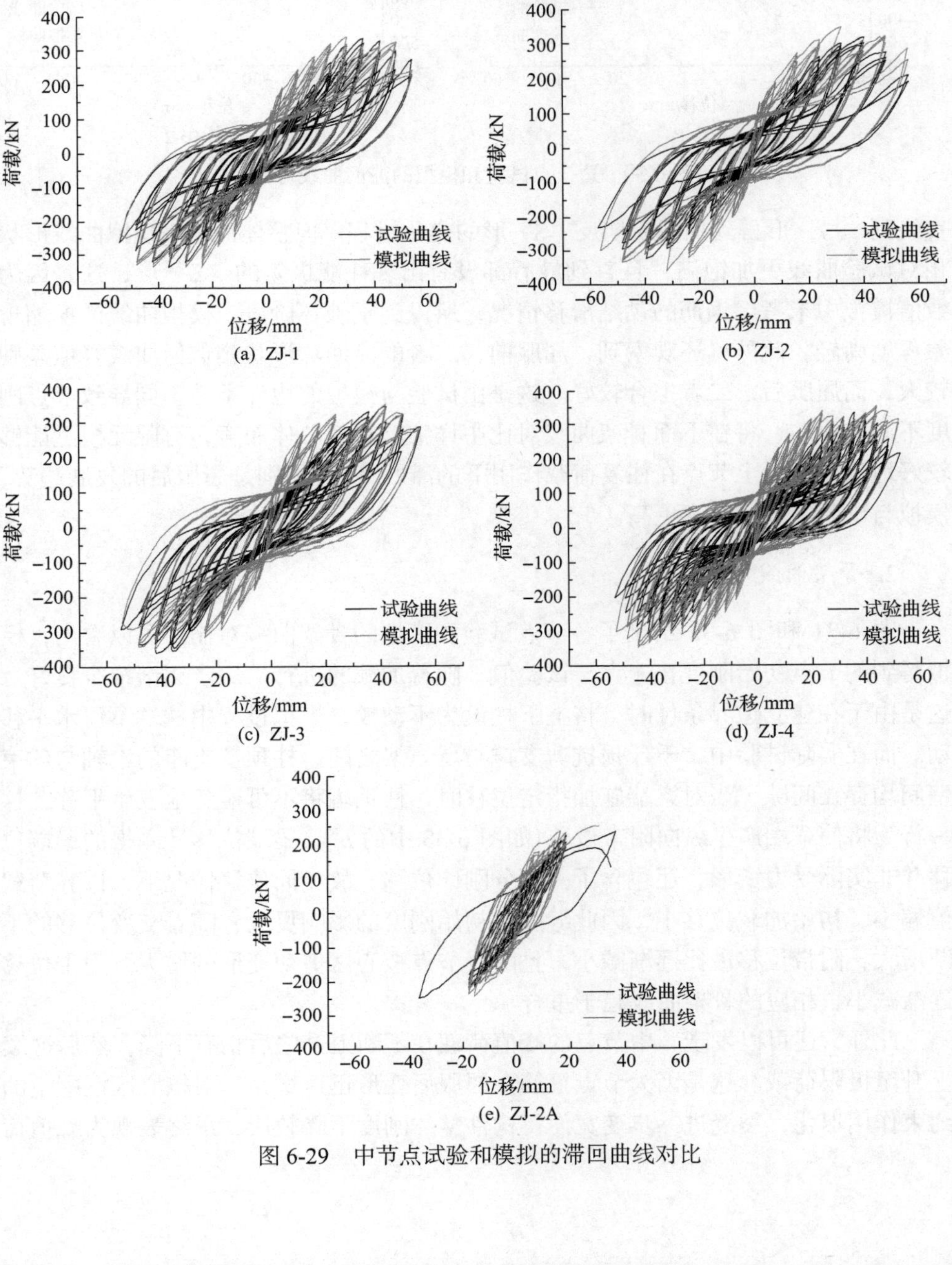

图 6-29　中节点试验和模拟的滞回曲线对比

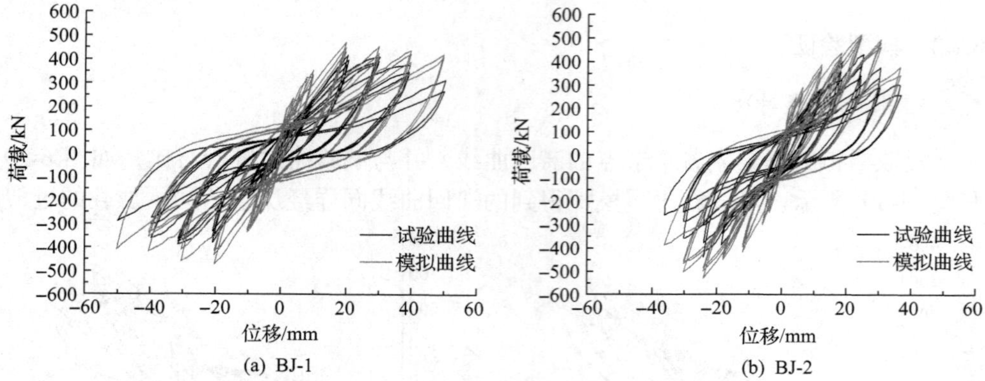

图 6-30　边节点试验和模拟的滞回曲线对比

直线到“弓”形再到加载后期反“S”形的变化过程。但整体而言，模拟曲线形状相对试验曲线更加饱满，且直到最后都没有出现耗能极差的“Z”形，这是因为数值模拟中未考虑钢筋的黏结滑移情况，所以到了破坏阶段，模拟曲线的捏缩现象程度尚轻。此外，还观察到，屈服前，二者的滞回环形状相似但曲线峰值差别较大，而屈服后，二者拟合较好。这是由试验与模拟的边界条件不同导致节点刚度不同造成的，将在下面骨架曲线对比中详细解释。总体而言，有限元模型能够较好地预测混凝土节点在往复荷载作用下的滞回特性，特别是屈服后的发展趋势，模拟与试验情况吻合度更高。

2. 骨架曲线对比

图 6-31 和图 6-32 给出了各节点试验和模拟的骨架曲线对比。可以看出，模拟得到的节点初始刚度普遍大于试验值，随着加载的进行，二者逐渐拟合良好。这是由于在建立边界条件时，将上下柱设为不动铰，模拟过程中柱端不可水平移动。而在实际试验中，千斤顶抗剪支撑与反力架之间、柱顶铰支座的滚轴与约束壁间均存在间隙，当对梁端施加指定位移时，柱顶端将不可避免地发生平移，这一行为将使梁端产生纵向附带位移(如图 6-33 中的 h)，梁端位移计测得的梁端位移并非实际受力变形，还包含了一部分刚体位移，故相同位移情况下，试验荷载值偏小。初始加载位移小，因此缝隙对初始刚度的影响更大，随着交变位移的不断增大，附带位移占比逐渐减小，且随着节点核心区剪切变形的增大，附带位移逐渐减小，相应的骨架曲线趋于重合。

此外，还可以发现，中节点的峰值荷载在不断上升之后稍有下降，然后继续上升至极限荷载。这是因为节点箍筋在屈服后变形迅速增大，对核心区混凝土的约束作用退化，裂缝进一步变宽使得构件整体刚度下降较快，最终表现为峰值荷载降低。继续加载，箍筋进入强化阶段，相应的节点承载力也进一步增大。而边节点核心区承受的剪力比中节点小，因此箍筋尚未达到强化荷载便开始下降。中节点 ZJ-1～ZJ-4 的极限荷载模拟值与试验值的误差分别为 0.8%、10.5%、3.5%、

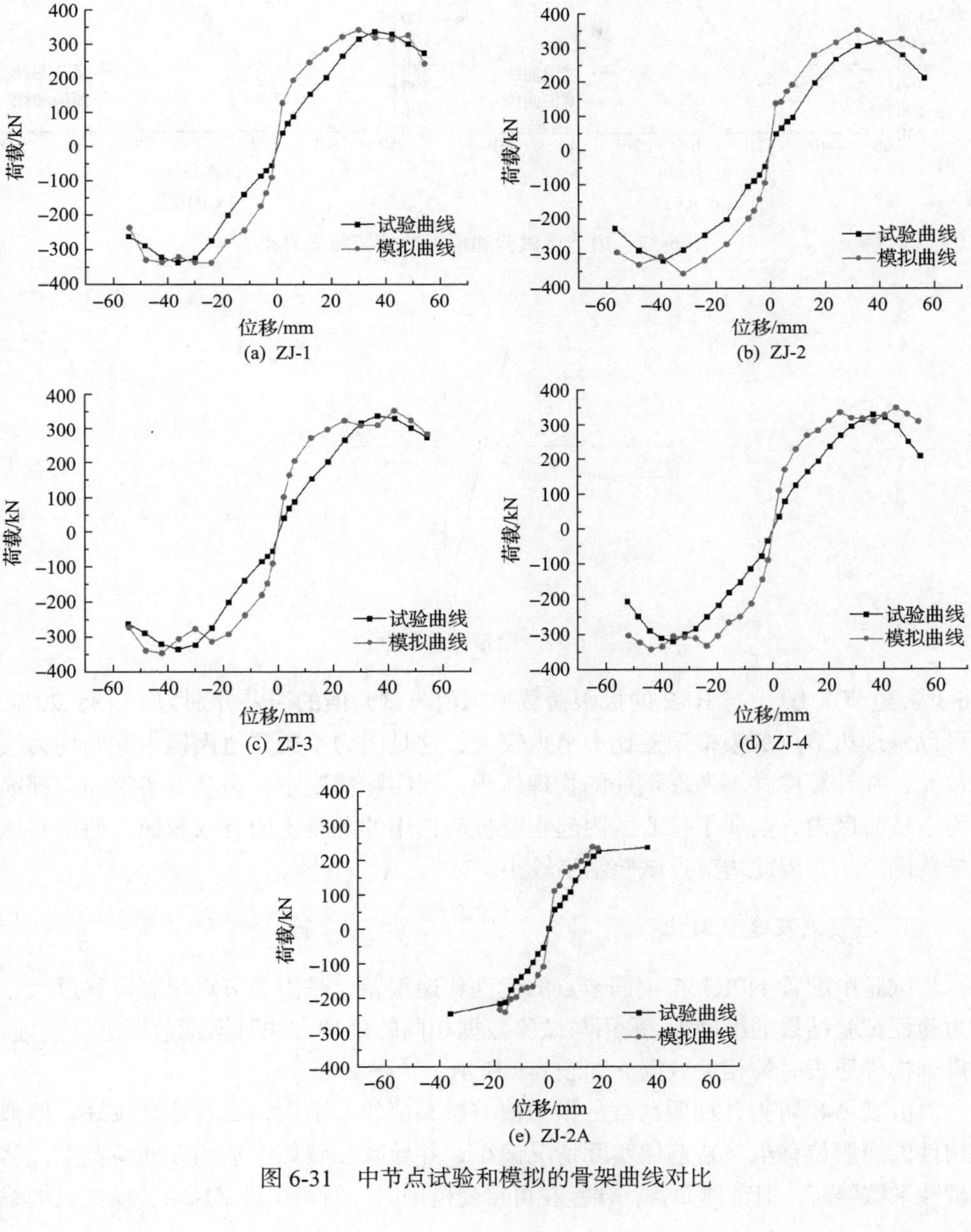

图 6-31　中节点试验和模拟的骨架曲线对比

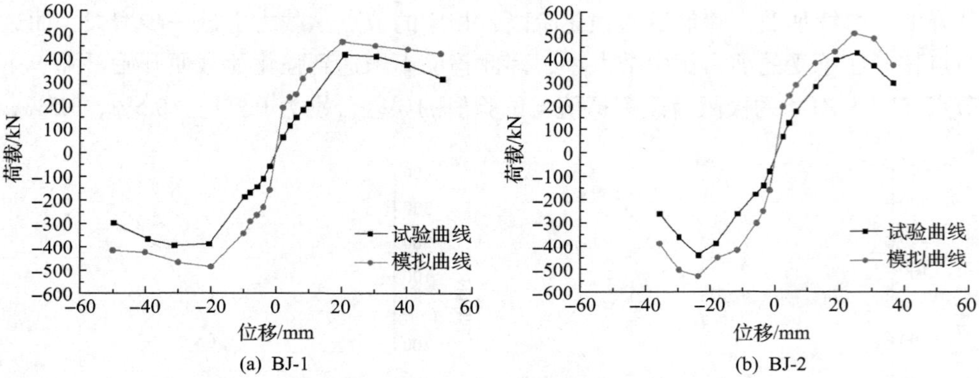

图 6-32　边节点试验和模拟的骨架曲线对比

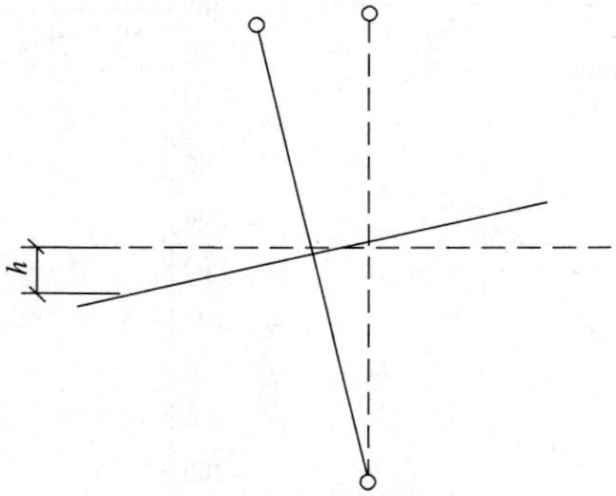

图 6-33　附带位移示意图

6.3%，边节点 BJ-1 与 BJ-2 的极限荷载模拟值与试验值的误差分别为 17.8%、20%。可以发现边节点的模拟误差比中节点较大，这是因为本次数值模拟中配筋均为线单元，在计算中并不考虑钢筋的物理体积，而实际情况中，边节点梁钢筋全部锚固于核心区内，削弱了核心区内起主要抗剪作用的混凝土的有效截面，使得斜压杆范围减小，因此边节点试验结果较小。

3. 屈服点及延性对比

试验中配置 NPR735 钢筋节点的延性普遍很差，是因为节点屈服位移过大。为验证试验结果的准确性，采用与试验数据相同的处理方法对模拟数据进行整理，得到构件屈服时的相关数据，如表 6-8 所示。

由表 6-8 可得，屈服荷载的模拟值与试验值相差不大，二者拟合较好。模拟构件的屈服位移虽然普遍比实际情况偏小，并导致在破坏位移相近的情况下位移延性系数偏高，但整体而言，误差在可接受范围内。对于试件 ZJ-2A，模拟仅加载

表 6-8　屈服点与延性数据

试件编号	加载方向	屈服荷载			屈服位移			位移延性系数		
		试验值/kN	模拟值/kN	误差/%	试验值/mm	模拟值/mm	误差/%	试验值	模拟值	误差/%
ZJ-1	正向	317.55	326.69	2.9	31.01	25.94	–16.3	1.65	1.95	18.2
	反向	319.83	313.56	–2.0	29.60	21.71	–26.7	1.63	2.34	43.6
	平均	318.69	320.13	0.5	30.31	23.83	–21.4	1.64	2.15	31.1
ZJ-2	正向	296.91	329.81	11.1	30.97	28.89	–6.7	1.58	1.86	17.7
	反向	274.21	327.30	19.4	29.23	25.93	–11.3	1.64	2.09	27.4
	平均	285.56	328.56	15.1	30.10	27.41	–8.9	1.61	1.98	23.0
ZJ-2A	正向	223.97	224.38	0.2	20.46	15.11	–26.1	1.76	1.19	–32.4
	反向	224.5	238.95	6.4	22.77	16.90	–25.8	1.59	1.07	–32.7
	平均	224.24	231.67	3.3	21.62	16.01	–26.0	1.68	1.13	–32.7
ZJ-3	正向	316.74	310.88	–1.9	34.30	28.07	–18.2	1.55	1.83	18.1
	反向	352.15	282.5	–19.8	37.27	31.40	–15.7	1.41	1.65	17.0
	平均	334.45	296.69	–11.3	35.79	29.74	–16.9	1.48	1.74	17.6
ZJ-4	正向	298.34	318.35	6.7	29.02	27.63	–4.8	1.58	1.88	19.0
	反向	294.7	319.65	8.5	31.03	26.22	–15.5	1.49	1.98	32.9
	平均	296.52	319.00	7.6	30.03	26.93	–10.3	1.54	1.93	25.3
BJ-1	正向	408.45	445.46	9.1	20.74	18.56	–10.5	2.08	2.69	29.3
	反向	391.49	478.59	22.2	21.17	19.25	–9.1	2.08	2.60	25.0
	平均	399.97	462.03	15.5	20.96	18.91	–9.8	2.08	2.65	27.2
BJ-2	正向	402.20	485.63	20.7	19.10	21.94	14.9	1.61	1.50	–6.8
	反向	409.40	450.04	9.9	21.03	18.19	–13.5	1.39	1.65	18.7
	平均	405.80	467.84	15.3	20.07	20.07	0.0	1.50	1.58	5.0

至 18mm 时，构件就因梁端剪切破坏而不收敛，破坏位移过小，故该种状态下的延性最差。

4. 裂缝分布及形态对比

图 6-34 和图 6-35 给出了数值模拟得到的节点开裂应变云图，并与实际试验中构件的最终破坏形态进行对比。

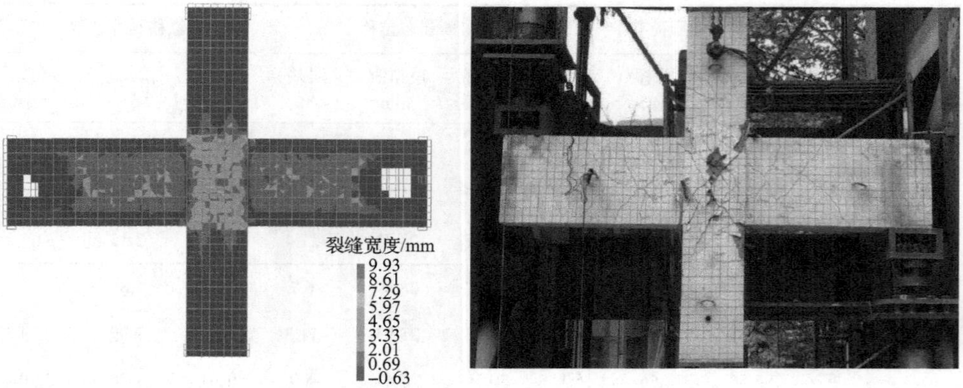

(a) ZJ-1

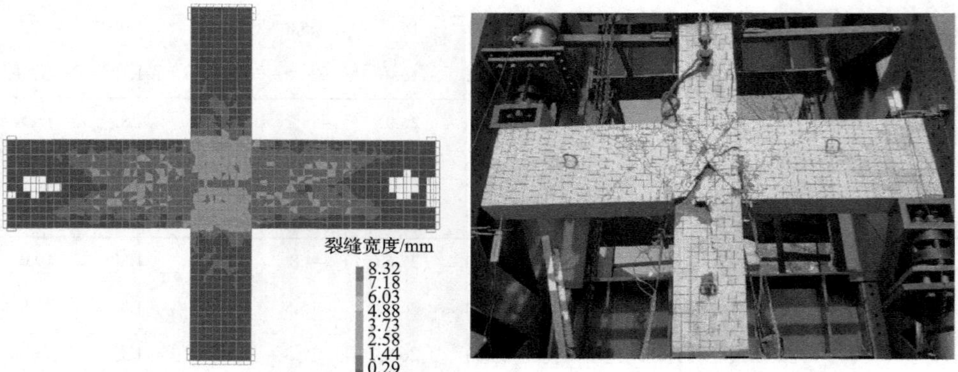

(b) ZJ-2

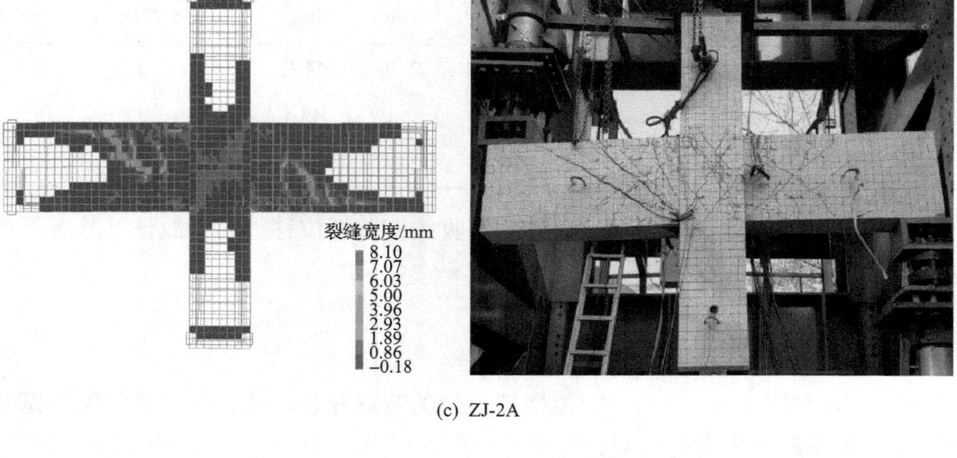

(c) ZJ-2A

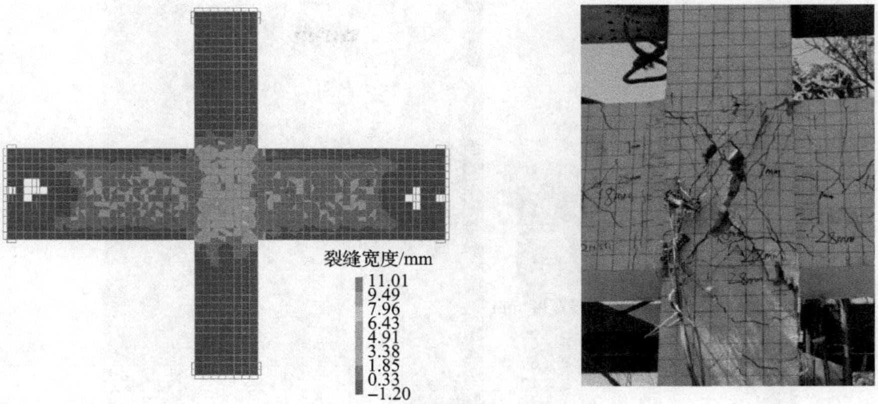

(d) ZJ-3

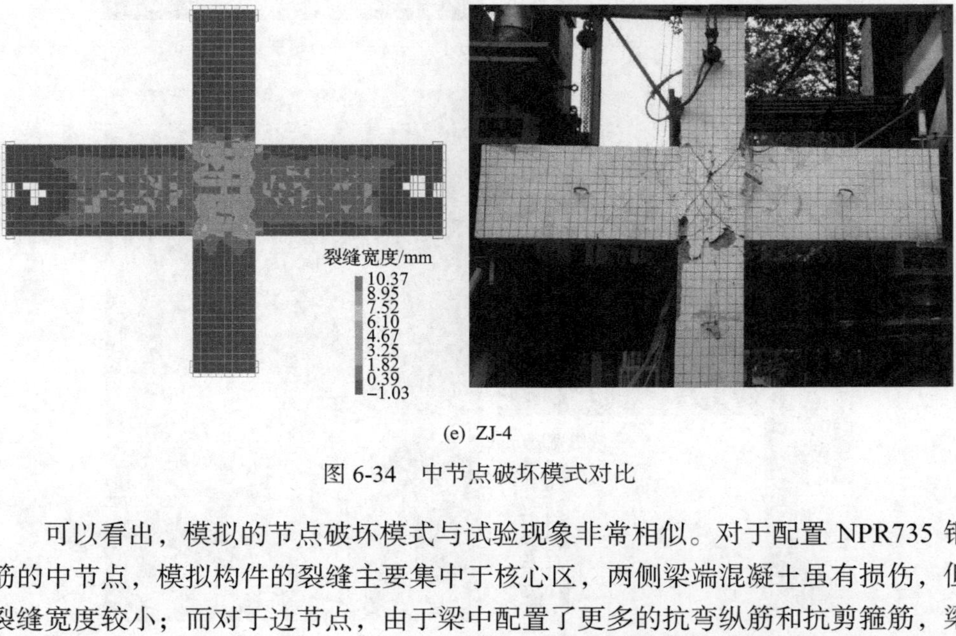

(e) ZJ-4

图 6-34　中节点破坏模式对比

可以看出，模拟的节点破坏模式与试验现象非常相似。对于配置 NPR735 钢筋的中节点，模拟构件的裂缝主要集中于核心区，两侧梁端混凝土虽有损伤，但裂缝宽度较小；而对于边节点，由于梁中配置了更多的抗弯纵筋和抗剪箍筋，梁端基本完好无损，裂缝全部集中于节点核心区，最终高强钢筋节点均发生了核心区剪切破坏。对照节点 ZJ-2A 因两侧梁抗剪承载力不足而破坏(试验时由于加载速度以及左右梁质量上的差异，最终只有左侧梁端受剪破坏)，破坏模式仍与试验现象一致，表明现有混凝土设计规范中关于节点水平抗剪承载力的计算公式过于保守，按该公式设计时，节点安全储备较大。

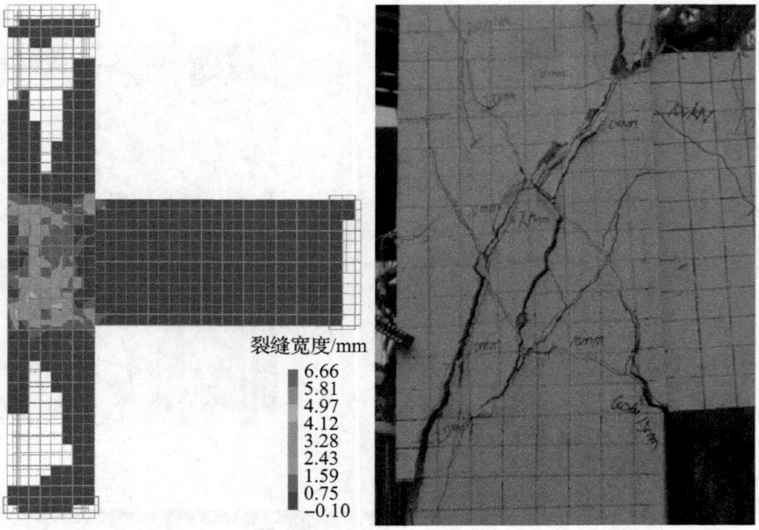

(a) BJ-1

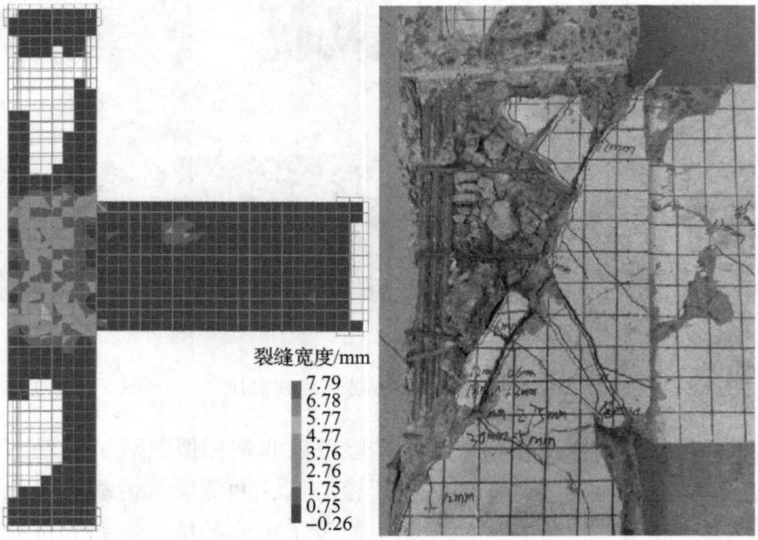

(b) BJ-2

图 6-35　边节点破坏模式对比

6.2.3　参数分析

1. 混凝土强度

按照规范所给混凝土轴心抗拉(压)强度平均值，选取 C45、C50、C55、C60

四组不同混凝土强度进行分析，主要考虑中节点 ZJ-1 及边节点 BJ-1，除改变混凝土强度外，其余参数不变，加载制度与试验情况一致。提取模拟结果绘制相关曲线，如图 6-36 和图 6-37 所示。

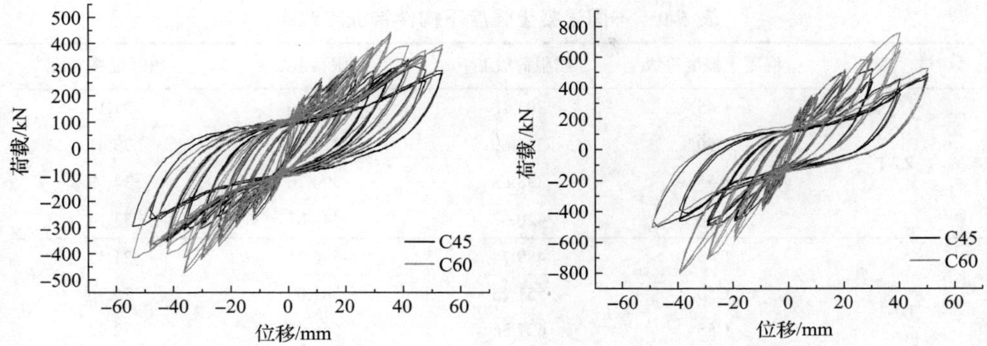

(a) ZJ-1　　(b) BJ-1

图 6-36　不同混凝土强度节点滞回曲线对比

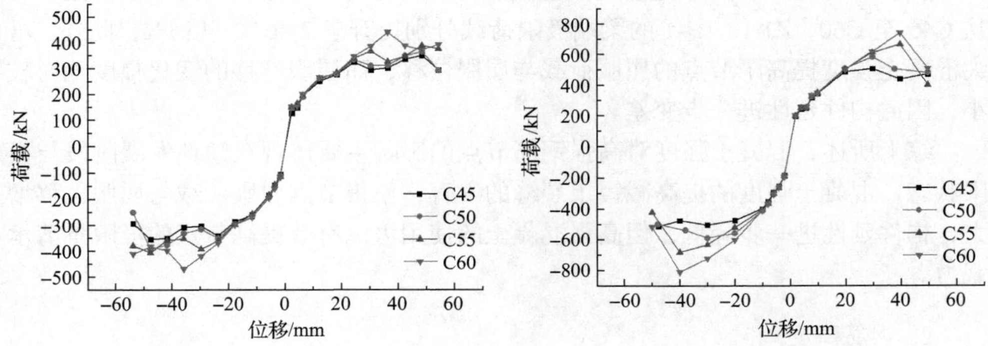

(a) ZJ-1　　(b) BJ-1

图 6-37　不同混凝土强度节点骨架曲线对比

从图 6-36 可以看出，初始加载时，二者滞回曲线基本重合；进入塑性发展阶段后，二者滞回曲线所包围的面积大致相同，但曲线的捏缩现象随着混凝土强度的提高明显减轻，同时构件刚度增大。这是因为提高混凝土强度可有效改善节点梁纵筋贯穿段的黏结性能，从而延缓核心区剪力传递机制由桁架机构向斜压杆机构的转变。同一时刻高强混凝土节点中斜压杆机构压力较小，故节点的裂缝更细，且发展缓慢，相应的捏缩现象较轻。极限荷载过后，不同混凝土节点的滞回环形状以及面积差别相对较小，说明进入破坏阶段时，混凝土强度对节点的影响逐渐减弱。

从图 6-37 可以看出，当节点处于弹性阶段时，曲线几乎重合，说明此时节点的刚度受混凝土强度的影响较小；随着交变位移的增大，骨架曲线开始偏离。为了更加直观地观察混凝土强度对节点造成的影响，根据骨架曲线计算得到特征点相关数据，由于骨架曲线对称性较好，本次只取正向加载数据进行分析，如表 6-9 所示。

表 6-9　不同混凝土强度下构件特征点对比

试件编号	混凝土强度等级	屈服荷载/kN	极限荷载/kN	屈服位移/mm
ZJ-1	C45	301.18	355.76	31.19
	C50	316.69	370.50	33.41
	C55	338.65	394.76	34.99
	C60	420.63	446.87	33.14
BJ-1	C45	489.74	506.21	21.53
	C50	551.13	581.09	25.96
	C55	627.36	666.55	32.92
	C60	714.08	739.64	37.90

从表 6-9 可以看出，随着混凝土强度等级的提高，节点极限荷载不断上升，从 C45 至 C60，ZJ-1、BJ-1 的梁端极限荷载分别提升了 25.6%、46.1%；此外，增大混凝土强度提高了节点的屈服荷载与屈服位移，而屈服位移的变化幅度相对较小，因此构件延性进一步变差。

综上所述，混凝土强度对高强钢筋节点的影响主要体现在塑性发展阶段与极限状态。混凝土强度的提高减缓了裂缝的发育，使得节点屈服荷载与屈服位移增大，构件延性进一步降低，但高强混凝土的使用可以有效提高节点的极限抗剪承载力。

2. 钢筋强度

试验中对照节点 ZJ-2A 因梁端发生剪切破坏而失效，故无法得到其节点抗剪承载力。为分析钢筋强度对节点性能的影响，利用数值模拟重新建模，在原 ZJ-2A 的基础上将梁箍筋间距减小至 60mm，以保证节点发生核心区剪切破坏。模拟节点选用 HRB400、HRB500、HRB600 三种不同钢筋，其余参数完全相同，相应构件分别记为 ZJ-2B、ZJ-2C、ZJ-2D，加载制度与 NPR735 钢筋节点 ZJ-2 一致。提取模拟数据绘制相关曲线，如图 6-38 所示。

从图 6-38(a)可以看出，当配置 NPR735 钢筋的 ZJ-2 滞回环仍为“梭”形时，普通钢筋节点 ZJ-2B 已发展至“弓”形，说明提高钢筋强度可以改善节点的捏缩现象。从图 6-38(b)可以看出，相同加载位移下，节点钢筋强度越高，对应的荷载往往越大，钢筋从 HRB400 提高至 NPR735 时，梁端极限荷载由 300.44kN 提高到 347.76kN，提高了 15.8%，故高强钢筋的使用将增大节点的极限抗剪承载力。但极限荷载过后，高强钢筋节点的强度退化相对较快。根据骨架曲线正向加载部分计算得到特征点相关数据，如表 6-10 所示，发现提高钢筋强度可有效提高节点的屈服荷载和屈服位移，从而降低构件延性，但对节点极限位移的影响不大，这与试验结果一致。

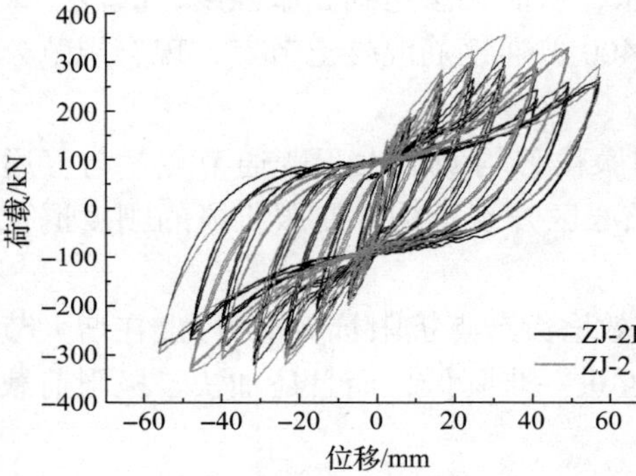

(a) 滞回曲线对比

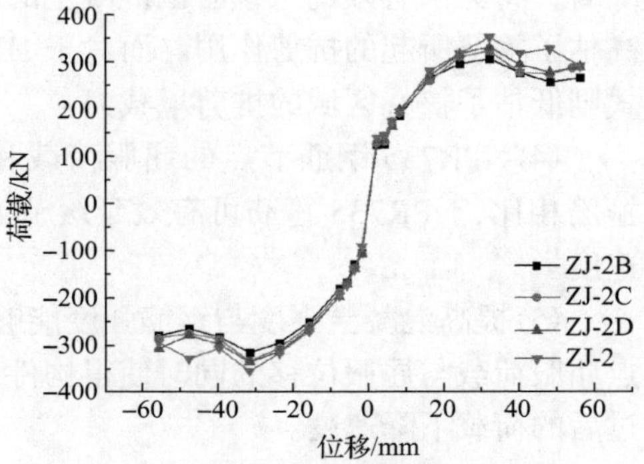

(b) 骨架曲线对比

图 6-38　不同钢筋强度节点结果对比

表 6-10　不同钢筋强度下构件特征点对比

试件编号	钢筋等级	屈服荷载/kN	极限荷载/kN	屈服位移/mm
ZJ-2B	HRB400	275.97	300.44	20.37
ZJ-2C	HRB500	293.92	317.2	22.29
ZJ-2D	HRB600	301.70	325.76	23.37
ZJ-2	NPR735	329.81	347.76	28.89

6.3　本 章 小 结

本章对 NPR735 钢筋混凝土框架节点抗震性能进行了研究，分析了框架节点的滞回性能、刚度退化、耗能能力及抗剪承载力，主要结论如下：

(1) 得到了核心区体积配箍率对高强钢筋节点抗震性能的影响。研究表明，增加核心区配箍量将使得构件的裂缝变得细而多，过多的裂缝交叉导致混凝土保护层剥落严重，因此破坏形态较差。但试验表明，增大节点核心区体积配箍率将减小单肢箍所受拉力，提高节点极限抗剪承载力与极限位移，延缓构件屈服后的刚度以及节点承载力的退化速度。

(2) 得到了轴压比对高强钢筋节点抗震性能的影响。研究表明，提高轴压比可改善高强钢筋混凝土节点的滞回特性与耗能能力，但无法有效提高节点极限抗剪承载力。轴压比过高将导致相同加载情况下裂缝变得更宽，核心区箍筋应力更大，构件延性更差。

(3) 经验证，可直接采用《混凝土结构设计标准》(GB/T 50010—2010) 所给梁柱节点抗剪承载力公式来计算“强梁柱、弱节点”型 NPR735 钢筋节点的极限抗剪承载力，且具有一定的安全储备。但在实际加载过程中，箍筋位置过于靠近边缘时，将无法有效约束核心区混凝土的膨胀，从而无法达到屈服强度，故该公式高估了箍筋所起的抗剪作用。而对于 HRB400 普通钢筋混凝土节点，现有规范公式则低估了核心区域的抗剪承载力。

(4) NPR735 钢筋节点的屈服荷载和屈服位移均明显大于普通节点。与普通箍筋相比，NPR735 箍筋可有效延缓节点核心区开裂至构件屈服阶段的刚度退化速度。

(5) 提高混凝土强度与钢筋强度能够有效增大节点极限抗剪承载力，在增大节点屈服荷载与屈服位移的同时使得构件延性进一步降低，而且还加快了极限荷载过后的荷载下降速度。

第 7 章　结论与展望

7.1　结　论

本书系统研究了 NPR735 钢筋黏结锚固性能、NPR735 钢筋混凝土梁和柱受力性能、NPR735 钢筋混凝土柱和框架节点抗震性能等，主要结论如下：

(1) 通过 NPR735 钢筋黏结锚固性能试验研究发现，混凝土抗拉强度设计值为 1.85MPa 时，钢筋发生拔出破坏的锚固长度临界值为 41d，提出了 NPR735 钢筋极限黏结强度计算公式。NPR735 钢筋的基本锚固长度仍可按《混凝土结构设计标准》(GB/T 50010—2010) 计算，计算时取 f_y= 520MPa，锚固钢筋的外形系数 α 取 0.15。

(2) 通过 NPR735 钢筋混凝土梁试验及有限元研究发现，NPR735 钢筋混凝土梁开裂荷载可采用现有规范公式计算，NPR735 钢筋混凝土梁的最小配筋率比 HRB400 钢筋混凝土梁小 1/3；运用体积套箍效应系数对规范抗弯承载力计算公式进行了修正，修正公式计算结果与试验结果吻合良好；NPR735 钢筋混凝土受弯梁在正常使用状态下的挠度可按照规范计算；在满足裂缝宽度和挠度限值时，NPR735 钢筋混凝土梁在等强度配筋下与 HRB400 钢筋混凝土梁的屈服承载力基本相同。对受损后 NPR735 钢筋混凝土梁的受压区进行粘钢修复，对粘钢再利用梁进行抗弯性能研究，修复的 NPR735 钢筋混凝土梁仍具有较好的抗弯承载力、刚度、延性。

(3) 通过 NPR735 钢筋混凝土柱轴压及偏压试验及有限元研究发现，NPR735 钢筋混凝土偏心受压柱与普通钢筋混凝土偏心受压柱的破坏形态基本一致；达到峰值荷载时，受拉侧钢筋在大偏心受压情况下都能达到屈服，而在小偏心受压情况下都未屈服，平截面假定依然适用于 NPR735 钢筋混凝土偏心受压柱；试件的极限承载力随混凝土强度、纵筋配筋率、纵筋强度、体积配箍率的提高而增大，而 NPR735 钢筋在轴心受压柱中难以发挥高强度优势，提高混凝土强度、增加混凝土约束可以使这一现象得到改善；对规范中偏心受压承载力计算公式进行了适用性验证，发现中国规范与试件承载力符合较好，美国规范则过于保守。

(4) 通过 NPR735 钢筋混凝土柱抗震试验及有限元研究发现，配置 NPR735 钢筋的混凝土柱与传统钢筋混凝土柱有相似的破坏模式，均为压弯破坏；高强高延性钢筋混凝土柱的峰值荷载比传统钢筋混凝土柱提高 15%，而延性略微下降；建立了适用于 NPR735 钢筋混凝土柱的三折线恢复力模型；使用中国规范、美国规范以及欧洲规范的计算公式计算高强高延性钢筋混凝土柱的承载力，具有一定的安全储备。

(5) 通过 NPR735 钢筋混凝土框架节点试验及有限元研究发现，提高轴压比可明显改善高强钢筋混凝土节点的滞回特性，增大节点耗能能力，但无法有效提高节点极限抗剪承载力，轴压比过高将导致相同加载情况下裂缝变得更宽，核心区箍筋应力更大，构件延性更差；NPR735 箍筋可有效延缓节点核心区开裂至构件屈服阶段的刚度退化速度；配置 NPR735 钢筋的混凝土梁柱边节点的核心区抗剪承载力可采用《混凝土结构设计标准》(GB/T 50010—2010) 中相关抗剪承载力公式来计算，且具有一定的安全储备。

7.2 展　望

由于作者水平有限，本书仅对 NPR735 钢筋黏结锚固性能及 NPR735 钢筋混凝土梁、柱、框架节点的受力性能做了初步探讨，尚有如下工作需要进一步研究：

(1) 本书试验构件均采用普通 C35 混凝土，混凝土本身的缺陷使得 NPR735 钢筋高延伸率的优点未能充分发挥。因此，需进行 NPR735 钢筋与高强高韧性混凝土搭配的 NPR735 钢筋构件的相关试验，研究该类构件的延性。

(2) 为充分利用 NPR735 钢筋的延性和耗能能力，需对 NPR735 钢筋混凝土梁及预应力混凝土梁进行在重复荷载和爆炸荷载下的试验研究，以及结构的抗倒塌性能研究，充分发挥高强高延性钢筋的优势。

参考文献

[1] 赵基达，冯大斌，冷发光，等.《建筑业10项新技术(2017版)》钢筋与混凝土技术综述[J]. 建筑技术, 2018, 49(3): 241-243.

[2] 中华人民共和国住房和城乡建设部. 混凝土结构设计标准(2024 年版)(GB/T 50010—2010)[S]. 北京: 中国建筑工业出版社, 2014.

[3] 倪向勇. 600MPa 级钢筋混凝土剪力墙抗震性能试验研究与理论分析[D]. 南京: 东南大学, 2020.

[4] 程潇，朱泽儒，钱潇潇，等. 国内外高强钢筋标准化对比研究[J]. 质量探索，2019, 16(2): 17-26.

[5] 韩飞. 735MPa 级高强钢筋混凝土框架节点抗震性能研究[D]. 济南: 山东大学, 2021.

[6] European Committee for Standardization. Eurocode 2: Design of concrete structures Part 1-1: General rules and rules for buildings[S]. Brussels: European Committee for Standardization, 2023.

[7] American Concrete Institute. Building code requirements for structural concrete and commentary[S]. Farmington Hills: American Concrete Institute, 2014.

[8] New Zealand Standard Committee. Concrete structures standard: Part 1—The design of concrete structures[S]. Auckland: New Zealand Standard Committee, 2006.

[9] El-Hacha R, El-Agroudy H, Rizkalla S H. Bond characteristics of high-strength steel reinforcement[J]. ACI Structural Journal, 2006, 103(6): 771.

[10] Seliem H M, Hosny A, Rizkalla S, et al. Bond characteristics of ASTM A1035 steel reinforcing bars[J]. American Concrete Institute, 2009, 106(4): 530-539.

[11] 刘璐，周一航，付瑞佳，等. 500MPa 级钢筋在受侧压混凝土中的锚固性能试验研究[J]. 建筑科学, 2019, 35(3): 90-94.

[12] Ghannoum W M, Slavin C M. Low-cycle fatigue performance of high-strength steel reinforcing bars[J]. ACI Materials Journal, 2016, 113(6): 803-814.

[13] Elices M, Perez-Guerrero M, Iordachescu M, et al. Fracture toughness of high-strength steel bars[J]. Engineering Fracture Mechanics, 2017, 170: 119-129.

[14] 陈昉健，易伟建. 高强钢筋往复荷载变幅加载试验研究[J]. 工业建筑，2016, 46(7): 154-158.

[15] 张少华，王起才，张戎令，等. 16mm HRB(F)500 级高强钢筋疲劳性能研究[J]. 工业建筑, 2017, 47(6): 40-43.

[16] 陈昉健，易伟建. 高强钢筋受压屈曲试验研究[J]. 建筑科学, 2019, 35(1): 75-81.

[17] 乔燕，孙传智，李爱群，等. 高应变率下 HRB600 高强钢筋力学性能试验研究[J]. 防灾减灾

工程学报, 2019, 39(6): 905-911.

[18] 张鹏. 500MPa 钢筋混凝土梁受弯性能试验研究[D]. 天津: 河北工业大学, 2007.

[19] Anggraini R, Tavio R, Putu G, et al. Flexural capacity of concrete beams reinforced with high-strength steel bars under monotonic loading[J]. International Journal of Geomate, 2021, 20(77): 173-180.

[20] 张建伟, 姜立伟, 乔崎云, 等. HRB600 级钢筋高强混凝土梁受弯性能试验研究[J]. 工业建筑, 2017, 47(6): 6-12.

[21] 熊浩, 穆飞, 葛杰, 等. 600MPa 级钢筋混凝土梁受弯性能试验研究[J]. 工业建筑, 2018, 48(12): 77-82.

[22] 孙传智, 缪长青, 李爱群, 等. 短期荷载作用下 600MPa 级超高强钢筋混凝土梁裂缝宽度试验研究[J]. 土木工程学报, 2020, 53(1): 12-23.

[23] 顾杨明. 635MPa 级热轧高强钢筋混凝土梁抗弯、抗剪性能试验研究与数值分析[D]. 合肥: 合肥工业大学, 2021.

[24] Mast R F, Dawood M, Rizkalla S H, et al. Flexural strength design of concrete beams reinforced with high-strength steel bars[J]. ACI Structural Journal, 2008, 105(5): 570-577.

[25] 王新玲, 白岩, 朱俊涛. 正常使用状态下 600MPa 级钢筋混凝土梁受弯性能试验研究[J]. 工业建筑, 2020, 50(10): 20-25.

[26] Yao X, Guan J, Liu L, et al. Experimental study on crack width of concrete beams with 600MPa high-strength steel bars[J]. Journal of Building Structures, 2021, 42(6): 169-181.

[27] Huang X X, Bei Y Q, Sui L L, et al. Reliability assessment on maximum crack width of concrete beams reinforced with high-strength steel bars[J]. Journal of Building Engineering, 2022, 45: 103564.

[28] 高瑞平, 邱洪兴, 胡涛, 等. HRB500 级钢筋混凝土梁裂缝宽度试验研究[J]. 工业建筑, 2010, 40(3): 66-70.

[29] 胡丹丹. 配 500MPa 钢筋折线先张法预应力混凝土梁受力性能的研究[D]. 郑州: 郑州大学, 2007.

[30] 杜毛毛, 苏小卒. 配置 500MPa 钢筋后张有黏结预应力混凝土梁不同位置处裂缝宽度研究[J]. 建筑结构学报, 2012, 33(9): 141-147.

[31] 李艳艳, 李晓清. 配置 600MPa 级钢筋部分预应力混凝土梁受力性能[J]. 武汉大学学报(工学版), 2018, 51(4): 325-329, 334.

[32] 熊学玉, 王怡庆子, 华楠. 配置 HRB500 级高强非预应力钢筋的部分预应力混凝土受弯构件刚度分析[J]. 建筑结构, 2018, 48(8): 56-59.

[33] 叶献国, 闫丽萍, 种迅, 等. 高强钢筋高强混凝土预应力梁短期刚度研究[J]. 福州大学学报(自然科学版), 2013, 41(4): 723-728.

[34] 赵文忠, 陈向伟, 戎贤. 配置高强钢筋的无粘结部分预应力梁受弯试验研究及有限元模拟

分析[J]. 河北工业大学学报, 2019, 48(1): 79-84.

[35] 皮凤梅, 杨洪渭. 配置 600MPa 级钢筋部分预应力混凝土梁试验研究及数值模拟[J]. 工业建筑, 2017, 47(6): 13-16.

[36] 管俊峰, 刘霖艾, 白卫峰, 等. 600MPa 高强钢筋高强混凝土梁刚度试验研究[J]. 应用基础与工程科学学报, 2020, 28(5): 1197-1211.

[37] 张建伟, 刘娇, 蔡汝幸, 等. 半预制 HRB600 级钢筋钢纤维高强混凝土梁受弯性能试验研究[J]. 建筑结构, 2021, 51(5): 48-53, 7.

[38] 姜立伟, 李成飞, 段亚茹, 等. HRB600 级钢筋高强混凝土梁受弯性能数值模拟分析[J]. 北方建筑, 2020, 5(5): 5-8.

[39] Aldabagh S, Abed F, Yehia S. Effect of types of concrete on flexural behavior of beams reinforced with high-strength steel bars[J]. ACI Structural Journal, 2018, 115(2): 351-364.

[40] Fleming C J, King G E M. The development of structural adhesives for three original uses in South Africa[J]. Bulletin RILEM, 1967, 1967(37): 241-251.

[41] Jones R, Swamy R N, Ang T H. Under- and over-reinforced concrete beams with glued steel plates[J]. International Journal of Cement Composites and Lightweight Concrete, 1982, 4(1): 19-32.

[42] Swamy R N, Jones R, Bloxham J W. Structural behaviour of reinforced concrete beams strengthened by epoxy bonded steel plates[J]. Structural Engineer, 1987, 65(2): 59-68.

[43] Oehlers D J, Moran J P. Premature failure of externally plated reinforced concrete beams[J]. Journal of Structural Engineering, 1990, 116(4): 978-995.

[44] Arslan G, Sevuk F, Ekiz I. Steel plate contribution to load-carrying capacity of retrofitted RC beams[J]. Construction and Building Materials, 2008, 22(3): 143-153.

[45] Alam M A, Jabbar A, Jumaat M Z, et al. Effective method of repairing RC beam using externally bonded steel plate[J]. Applied Mechanics and Materials, 2014, 567: 399-404.

[46] Venkatachalam A. Flexural behaviour of RC beam externally bonded with cold formed steel sheet using epoxy[J]. International Journal for Scientific Research and Development, 2016, 4: 1167-1170.

[47] Muralitharan S, Pavithra S, Venkatachalam A. Experimental study on RC beam externally bonded with electrogalvanized steel plate using epoxy[J]. International Journal of ChemTech Research, 2018, 10(14): 49-57.

[48] 赵燕冰. (JGN)型建筑结构胶粘剂在加固钢筋混凝土受弯构件中的应用[J]. 建筑知识, 1989, 9(1): 6-7.

[49] 李双全, 苏霞雪. YJS-1 型建筑结构胶粘剂[J]. 工业建筑, 1991, 21(1): 59-60.

[50] 四川省建筑科学研究院. 混凝土结构加固技术规范(CECS 25—1990)[S]. 北京: 中国计划出版社, 1990.

[51] 罗竟宁，顾慧娟. 钢筋混凝土梁粘钢补强试验研究[J]. 工业建筑, 1991, 21(2): 40-45.
[52] 刘祖华，朱伯龙. 粘钢加固混凝土梁的解析分析[J]. 同济大学学报(自然科学版)，1994, 22(1): 21-26.
[53] 黄勤，朱茂法，张建，等. 粘钢加固钢筋混凝土梁的受力机理[J]. 结构工程师, 1996, 12(4): 24-29.
[54] 吴耀辉. 加固改造中的梁柱节点设计[J]. 建筑结构, 2001, 31(11): 60-62.
[55] 李文盛，卢哲安. 粘钢加固钢筋混凝土梁抗弯承载力的计算[J]. 江汉石油学院学报，2003, 25(3): 139-140.
[56] 彭德喜，李大庆，吴德明. 预应力粘钢加固钢筋混凝土梁的试验研究[J]. 特种结构，2010, 27(4): 94-97.
[57] 王琳鸽，张耀庭. 压区粘钢加固钢筋混凝土梁的 ANSYS 分析[J]. 工程力学, 2010, 27(S1): 189-192.
[58] 刘廷滨，赵建昌，张家玮，等. 粘钢加固 RC 梁非线性分析方法[J]. 中国铁道科学，2017, 38(4): 47-54.
[59] 吴振丽，陆洲导，李凌志，等. 梁侧锚固钢板法加固混凝土梁的非线性有限元分析[J]. 同济大学学报(自然科学版), 2019, 47(7): 906-913.
[60] 程宁. 高温下粘贴钢板加固钢筋混凝土梁抗弯性能研究[D]. 重庆：重庆大学, 2020.
[61] 卢亦焱，胡玲，李杉，等. 疲劳荷载作用下 CFRP 布与钢板复合加固 RC 梁的裂缝特性研究[J]. 铁道学报, 2021, 43(6): 181-188.
[62] Han Y, Guan H C, Li Z. Experimental study on seismic performance of HRB400 reinforced concrete columns under cyclic loading[J]. Advanced Materials Research, 2011, 287-290: 703-707.
[63] Yoon S K, Lee S C, Lee D H, et al. Failure modes of RC beams with high strength reinforcement[J]. Journal of the Korea Concrete Institute, 2014, 26(2): 143-150.
[64] Ding Y, Wu D Q, Su J S, et al. Experimental and numerical investigations on seismic performance of RC bridge piers considering buckling and low-cycle fatigue of high-strength steel bars[J]. Engineering Structures, 2021, 227: 111464.
[65] 刘立新，李洪彦，张艳丽，等. 500MPa 级钢筋混凝土偏心受压柱受力性能的试验研究[J]. 郑州大学学报(工学版), 2007, 28(2): 30-34.
[66] 龚永智，张继文. CFRP 筋增强混凝土偏心受压柱受力性能的试验研究[J]. 土木工程学报, 2009, 42(10): 46-52.
[67] 王全凤，沈章春，黄奕辉，等. HRB500 级高强钢筋混凝土柱偏压试验研究[J]. 工业建筑，2009, 39(7): 83-86.
[68] 王全凤，周博，郑济坤，等. HRBF500 级细晶钢筋混凝土短柱抗震性能试验研究[J]. 建筑结构, 2014, 44(1): 38-41, 11.

[69] 王全凤, 郑济坤, 周博, 等. 基于滞回耗能的 HRBF500 RC 柱抗震性能研究[J]. 土木工程学报, 2013, 46(11): 22-28.

[70] 史庆轩, 杨坤, 姜维山, 等. 高强箍筋约束高强混凝土柱的偏心受压试验研究[J]. 工业建筑, 2009, 39(10): 76-80.

[71] 徐颖浩, 王命平, 耿树江, 等. HRBF500 钢筋混凝土大偏心受压柱承载力的试验研究[J]. 青岛理工大学学报, 2010, 31(1): 48-53, 57.

[72] 赵少伟, 韩松, 朱凯. 600MPa 级钢筋混凝土短柱抗震性能研究[J]. 工业建筑, 2017, 47(6): 1-5, 12.

[73] 张建伟, 张德利, 冯曹杰, 等. HRB600 级钢筋高强混凝土无腹筋梁受剪试验研究[J]. 工程力学, 2020, 37(S1): 275-281.

[74] 张建伟, 夏冬瑞, 乔崎云, 等. HRB600 级钢筋高强混凝土柱的轴心受压性能[J]. 工业建筑, 2017, 47(11): 77-83.

[75] 张建伟, 夏冬瑞, 乔崎云, 等. HRB600 级钢筋高强混凝土柱偏心受压性能试验研究[J]. 建筑结构学报, 2019, 40(4): 74-80.

[76] 张建伟, 李晨, 李翔宇, 等. HRB600 级钢筋高强混凝土柱抗震性能试验研究[J]. 土木工程学报, 2019, 52(8): 6-17.

[77] 张健新, 戎贤, 皮凤梅. 配置600MPa钢筋的无粘结部分预应力混凝土梁试验研究[J]. 世界地震工程, 2017, 33(2): 142-147.

[78] 戎贤, 杨洪渭, 张健新. 装配式高强钢筋混凝土框架节点滞回性能试验研究[J]. 建筑结构, 2020, 50(3): 77-80, 128.

[79] 戎贤, 申成成, 张健新. HRB600 钢筋混凝土短柱轴压性能试验研究[J]. 混凝土, 2020, (2): 28-32.

[80] 戎贤, 申成成, 张健新. 高强钢筋混凝土柱轴心受压承载力可靠度研究[J]. 世界地震工程, 2019, 35(3): 21-27.

[81] 李义柱, 曹双寅, 许鹏杰, 等. 600MPa 级钢筋混凝土柱抗震性能试验研究[J]. 工程力学, 2018, 35(11): 181-189.

[82] 崔玉博, 王静峰, 沈奇罕, 等. 635MPa 级热轧带肋高强钢筋混凝土柱偏压性能试验研究[J]. 工业建筑, 2020, 50(10): 11-19.

[83] 李艳艳, 苗少峥, 张亚龙. HRB600E 钢筋混凝土柱抗震性能试验研究[J]. 建筑结构, 2020, 50(15): 58-62, 68.

[84] Azizinamini A, Kuska S S B, Brungardt P, et al. Seismic behavior of square high-strength concrete columns[J]. Structural Journal, 1994, 91(3): 336-345.

[85] Ousalem H, Takatsu H, Ishikawa Y, et al. Use of high-strength bars for the seismic performance of high-strength concrete columns[J]. Journal of Advanced Concrete Technology, 2009, 7(1): 123-134.

[86] Rautenberg J M, Pujol S, Tavallali H, et al. Reconsidering the use of high-strength reinforcement in concrete columns[J]. Engineering Structures, 2012, 37: 135-142.

[87] Rautenberg J M, Pujol S, Tavallali H, et al. Drift capacity of concrete columns reinforced with high-strength steel[J]. ACI Structural Journal, 2013, 110(2): 307-317.

[88] Pham T P, Li B. Seismic performance of reinforced concrete columns with plain longitudinal reinforcing bars[J]. ACI Structural Journal, 2014, 111(3): 561-572.

[89] American Society of Civil Engineers. ASCE/SEI 41-06. Seismic rehabilitation of existing buildings[S]. Reston: American Society of Civil Engineers, 2007.

[90] Lepage A, Tavallali H, Pujol S, et al. High-performance steel bars and fibers as concrete reinforcement for seismic-resistant frames[J]. Advances in Civil Engineering, 2014, 2012(5): 127-139.

[91] El-Attar M M, El-Karmoty H Z, El-Moneim A A. The behavior of ultra-high-strength reinforced concrete columns under axial and cyclic lateral loads[J]. HBRC Journal, 2016, 12(3): 284-295.

[92] Barbosa A R, Link T, Trejo D. Seismic performance of high-strength steel RC bridge columns[J]. Journal of Bridge Engineering, 2016, 21(2): 04015044.

[93] Aboukifa M, Moustafa M A. Experimental seismic behavior of ultra-high performance concrete columns with high strength steel reinforcement[J]. Engineering Structures, 2021, 232(2): 111885.

[94] 徐伟栋. 配置高强钢筋的混凝土柱抗震性能研究[D]. 上海: 同济大学, 2007.

[95] 刘承文. 箍筋约束对钢筋混凝土柱抗震性能影响的试验研究[D]. 重庆: 重庆大学, 2010.

[96] 傅剑平, 邓艳青, 王晓锋, 等. 考虑箍筋约束的HRB500级纵筋柱抗震性能试验研究[J]. 工业建筑, 2012, 42(1): 78-84.

[97] 苏俊省, 王君杰, 王文彪, 等. 配置高强钢筋的混凝土矩形截面柱抗震性能试验研究[J]. 建筑结构学报, 2014, 35(11): 20-27.

[98] 丁红岩, 刘源, 郭耀华. 高强钢筋混凝土结构抗震性能研究[J]. 建筑结构, 2015, 45(8): 30-34.

[99] 张萍, 陈晓磊, 薛松, 等. 配置高强钢筋混凝土柱抗震性能试验研究[J]. 结构工程师, 2017, 33(3): 147-155.

[100] 刘彬, 韩松, 王学峰. 配置高强钢筋混凝土短柱抗震性能研究[J]. 工程建设与设计, 2017, (11): 37-40.

[101] 戎贤, 杜金, 陈晨曦, 等. 配置HRB600E高强钢筋的混凝土柱抗震性能试验研究[J]. 土木与环境工程学报(中英文), 2019, 41(4): 69-76.

[102] 姚方宝. 基于ABAQUS的高强钢筋混凝土柱数值模拟及抗震性能分析[D]. 合肥: 合肥工业大学, 2019.

[103] 史若凡, 刘春阳, 李飞, 等. 高轴压比高强钢筋混凝土柱斜向抗震性能研究[J]. 山东建筑

大学学报, 2020, 35(1): 58-63, 88.

[104] 刘春阳, 于桂欣, 李飞, 等. 斜向地震作用下高强钢筋混凝土柱抗震性能试验研究[J]. 建筑结构, 2021, 51(14): 94-100, 106.

[105] 王凯军, 关群. 配置 600MPa 高强钢筋混凝土柱延性分析[J]. 山西建筑, 2021, 47(9): 42-45.

[106] 丁一婧. CRB735 高强钢筋混凝土柱受压性能研究[D]. 济南: 山东大学, 2021.

[107] 范春怡, 王锦, 刘刚, 等. 推广应用高强钢筋中的若干问题[J]. 工程质量, 2014, 32(7): 20-23.

[108] 商怀帅, 邵姝文, 冯海暴, 等. NPR 钢筋力学性能试验研究[J]. 材料导报, 2022, 36(10): 182-188.

[109] 青山博之. 现代高层钢筋混凝土结构设计[M]. 重庆: 重庆大学出版社, 2006.

[110] Alaee P, Li B. Analytical investigations of reinforced concrete beam-column joints constructed using high-strength materials[J]. Journal of Earthquake Engineering, 2020, 24(5): 774-802.

[111] Fujii S, Morita S. Comparison between interior and exterior R/C beam-column joint behavior[J]. Special Publication, 1991, 123: 145-166.

[112] Joh O, Goto Y, Shibata T. Influence of transverse joint and beam reinforcement and relocation of plastic hinge region on beam column joint stiffness deterioration[J]. Special Publication, 1991, 123: 187-224.

[113] Sugano S, Nagashima T, Kimura H, et al. Behavior of beam column joints using high-strength materials[J]. Special Publication, 1991, 123: 359-378.

[114] Kashiwazaki T, Noguchi H. Experimental study on the shear performance of R/C interior beam-column joints with ultra high-strength materials[C]//Summaries of Technical Papers of Meeting Architectural Institute of Japan Structures Ⅱ, Tokyo, 1991.

[115] Nakata N, Tanaka W, Oda Y. Damage detection of a building caused by the 2011 Tohoku-Oki earthquake with seismic interferometry[J]. Bulletin of the Seismological Society of America, 2015, 105(5): 2411-2419.

[116] Kitayama K, Lee S, Otani S, et al. Behavior of high-strength R/C beam-column joints[C]//Proceedings of 10th World Conference on Earthquake Engineering, Madrid, 1992: 3151-3156.

[117] Oka K, Shiohara H. Tests of high-strength concrete interior beam-column joint subassemblages [C]//Proceedings of 10th World Conference on Earthquake Engineering, Madrid, 1992: 3211-3217.

[118] Teroaka M, Kanoh Y, Hayashi K, et al. Behavior of interior beam-and-column subassemblages in a reinforced concrete(RC) frame[C]//First Engineering Foundation Conference on High Strength Concrete United Engineering Foundation, Tokyo, 1999.

[119] Brooke N J, Megget L M, Ingham J M. Bond performance of interior beam-column joints with

high-strength reinforcement[J]. ACI Structural Journal, 2006, 103(4): 596-603.
[120] 葛宏亮. 配置 HRB500 钢筋框架中间层中节点抗震性能试验研究[D]. 重庆: 重庆大学, 2007.
[121] 王信君. 配置 HRB500 钢筋的框架中间层端节点抗震性能试验研究[D]. 重庆: 重庆大学, 2007.
[122] 冯长征. 配置 HRB500 钢筋的框架顶层端节点抗震性能试验研究[D]. 重庆: 重庆大学, 2007.
[123] 武秀莹. 配置 500 级纵筋的框架中间层中节点抗震性能试验及设计方法研究[D]. 重庆: 重庆大学, 2008.
[124] 屠乐. 配置带锚固板的 500MPa 钢筋的框架中间层端节点抗震性能试验及研究[D]. 重庆: 重庆大学, 2009.
[125] 彭辉. 配置 500MPa 纵筋采用带锚固板柱内搭接方案的框架顶层端节点抗震性能研究[D]. 重庆: 重庆大学, 2009.
[126] 刘璐, 黄小坤, 田春雨, 等. 配置大直径大间距 HRB500 高强钢筋的装配整体式钢筋混凝土框架节点抗震性能试验研究[J]. 建筑结构学报, 2016, 37(5): 247-254.
[127] Alaee P, Li B. High-strength concrete exterior beam-column joints with high-yield strength steel reinforcements[J]. Engineering Structures, 2017, 145: 305-321.
[128] 张健新, 戎贤, 刘平. 配置 600MPa 钢筋高韧性混凝土框架中节点变形性能[J]. 地震工程与工程振动, 2017, 37(2): 165-172.
[129] 张健新, 戎贤, 吴海超. 配置 600MPa 级钢筋混凝土框架边节点滞回性能试验研究[J]. 工业建筑, 2017, 47(6): 30-33.
[130] 戎贤, 杨春晖, 张健新. 高强钢筋混凝土异形柱中节点抗震性能试验研究[J]. 工业建筑, 2017, 47(6): 22-25, 33.
[131] 戎贤, 吴海超, 张健新. 反复荷载作用下高强钢筋高韧性混凝土框架中节点抗震性能研究[J]. 建筑科学, 2017, 33(7): 71-77.
[132] 戎贤, 苏天姣, 杨春晖, 等. 高强钢筋高韧性混凝土边节点抗震性能研究[J]. 工业建筑, 2017, 47(6): 26-29, 48.
[133] 张健新, 王可, 戎贤. 配置 600MPa 级高强钢筋高韧性混凝土边节点受力性能试验研究[J]. 建筑结构, 2018, 48(15): 75-78, 109.
[134] 中华人民共和国住房和城乡建设部. 混凝土结构试验方法标准(GB/T 50152—2012)[S]. 北京: 中国建筑工业出版社, 2012.
[135] 中华人民共和国住房和城乡建设部. 混凝土物理力学性能试验方法标准(GB/T 50081—2019)[S]. 北京: 中国建筑工业出版社, 2019.
[136] 过镇海, 时旭东. 钢筋混凝土原理和分析[M]. 北京: 清华大学出版社, 2003.
[137] 中华人民共和国建设部. 混凝土结构设计规范(GBJ 10—1989)[S]. 北京: 中国建筑工业

出版社, 1989.

[138] 戎贤, 王海涛, 刘平. 配置 600MPa 级钢筋混凝土梁受弯性能试验研究[J]. 河北工业大学学报, 2015, 44(5): 86-89.

[139] 李强. 配置 600MPa 非预应力钢筋的部分预应力混凝土梁受力性能研究[D]. 天津: 河北工业大学, 2017.

[140] 李泽高. 配置 600MPa 钢筋有粘结部分预应力混凝土梁抗弯性能研究[D]. 天津: 河北工业大学, 2015.

[141] 中华人民共和国住房和城乡建设部. 建筑砂浆基本性能试验方法标准(JGJ/T 70—2009)[S]. 北京: 中国建筑工业出版, 2009.

[142] 国家市场监督管理总局, 中国国家标准化管理委员会. 钢及钢产品 力学性能试验取样位置及试样制备(GB/T 2975—2018)[S]. 北京: 中国标准出版社, 2018.

[143] 中华人民共和国住房和城乡建设部. 混凝土结构加固设计规范(GB 50367—2013)[S]. 北京: 中国建筑工业出版社, 2014.

[144] Bažant Z P, Oh B H. Crack band theory for fracture of concrete[J]. Materials and Structures, 1983, 16(2): 155-177.

[145] 中国工程建设标准化协会. 高强箍筋混凝土结构技术规程(CECS 356—2013)[S]. 北京: 中国计划出版社, 2014.

[146] 中华人民共和国住房和城乡建设部. 建筑抗震试验规程(JGJ/T 101—2015)[S]. 北京: 中国建筑工业出版社, 2015.

[147] 干淳洁. 内置钢板钢筋混凝土剪力墙抗震性能研究[D]. 上海: 同济大学, 2008.

[148] 谢伟强. 带拉板圆钢管混凝土构件受压性能研究[D]. 广州: 华南理工大学, 2010.

[149] Maekawa K, Fukuura N. Nonlinear modeling of 3D structural reinforced concrete and seismic performance assessment[J]. Infrastructure Systems for Nuclear Energy, 2014: 153-184.

[150] Maekawa K, Okamura H, Pimanmas A. Non-Linear Mechanics of Reinforced Concrete[M]. Boca Raton: CRC Press, 2003.

[151] Maekawa K, Takemura J, Irawan P, et al. Continuum fracture in concrete nonlinearity under triaxial confinement[J]. Doboku Gakkai Ronbunshu, 1993, 1993(460): 113-122.

[152] Maekawa K, Takemura J, Irawan P, et al. Plasticity in concrete nonlinearity under triaxial confinement[J]. Doboku Gakkai Ronbunshu, 1993, 1993(460): 123-130.

[153] Maekawa K, Takemura J, Irawan P, et al. Triaxial elasto-plastic and fracture model for concrete[J]. Doboku Gakkai Ronbunshu, 1993, 1993(460): 131-138.

[154] 中华人民共和国住房和城乡建设部, 国家质量监督检验检疫总局. 建筑抗震设计标准(GB/T 50011—2010)[S]. 北京: 中国建筑工业出版社, 2010.